SCHÜTZENPANZER MARDER

ENTWICKLUNG – TECHNIK – EINSATZ

AF638309

Hans-Peter Lohmann

Motor buch Verlag

Einbandgestaltung: Sven Rauert unter Verwendung von Bildern aus dem Archiv der Krauss-Maffei Wegmann GmbH & Co. KG sowie einer Abbildung auf der Rückseite der US Army Europe (Markus Rauchenberger).

ISBN 978-3-613-04693-1

1. Auflage 2024

Sie finden uns im Internet unter www.motorbuch-verlag.de

Lektorat: Joachim Kuch
Innengestaltung: WS – WerbeService Linke, 76185 Karlsruhe
Druck und Bindung: Conzella, 85609 Aschheim-Dornach
Printed in Germany

Inhalt

Inhalt

Vorwort

des Präsidenten des Bundesamtes für Wehrtechnik und Beschaffung, Harald Stein

Als ehemaliger Angehöriger des PzGrenBtl 152 in Westerburg ist es mir eine Freude, ein Vorwort für den Band über das Waffensystem Schützenpanzer MARDER zu schreiben. Keiner der damaligen Bataillonsangehörigen konnte ahnen, dass der SPz MARDER einmal nicht mehr nur für die Landesverteidigung – gedacht war damals noch an die innerdeutsche Grenze –, sondern auch in Gefechten im Raum Kunduz und Mazar-e-Sharif bestehen sollte. Dass der SPz MARDER – auch 40 Jahre nach seiner Einführung – im fernen Afghanistan bei hoher Staub- und Temperaturbelastung wesentlich zum Schutz und zur Kampfkraft der ISAF-Truppen beiträgt, zeugt von der Solidität und der Weitsichtigkeit des technischen Konzepts. Wieder einmal zeigt sich deutlich, dass die Verwendung von umfassend erprobten Baugruppen, die nicht von vornherein grenzwertig ausgelegt werden, eine wichtige Grundvoraussetzung für ein erfolgreiches und truppentaugliches Kampffahrzeug war.

Der Inhalt des vorliegenden Bandes belegt, dass die Entwicklung des SPz MARDER in den 60er Jahren durchaus auch von Schwierigkeiten begleitet war. Dies waren zum einen viele unklare Zuständigkeitsregelungen innerhalb des Amtsbereiches bezüglich des Projektmanagements, die vor der Neuausrichtung des Rüstungsbereiches im Zeitraum 1979/71 bestanden. Zum anderen war es auch in technischer Hinsicht ein schwieriger Weg, das richtige Konzept zu finden. Am Ende hatten die Angehörigen der Erprobungsstellen und die Truppenversuchskommandos großen Anteil daran, dass der Truppe im Mai 1971 ein wirksames und truppentaugliches Kampffahrzeug übergeben werden konnte.

Mit den Programmen »KPz LEOPARD I« und »SPz-neu« begann in den 60er Jahren nicht nur der Aufbau einer leistungsfähigen deutschen Panzerindustrie, sondern auch der Ausbau und die Konsolidierung des Bundesamtes für Wehrtechnik und Beschaffung und der Erprobungsstellen innerhalb des Rüstungsbereiches. Diese Zeit war geprägt durch ausgewogene militärische Forderungen, kreative und solide technische Lösungen und intensive Erprobungen und Truppenversuche, die schließlich zu erfolgreichen Produkten führten, die auch im internationalen Rahmen eine Vielzahl von Nutzern gefunden haben. Gegenüber den 60er und 70er Jahren haben sich heute die Rahmenbedingungen bei der Entwicklung von Wehrmaterial in wichtigen Punkten gravierend geändert. Aufgrund der Einsatzerfordernisse wird heute Wehrmaterial in kurzer Zeit nach Formulierung der militärischen Forderungen für den Einsatz benötigt. Andererseits erfordern insbesondere komplexe Waffensysteme eine ausreichende Zeit, um die Serienreife zu erlangen und so einen sicheren Einsatz zu gewährleisten. Die Suche nach dem akzeptablen Kompromiss zwischen diesen widerstreitenden Forderungen bestimmt heute maßgeblich den Entwicklungsgang von aktuellen Rüstungsprojekten.

Harald Stein.

Der vorliegende Band bietet dem interessierten Leser eine umfassende Information über den SPz MARDER. Es ist den beiden Autoren und dem Verlag zu danken, dass damit rechtzeitig zum 40-jährigen Nutzungsjubiläum ein repräsentatives Werk über dieses wichtige Kampffahrzeug entstanden ist, durch das die Historie und wichtige Fakten über das Fahrzeug und dessen Nutzung der Nachwelt erhalten bleiben.

Koblenz, im Mai 2011
Harald Stein

Präsident des Bundesamtes für Wehrtechnik und Beschaffung

Vorwort

von Hans-Peter Lohmann

Als 1972 in meiner Heimatbrigade die ersten Schützenpanzer MARDER an das Panzergrenadierbataillon 212 übergeben wurden, war das in vielerlei Hinsicht ein großes Ereignis. Nach den beschwerlichen Jahren mit dem SPz HS 30 wurde die Einführung des MARDERs als echter Durchbruch empfunden. Ungewöhnlich durchzugsstark im Gelände und richtig schnell auf der Straße, mit einer modernen Maschinenkanone ausgerüstet, bot er zudem die Möglichkeit, unter Schutz zu kämpfen sowie über die große Heckklappe geschützt ab- und aufzusitzen. Mit einem Wort: Seine Fähigkeiten wurden fast als sensationell empfunden. Und im Vergleich zu allen NATO-Partnern hatte die Bundeswehr nunmehr das mit Abstand modernste und kampfkräftigste Fahrzeug dieser Art erhalten.

Mit Interesse habe ich die einzelnen Kampfwertsteigerungen der späteren Jahre verfolgen können und auch die seit über zwanzig Jahren bestehenden Wünsche nach einer stärkeren und möglichst stabilisierten Kanone, nach einem leistungsfähigeren Motor, einem größeren Kampfraum, besserem Schutz oder gleich einem neuen Schützenpanzer zu hören und zu lesen bekommen. Seit dem Einsatz auf dem Balkan kam schnell der verständliche Wunsch nach einem besseren Minenschutz für die gepanzerten Fahrzeuge dazu.

Vielfach schon totgesagt oder totgeschrieben, zeigt der MARDER nun wie kein anderes gepanzertes Fahrzeug aus den 70er Jahren seine Leistungsstärke und Zuverlässigkeit, sowohl in Deutschland als auch im Kampfgebiet Afghanistan und – unter außergewöhnlichen Einsatzbedingungen – in Chile.

Wenn sein Nachfolger in einigen Jahren in der geforderten Anzahl endlich in den Grenadierbataillonen angekommen sein sollte, wird man sich noch viele, viele Jahre an das echte und bewährte Markenzeichen der Panzergrenadiere erinnern. Ob jemals wieder ein deutscher Schützenpanzer die gleiche Wertschätzung und ein ähnliches Dienstalter erreichen wird?

Hans-Peter Lohmann.

Für Zehntausende von Ihnen, ob in olivgrün oder flecktarn, wird der MARDER stets der alte, treue Kamerad bleiben!

13 Jahre nach diesem Vorwort muß ich eine Ergänzung verfassen. Im Zuge der Nutzungsdauerverlängerung haben wir neben moderneren optischen/op-tronischen Geräten endlich auch einen zeitgemäßen, leistungsstarken Motor und die alte Milan hat ausgedient und wird vom leistungsstarken MELLS System abgelöst. Der Panzerschutz wurde nochmals verbessert und eine breitere Gleiskette aufgelegt. Diese Zeilen wurden im Mai 2024, also 53 Jahre nach der feierlichen Übergabe der Marder1 in Kassel und Kiel, geschrieben. Und was niemand damals ahnen konnte, heute schützt der Marder nicht nur deutsche, sondern auch ukrainische Soldaten bei der Verteidigung ihrer Heimat.

Thüringen, im Sommer 2024
Hans-Peter Lohmann

Vorwort

von Rolf Hilmes

Als mich Herr Lohmann im Rahmen der ersten Ideen für ein Buch über den SPz MARDER gebeten hatte, als Ko-Autor an diesem Band mitzuwirken, bin ich dieser Bitte gerne nachgekommen. In meiner Zeit als Wehringenieur im BWB war ich Ende der 70er Jahre u. a. in dem Referat eingesetzt, in dem die Entwicklungstechnische Betreuung (ETB) sowie die vorangegangene Entwicklung durchgeführt wurde. Wichtige Erkenntnisse aus zahlreichen Gesprächen mit der MARDER-Crew konnte ich in das Kapitel über die Entwicklung des SPz-neu einfließen lassen. Neben diesen Informationen waren es zahlreiche Unterlagen, die mir freundlicherweise von der Wehrtechnischen Studiensammlung (WTS) des BWB für die Ausarbeitungen zur Verfügung gestellt wurden. Bei der Analyse und Auswertung der Unterlagen aus den 60er Jahren war auffällig, dass viele spezifische Probleme eines frontgetriebenen Kettenfahrzeugs etwa 40 Jahre später bei einem aktuellen Panzerprojekt in gleicher Form erneut auftreten sollten. Dieses Beispiel zeigt, dass nicht nur die zielgerichtete Untersuchung der ausgestellten Exponate, sondern insbesondere die intensive Auswertung der in der WTS vorhandenen Dokumentation durchaus in vorteilhafter Weise bei der Auslegung aktueller Projekte genutzt werden kann. Die Entwicklungsgeschichte des SPz-neu (der im Jahr 1970 den Namen »MARDER« erhielt) ist anfänglich geprägt von der Suche nach dem richtigen Konzept. Der zweite Teil der Entwicklung wurde geprägt durch die Bestrebungen zur Optimierung des Konzeptes, was sich in ständigen Nachforderungen und Änderungswünschen des Bedarfsträgers äußerte. Diese Maßnahmen führten zwar am Ende zu einem ausgesprochen erfolgreichen und einsatztauglichem Kampffahrzeug – hatten aber auch eine deutliche Verlängerung der Entwicklungsdauer und eine Erhöhung der Entwicklungskosten zur Folge. Ein umfassendes Werk über den SPz MARDER sollte am Ende auch eine Bewertung des Fahrzeugs im Vergleich mit international eingeführten Schützenpanzern beinhalten. Die Bearbeitung dieser Themen und Kapitel waren förmlich für einen Wehringenieur prädestiniert, der sich seit über 50 Jahren mit Fragen der Panzertechnologie befasst.

Rolf Hilmes.

Wer als Leser den Inhalt des vorliegenden Bandes sorgfältig studiert, wird am Ende feststellen, dass die breitbandig durchgeführte Entwicklung und die umfangreichen Erprobungen und Truppenversuche letztendlich zu einem erfolgreichen Kampffahrzeug der Panzergrenadiere geführt haben. Man wird erkennen, dass die ausgewogene Konstruktion klugerweise ein erhebliches Wachstumspotenzial beinhaltete, welches für zahlreiche Kampfwertsteigerungsmaßnahmen genutzt werden konnte. Der Erfolg und die Flexibilität des SPz MARDER, der ursprünglich für die Landesverteidigung unter mitteleuropäischen Verhältnissen ausgelegt wurde, zeigt sich nicht nur in einer über 40-jährigen Nutzungsdauer, sondern auch in der Nutzung auf 4300 m Höhe durch die chilenische Armee und in Gefechten in Afghanistan.

Der SPz MARDER hat damit die Messlatte für seinen Nachfolger sehr hoch gelegt ...

Mannheim, im April 2011
Rolf Hilmes

1. Ende und Neuanfang

1.1 Sonderkraftfahrzeug 251/1 (SdKfz 251/1)

Schon relativ früh beschäftigte sich ein kleiner Kreis von Experten im Deutschen Heer mit dem Transport von infanteristischen Kräften unter Panzerschutz. Bereits im Jahre 1937 befasste sich der damalige Oberst und spätere General Heinz Guderian mit den Möglichkeiten eines engen Zusammenwirkens von Panzern und Infanterie. Doch die Wünsche nach einem gepanzerten und auch im mittleren Gelände tauglichen Fahrzeug sah Guderian vorausschauend stets in engem Zusammenhang mit einer entsprechenden Ausbildung und Schulung beider Waffengattungen sowie einer wirkungsvollen, für beide Waffengattungen umsetzbaren Gliederung. Man muss trotz einiger militärgeschichtlichen Widersprüche General Lutz und seinem damaligen Chef des Stabes, Oberst Heinz Guderian, als wichtigste und letztlich entscheidende Befürworter dieser speziellen Entwicklung im deutschen Heer sehen.
Die dem im Aufbau befindlichen Heer etwa in den Jahren 1937–1939 zur Verfügung stehenden Lkw waren von der Anzahl her begrenzt. Zudem waren diese geländegängigen Typen auch von allen anderen Waffengattungen heiß begehrt. Bei einer befriedigenden Motorleistung und guter Geländegängigkeit im mittleren Gelände war die geringe Zuladung ein Manko dieser meist dreiachsigen Lkw.
Weitaus größere Geländegängigkeit wiesen die Halbketten-Zugmaschinen SdKfz 10 und SdKfz 11 auf. Mit diesen Fahrzeugen konnte die Infanterie, wenn auch gänzlich ungeschützt, den Panzern in ähnlichem Tempo folgen. Diese beiden Fahrzeugtypen dienten als Grundlage für die späteren gepanzerten Halbkettenfahrzeuge.
Die Erfahrungen mit den Zugmaschinen führten schnell zu einer konkreten Forderung nach einem Ketten- oder Halbkettenfahrzeug mit ausreichendem Panzerschutz sowohl für den Fahrer wie auch für die Besatzung. Beim geforderten Panzerschutz war anfänglich nur an den Schutz gegen Artillerie-Granatsplitter und gegen Feuer aus Gewehren und Maschinengewehren gedacht.
Die noch im Aufbau befindliche Rüstungswirtschaft des Deutschen Reiches arbeitete bereits auf Hochtouren, um den Bedarf für Heer, Luftwaffe und Marine in einem gewissen Umfang decken zu können. Die Entwicklung eines gänzlich neuen Kettenfahrzeuges wäre in dieser Situation aus zeitlichen wie auch aus finanziellen Gründen nicht machbar gewesen. Klugerweise lenkte man die Aktivitäten auf die vielleicht zweitbeste Lösung und suchte nach einem geeigneten, ausbaufähigen Halbkettenfahrzeug.
Die Produktions- und Entwicklungsmöglichkeiten der deutschen Industrie waren allerdings auf Grund der Bestimmungen des Versailler Vertrages an zivile Produkte gebunden. So war besonders die Entwicklung, Produktion und der Besitz von Panzerfahrzeugen den Deutschen von den Siegermächten des 1. Weltkrieges verboten.
Die bereits entwickelten und auch in Serie produzierten Halbkettenfahrzeuge, welche ursprünglich als Schlepper konstruiert waren, schienen als Basis für eine gepanzerte Version geeignet. Die infrage kommende Zugmaschine war in der 3-Tonnen-Klasse eingeordnet und wurde von der Firma Hansa-Lloyd-Goliath gebaut, welche sich wenig später mit der Bremer Firma Borgward vereinte. Bei Hansa-Lloyd-Goliath wurde in der Zeit von 1934–1938 mit verschiedenen Fahrzeugen experimentiert. Neben dem späteren Frontmotormodell gab es auch umfassende Versuche mit Heckmotorvarianten. Bereits 1938 bot diese Firmengruppe einen ersten Prototyp in gepanzerter Ausführung an.
Das Fahrzeug konnte neben dem Fahrer und dem Gruppenführer zehn weitere Soldaten transportieren. Die Frontpanzerung von 12 mm und die seitliche Aufbaupanzerung von 8 mm wurde zunächst als ausreichend angesehen und entsprach im Verhältnis zum Gesamtgewicht auch in etwa der zur Verfügung stehenden Motorleistung.
Grundsätzlich blieben aber gegenüber allen Halbkettenfahrzeugen gewisse Bedenken bezüglich der Lenkbarkeit und der Beweglichkeit, vor allem im Gelände, bestehen. Wie sich in späteren Feldzügen zeigen sollte, reichte die Geländegängigkeit unter den zentraleuropäischen Verhältnissen aber aus.
Die ersten dieser neuen Schützenpanzer-Halbkettenfahrzeuge vom Typ Sonderkraftfahrzeug 251 (SdKfz 251) wurden bereits Ende 1938 in kleiner Anzahl an den Chef der 3./Schützenregiment 1, Hptm von Jagow, in Weimar/Thüringen übergeben.
Für die bereits im Rüstungsprogramm von 1932 vorgesehenen Zugkraftwagen hatte man vorab eine Produktionsteilung vorgenommen. Für das später als Grundmodell dienende SdKfz 11 wurde als Patenfirma zunächst Hansa-Lloyd in Bremen verpflichtet. Schon ab 1938 wechselte die Patenschaft zu Hanomag in Hannover. Die Firma Hanomag hatte nun die alleinige Aufgabe, dieses Fahrzeug weiterzuentwickeln sowie erforderliche Sonderausrüstungen zu konstruieren. Dazu gehörte z. B. eine komplette Tropenausrüstung mit größerem Kühler, verbessertem Lüfter usw. Der eigentliche Beginn der Serien-

Ein SdKfz 251 in offenem Gelände bei Woroschilowgrad im Jahre 1942. Die außen angebrachten Ausrüstungsgegenstände und Betriebsstoffkanister zeigen provisorischen Charakter.

fertigung der gepanzerten Ausführung des SdKfz 251 erfolgte im Spätherbst 1939.

Den gepanzerten Aufbau entwickelte Büssing-NAG in Berlin-Oberschöneweide sowie die Deutsche Werft in Kiel. Es kamen für den Panzeraufbau nur hochqualitative Molybdänstähle zur Verwendung. Der Aufbau wurde zunächst in gemischter Bauweise vernietet und verschweißt hergestellt. Zur Endmontage des Schützenpanzers gingen die einzelnen Komponenten an die Firma Weserhütte in Bad Oeynhausen. Neben der vorgenannten westfälischen Firma wurden im Laufe des Krieges auch die Firmen Deutsche Werft (Kiel), Gollnow (Stettin), Wumag (Görlitz), Schichau (Elbing) und Evans & Pistor (Helsa bei Kassel) verpflichtet. Angesichts der sehr weiten und später auch durch Luftangriffe gefährdeten Transportwege wirkt die damalige Produktionsaufteilung heute ein wenig merkwürdig.

Der Schützenpanzer SdKfz 251 wurde schrittweise weiterentwickelt, wobei die Schwerpunkte mehr und mehr auf rationelle und materialsparende Fertigung gelegt wurden. Diese Maßnahmen haben aber den Kampfwert und die sehr guten Eigenschaften dieses Fahrzeuges in keiner Weise negativ beeinflusst.

Der Aufbau bestand aus den Einzelbaugruppen Boden, Heck, Seiten, Mittel- und Frontteil. Von 1939–1942 wurden die Versionen A und B gefertigt, sowohl in vernieteter wie auch in geschweißter Ausführung. Bei den folgenden Versionen C und D handelte es sich dann generell um vollverschweißte Panzeraufbauten. Für einige spezielle Fahrzeuge wie Sanitäts-SPW, Funk- und Befehlswagen sowie Pionierfahrzeuge wurden auch auf 4 mm Panzerung reduzierte Aufbauten verwendet.

Die sichtbaren Unterscheidungsmerkmale der einzelnen Versionen waren:

- A jeweils zwei an den seitlichen hinteren Aufbauten angebrachte Sichtblöcke, schachtelförmige Doppel-Hecktür
- B nur noch ein vorderer, seitlicher Sichtblock für den Fahrer. Hecktürkonstruktion weiterhin wie Version A.
- C Entfall der vorderen Stoßstange, Bugblech konstruktiv vereinfacht und ballistisch verbessert; Hecktür wie A und B.
- D produktionstechnisch vereinfachter Aufbau mit glatter 45°-Hecktür.

Alle SPWs verfügten über Laufräder mit Hartgummi-Laufringen. Die Kettenglieder bestanden aus Stahlguss und hatten schon damals austauschbare Gummipolster.

Die SdKfz 251 waren für ihre Zeit durchaus sehr fortschrittliche Fahrzeuge und bei den Panzergrenadieren hoch geschätzt. Für den PzGren waren sie »Wohnung, Reisewagen, Kampfplatz und Festung« zugleich. Obwohl oben offen, boten sie mit den vorhandenen vier Spriegeln und der Plane zumin-

Technische Daten SdKfz 251/1	
Allgemein	
Länge	5800 mm
Breite	2100 mm
Höhe	1750 ohne, 2100 mit MG
Masse, leer	ca. 7400 kg
Nutzlast	1500 kg
Bodenfreiheit	320 mm
Grabenüberschreitfähigkeit	2000 mm
Steigvermögen	24°
Wendekreis	13.500 mm
Watfähigkeit	500 mm
Kettenbreite	280 mm
Kettenlänge	L: 7700, R: 7840 mm
Fahrbereich Straße	300 km
Fahrbereich Gelände	180 km
Höchstgeschwindigkeit	52 km/h
Baujahre	1939–1945
Gesamtstückzahl	ca. 16.000
Bewaffnung	2 MG 34, später MG 42
Panzerung	
Wanne, vorne	12 mm
Wanne, seitlich	8 mm
Wanne, hinten	8 mm
Motor	
Hersteller	Maybach
Typ	HL 42 TUKRM
Betriebsart	Otto-Motor
Zylinderzahl	6 in Reihe
Zylinderinhalt	4170 ccm
Leistung	100 PS/bei 2800 U/min
Verdichtung	1 : 6,6
Kühlung	Wasser
Kraftübertragung	
Antrieb	auf Kettenlaufwerk, Antriebsrad vorne
Kupplung	2-Scheiben-Trockenkupplung
Getriebe	
Hersteller	Hanomag
Typ	U 50
Anzahl der Gänge	8V + 2 R (mit Vorgelege)
Lenkung	Hanomag Spindel- oder ZF Ross, Typ 660
Baubezeichnung der Firma Hanomag: H KL 6 p (H = Hanomag; KL= Kettenlaufwerk; 6 = 6 t Eigengewicht; p= gepanzert)	

Typisch für diesen Schützenpanzer war das nach innen geneigte Lenkrad. Ganz rechts befindet sich die Einbauhalterung für das Funkgerät.

dest einen einfachen Wetterschutz. Im auf- und abgesessenen Kampf war das SdKfz 251 eine moderne Waffe auf dem Gefechtsfeld. Zu Anfang des 2. Weltkrieges besaß nur die deutsche Wehrmacht ein derart gut geeignetes Fahrzeug. Trotz guter Geländegängigkeit stieß der Schützenpanzer im engen Zusammenwirken mit den eigenen Panzern an seine leistungsmäßigen Grenzen.

Besonders im Russlandfeldzug offenbarten sich seine Schwächen. Hoher Wartungsaufwand, zu schwache Motoren, schlechte Lenkbarkeit im Gelände und die im zähen Schlamm empfindlichen Kettenlaufwerke setzten deutliche Grenzen im Einsatz.

Dazu kam, wie übereinstimmend berichtet wird, aufgrund der im extremen Gelände nicht ausreichend beweglichen Trossfahrzeuge eine ständige Überladung der Schützenpanzer mit zusätzlicher Munition und diversen Ausrüstungen.

Doch bis zum Kriegsende hatte sich das SdKfz 251 bei den Panzergrenadieren sehr gut bewährt und bewies auch im Zusammenwirken mit eigenen Panzerkräften die Richtigkeit der von Generaloberst Guderian propagierten neuen Kampfweise. Guderian selber benutzte in Russland ein SdKfz 251/3 als bewegliche und gepanzerte Führungsstelle.

Die Schwächen wohl erkennend, wurde von der Truppe ein motorisch leistungsfähigerer SPW als Vollkettenfahrzeug gefordert. Die mit einem Maybach-HL-50-Motor mit 5 Litern Hubraum und 180 PS ausgestatteten wenigen Prototypen kamen aber nicht mehr zum Einsatz.

Die generell gute Eignung, das trotz der Panzerung noch akzeptable Gewicht, die guten Raumverhältnisse und die gelungene, ballistisch vorteilhafte Form ließen vom SdKfz 251 eine ganze »Fahrzeugfamilie« entstehen. Insgesamt gab es 22 verschiedene Versionen, wozu zusätzlich noch einige speziell abgeänderte Ausführungen kamen.

Das SdKfz 251 wurde bis April 1945 produziert. Nach Ende des Krieges benutzte die tschechoslowakische Armee ab 1952 bis in die späten 70er-Jahre einen sehr ähnlichen Nachbau unter der Bezeichnung OT-810, allerdings mit einem 120 PS starken Tatra-Dieselmotor und einem allseitig geschlossenen Aufbau.
Mit der im Oktober 1950 erfolgten Ernennung von Theo Blank zur Führung der dem Bundeskanzleramt nachgeordneten Dienststelle »für die mit der Vermehrung der alliierten Truppen zusammenhängenden Fragen« wurde auch eine erste Struktur zur Beschaffung von Wehrmaterial geschaffen. Bereits Ende 1952 war eine kleine Gruppe kriegserfahrener ehemaliger Offiziere unter Leitung des Oberst a.D. Ludwig Schanze mit der Erstellung eines Forderungskataloges und der möglichen Beschaffung von geeigneten gepanzerten Fahrzeugen für die Panzergrenadiere beschäftigt. Schon im Oktober 1953 wurden von dieser Gruppe erste »taktisch-technische Forderungen« für einen neuen Schützenpanzerwagen vorgestellt. Diesen Forderungund zugrunde lagen die sehr guten Erfahrungen mit den SPW-Typen SdKfz 250 und SdKfz 251 sowie die persönlichen Kriegserfahrungen mit den Fahrzeugen der ehemaligen Gegner.

Das geforderte Vollkettenfahrzeug sollte über einen ausreichender Panzerschutz, eine vollautomatische Maschinenwaffe und eine vergleichbare Beweglichkeit wie die zu unterstützenden Kampfpanzer verfügen. Die Beschaffung geeigneter Fahrzeuge erwies sich aber als sehr schwierig. Die deutsche Industrie war aufgrund der Kriegsereignisse verständlicherweise zunächst nicht an einer erneuten Rüstungsproduktion interessiert und verfügte zudem auch schon über eine gewisse Produktionsauslastung durch den zivilen Lkw-Bau. Somit verblieben als Lieferanten zunächst nur die Streitkräfte der USA und Großbritanniens. Als Abnehmer von überzähligen Fahrzeugen traten aber auch mehrere ebenfalls für den NATO-Beitritt vorgesehene europäische Staaten auf.
Als wohl modernster Schützenpanzer dieser Zeit erweckte der in Frankreich entwickelte AMX 13-VTP das Interesse der deutschen Beschaffer. Allein schon der hohe Stückpreis von über 150.000 DM verhinderte jedoch einen Ankauf dieses modernen Fahrzeuges.

1.2 Bren Carrier

Als Zwischenlösung wurde der Ankauf von »Universal Carriers«, häufig nicht ganz korrekt als »Bren Carrier« bezeichnet, aus den Lagern der britischen Armee vorbereitet. Diese Carriers hatten die Briten erstmals bereits im Jahre 1954 den Deutschen zum Stückpreis von 4000 DM angeboten. Nachdem es zunächst kaum eine Alternative gab, wurden knapp zwei Jahre später dann doch noch 300 dieser veralterten und sich keineswegs in gutem Zustand befindlichen Kriegsveteranen gekauft. Diese liefen der Truppe in zwei Losen zu, 1. Los im Frühjahr 1956 (181 Stck.), 2. Los im Herbst 1956 (119 Stck.).
Bei der Truppe waren die Fahrzeuge eher unbeliebt. Schlechte, »bockige« Fahreigenschaften, anfälliger Motor, die engen Platzverhältnisse und vielleicht auch ihr antiquiertes Aussehen führten häufig zum schnellen Abschieben an die Nachschubtruppe und an die Fahrschulen. Die weitaus größte Anzahl »erbte« allerdings die Panzeraufklärungstruppe. Auch der freundlich gemeinte Hinweis der Ausbilder, bei dem Ford-Benzinmotor handele es sich um einen ehemaligen Rennmotor, konnte die Beliebtheit für den »Kohlenkasten«bei den Soldaten nicht steigern. Schon zwei Jahre später standen die ersten »Universal Carrier« im Bremer Hafen zur Verschrottung aufgestapelt.
Nach dem NATO-Beitritt der Bundesrepublik im Mai 1955 erfolgte die Umbenennung des Amtes Blank in »Bundesministerium der Verteidigung«.

Ein seltenes Originalfoto von 1956. Der »Bren« trägt noch die britische Beschriftung. Die jungen Bundeswehrsoldaten sind mit dem U.S. Carbine 30M1 ausgerüstet.

Der spartanisch eingerichtete Fahrerplatz mit dem senkrecht stehenden Lenkrad. Zu erkennen ist die Stärke und die Vernietung des Panzerblechs.

Zur Erstausstattung der Panzergrenadiere suchte man weiterhin dringend nach einem geeigneten Fahrzeug. Allerdings bestand zu diesem Zeitpunkt schon der konkrete Wunsch nach einem in der Bundesrepublik konstruierten und gefertigten Schützenpanzermodell. Dazu wurden Ende 1955 vom Ministerium zwei Entwicklungs-Aufträge erteilt. Wohl begründet aus den guten Erfahrungen im zweiten Weltkrieg, wurde sowohl ein kürzeres Halbgruppenfahrzeug, wie auch ein Gruppenfahrzeug gewünscht.

Technische Daten SdKfz 251/1	
Allgemein	
Länge	3658 mm
Breite	2080 mm
Höhe	1602 mm
Masse, leer	3850 kg
Bodenfreiheit	250 mm
Grabenüberschreitfähigkeit	1370 mm
Steigvermögen	60 %
Kletterfähigkeit	650 mm
Watfähigkeit	610 mm
Kettenbreite	241 mm
Fahrbereich	ca. 150 km
Höchstgeschwindigkeit	52 km/h
Baujahre	1939–1945
Gesamtstückzahl (untersch. Quellen)	ca. 100.000
Höchstgeschwindigkeit	52 km/h
Baujahre	1939–1945
Gesamtstückzahl	ca. 16.000
Panzerung	
Wannenfront	10 mm, 90°
Wanne seitlich	8 mm, 90°
Motor	
Hersteller	Ford
Typ	GAE
Betriebsart	Otto-Motor
Zylinderzahl	8-V
Zylinderinhalt	3621ccm
Leistung	85 PS/bei 3500 U/min
Verdichtung	6,4 : 1
Kühlung	Flüssigkeit
Kraftübertragung	
Antrieb	auf Kettenlaufwerk, Antriebsrad hinten
Getriebe	
Hersteller	Ford
Typ	TA/TK 7000
Anzahl der Gänge	4 V + 1 R

1.3 Cargo und SPz kurz

Anlässlich einer Gerätevorführung Anfang November 1955 in Paris, bei der u. a. auch der Panhard E.B.R. 75 Spähpanzer vorgestellt wurde, zeigte die französische Rüstungsfirma Hotchkiss-Brandt ihren aus dem Nachschubpanzer CC 2 abgeleiteten Schützenpanzer TT 6. Dieses Halbgruppenfahrzeug verfügte allerdings über keinen Turm, und nur der Fahrer sowie der Kommandant saßen unter Panzerschutz. Als Vorteil erwies sich jedoch, dass das 1951 konstruierte Fahrzeug bereits umfassend auf eigenen französischen Übungsplätzen und auch in Nord-Afrika von der französischen Armee erprobt worden war. Somit stand der TT 6 relativ schnell zur Verfügung.

Das Fahrzeug war nach Ansicht der deutschen Beschaffer als Basisfahrzeug für einen Schützenpanzer kurz gut geeignet. Durch deutsche Panzeringenieure und in enger Zusammenarbeit mit der Firma Hotchkiss wurden in kurzer Zeit eine Fülle von Änderungen eingebracht. So wurde z. B. die Panzerung verstärkt und die gesamte Front sowie die Seitenpartie formgünstiger gestaltet.

Als Hotchkiss Cargo erhielt die Bundeswehr die ersten Fahrzeuge noch zur Jahreswende 1956/57. Vermutlich handelte es sich bei der ersten Lieferung aber noch um die französische Original-Version mit dem 4-Rollen-Laufwerk. Ab 1958 wurde die verbesserte Version aufgrund eines Lizenzvertrages im Magirus-Deutz-Werk in Mainz-Mombach gebaut. Der Cargo diente nicht nur als gepanzertes Nachschubfahrzeug, sondern war in Ermangelung anderer gepanzerter Fahrzeuge auch wichtig für die Fahrschul- und Instandsetzungsausbildung.

Aus dem Cargo wurde eine ganze gepanzerte Fahrzeugfamilie entwickelt. Für die Panzergrenadiere spielte dabei sowohl der im allgemeinen sehr geschätzte SPz kurz 11-2 mit seiner 20-mm-Maschinenkanone wie auch der in einer Stückzahl von 152 gefertigte Mörserträger SPz 51-2 eine größere Rolle. Beide SPz waren für einen Einsatz in der schweren Grenadierkompanie vorgesehen. Nachstehend sind die wichtigsten Abweichungen zum Spz 42-1 Nachschubpanzer beschrieben:

	11-2	51-2
Länge	4480 mm	4750 mm
Höhe	2015 mm	1860 mm
Masse	8390	8310
Panzerung	8-15 mm	8-15 mm
Bewaffnung	MK 29 mm	Mörser 81 mm
Fahrbereich	400 km	350 km

Technische Daten Nachschubpanzer CC-2-55, SPz kurz, 42-1	
Allgemein	
Länge	3700 mm
Breite	2340 mm
Höhe	1500 mm
Masse	5400 kg
Nutzlast	1000 kg
Bodenfreiheit	350 mm
Grabenüberschreitfähigkeit	1500 mm
Steigvermögen	60 %
Wendekreis	11.000 mm
Watfähigkeit	700 mm
Kettenbreite	270 mm
Fahrbereich Straße	ca. 380 km
Fahrbereich Gelände	ca. 250 km
Höchstgeschwindigkeit	58 km/h
Baujahre	1958–1962
Gesamtstückzahl	201
Panzerung	8–15 mm
Motor	
Hersteller	Hotchkiss, St. Denis (F)
Hersteller, Lizenz	Magirus-Deutz
Typ	Lago
Betriebsart	Otto-Motor
Zylinderzahl	6 in Reihe
Zylinderinhalt	4678 ccm
Leistung	164 PS /bei 3900 U/min
Kühlung	Flüssigkeit
Kraftübertragung	
Antrieb vorne auf	Kettenlaufwerk, Antriebsrad vorne
Kupplung	1-Scheiben Trockenkupplung
Federung und Laufwerk	Drehstabfederung, 4 Laufrollen, 2 Stützrollen, hydr./mech. Stoßdämpfer

Der Cargo war ein kleines, aufgrund seines günstigen Gewichts aber flinkes gepanzertes Fahrzeug mit gutem Gebrauchswert.

Der sowohl bei den Panzergrenadieren wie auch bei den Panzeraufklärern eingeführte SPz kurz mit der 20-mm-Bordkanone und dem 5-Laufrollen-Fahrwerk.

1.4 Schützenpanzer M 39

Einer der ersten amerikanischen M 39 in Munster. Der Offizier im Vordergrund trägt am Webkoppel als Seitenwaffe die Pistole M 1911 im Kaliber .45.

Bereits am 07. 04. 1953 bot die USA über ihren Staatssekretär Frank C. Nash Bundeskanzler Adenauer eine kostenlose Rüstungslieferung an. Die USA waren bereit, Heeresausstattung für sechs Divisionen auf vertraglicher Grundlage zu liefern (Nash Commitment, sog. »Nash Liste«).

Für die Panzergrenadiere war die Situation bei weitem nicht so günstig wie z. B. für die Panzertruppe. Letztlich wurden nur ganze 32 »Armored Utility Vehicles M 39« an die Panzergrenadiertruppe überstellt. Hierbei handelte es sich auch nicht um einen »richtigen« Schützenpanzer, wie ihn sich die deutschen Beschaffer vorstellten, sondern, wie es auch die US-Bezeichnung schon ausdrückt, um ein Mehrzweckfahrzeug. Ursprünglich aus dem bewährten Panzerjäger »Hellcat« weitentwickelt, baute die USA vom M 39 in der Zeit von 1945–1952 insgesamt nur 640 Stück. Von den 32 M 39 verblieben acht Panzer bei der Lehrgruppe in Andernach. Das Panzergrenadierlehrbataillon übernahm 24 der Fahrzeuge und setzte diese mit Erfolg in der Truppe ein. Das stabile und unempfindliche Fahrzeug – nun Schützenpanzer genannt – war leicht zu fahren, zudem sehr schnell und anfänglich auch zuverlässig. Diese positiven Eigenschaften waren dem günstigen Gewicht, dem kräftigen, durchzugsstarken Sternmotor und dem modernen Fahrgestell

Technische Daten Schützenpanzer M 39	
Allgemein	
Länge	5280 mm
Breite	2870 mm
Höhe	1900 mm
Leergewicht	15.860 kg
Bodenfreiheit	450 mm
Grabenüberschreitfähigkeit	1880 mm
Steigvermögen	60 %
Wendekreis	10.500 mm
Watfähigkeit	1220 mm
Kettenbreite	350 mm
Tankinhalt	750 l
Fahrbereich	170–220 km
Höchstgeschwindigkeit	72 km/h
Baujahre	1944–1952
Besatzung	2 + 7
Gesamtstückzahl	640
Bewaffnung	1 MG M 2, Kal. .50 (12,7mm) mit 945 Schuss
Panzerung	
Wanne, vorne	15 mm
Wanne, unten	53°
Wanne, oben	64°
Wanne, seitlich	23°, 13 mm
Boden	6 mm
Motor	
Hersteller	Continental, USA
Typ	R-975-C4
Betriebsart	Otto-Motor
Zylinderzahl	9, sternförmig angeordnet
Zylinderinhalt	15.940 ccm
Leistung	395 PS/bei 2400 U/m
Verdichtung	6,3 : 1
Kühlung	Luft
Kraftübertragung	
Antrieb	Antriebsrad vorne
Kupplung	Trockenkupplung
Getriebe	
Hersteller	Allison
Typ	TX 200-5A
Anzahl der Gänge	3 V, 1 R

mit Drehstabfederung zuzuschreiben. Nachdem alle 32 M 39 im Bestand des PzGrenLehrBtl waren, wurde bei einigen Fahrzeugen ein behelfsmäßiger Umbau zum Granatwerfer-Fahrzeug, später als Mörserträger bezeichnet, vorgenommen.

Für den Panzergrenadier war natürlich die fehlende Heckklappe und die hohe Bordwand von 2,05 m ein großer Nachteil. Als Bewaffnung diente das schwere, auf einen Drehkranz aufgesetzte Maschinengewehr M 2 im Kaliber .50 (12,7mm). Mit dem M 2 verfügte der M 39 durchaus über eine wirkungsvolle Maschinenwaffe; doch war der MG-Schütze im Feuerkampf aufgrund fehlender Panzerung stark gefährdet.

Wie berichtet wurde, war dieses Fahrzeug in der Anfangszeit noch durchaus zuverlässig, aber es stellten sich nach mehreren Monaten wiederkehrende Reparaturen ein. So erinnern sich Ausbilder aus dieser Zeit an geplatzte Leitungen am vorne liegenden Getriebe. Das führte zu unliebsamen »Duschen« von Fahrer und Funker mit warmen Öl! Die Ersatzteilversorgung war 1959/60 nicht mehr zufriedenstellend. Der M 39 wurde gegen Ende 1960 ausgesondert.

Ein sehr gut restauriertes Exemplar ist im Panzermuseum in Munster ausgestellt.

1.5 Schützenpanzer HS 30

Als eine Bedingung für den geplanten Beitritt der Bundesrepublik Deutschland in das NATO-Bündnis wurde die schnelle Aufstellung von deutschen Streitkräften bis zu einer Stärke von 500.000 Soldaten gefordert.

In den Beitrittsverhandlungen sicherte Bundeskanzler Adenauer schon 1954 eine beschleunigte Aufstellung der Bundeswehr innerhalb von drei Jahren zu. Durch diesen ehrgeizigen Plan ergab sich ein sehr hoher Druck, sowohl bei der Rekrutierung von Personal wie auch bei der Beschaffung der notwendigen Ausrüstung für Heer, Luftwaffe und Marine. Bereits im Oktober 1953 gab es im Amt Blank konkrete neue »Taktisch-technische Forderungen« für einen Schützenpanzer als Gefechtsfahrzeug. Die damals bestehenden vielfältigen Schwierigkeiten bei der Erstausstattung mit gepanzerten Fahrzeugen für die Grenadiertruppe sind in den vorherigen Kapiteln bereits kurz beschrieben worden.

Ein HS 30 bei der Durchquerung eines Bachs. Der Gruppenführer und der Bordkanonen-Schütze tragen die gepolsterte Panzerschutzmütze aus Wolltuch.

Im Sommer 1955 präsentierte der französische Fürst André Poniatowsky, Inhaber des Konstruktionsbüro SEAM-Paris, dem Amt Blank eine erste Serie von Fotos und Zeichnungen, welche überraschenderweise ziemlich genau den deutschen Vorstellungen von einem Schützenpanzer entsprachen. Im November des gleichen Jahres wurde den deutschen Beschaffern in Paris das Fahrgestell eines Flak-Geräteträgers vorgestellt, welcher angeblich eine gute Basis bot und problemlos zu einem Schützenpanzer weiterentwickelt werden konnte. Schon kurze Zeit später unterbreite der schweizerische Rüstungskonzern Hispano-Suiza aus Genf den Deutschen ein Angebot über den Bau eines solchen Schützenpanzers. In diesem Zusammenhang muss erwähnt werden, dass das SEAM-Büro in Paris und die Firma Hispano-Suiza schon längere Zeit eng zusammenarbeiteten.

Hispano-Suiza war zwar als Kanonenhersteller bekannt, hatte aber bis dahin keinerlei Erfahrung und zudem auch keine eigenen Herstellungsstätten für den Bau von Panzerfahrzeugen. Zudem schien diese Firma weder geeignet, solch ein ehrgeiziges Großprojekt zu realisieren, noch erfüllte sie die Voraussetzungen als Generalunternehmer. Dennoch wurde das erste Angebot bald durch ein weiteres konkretisiert, in welchem der Bau von zwei Holzmodellen sowie zwei Fahrzeugen aus Flussstahl und eine Panzerstahl-Beschusswanne offeriert wurden. Zwischenzeitlich gab es aber erste Warnungen hinsichtlich der Unerfahrenheit der Schweizer Firma im Panzerbau, welche zu diesem Zeitpunkt bereits als Risiko für das Projekt gesehen wurde. Die vom Verteidigungsministerium berufenen Gutachter unter Führung von Generalleutnant a.D. Philipps sahen dagegen keinerlei Schwierigkeiten für einen Serienbau des Schützenpanzers durch Hispano-Suiza. Interessanterweise standen die vier Gutachter im Dienste der späteren Lizenznehmer und Hersteller Hanomag und Henschel; an sich schon eine sehr bedenkliche Tatsache für dieses umfangreiche Rüstungsgeschäft. Trotz der fragwürdigen Voraussetzungen, der Warnungen und Bedenken wurde innerhalb von wenigen Monaten die Zustimmung des Haushalts- und Verteidigungsausschusses erzielt. Es ging hierbei um den bisher größten Rüstungsauftrag der noch jungen Bundesrepublik über 10.680 Schützenpanzer im Wert von 2,78 Millionen DM.

Hispano-Suiza selbst delegierte den größten Teil des Auftrages über ihre im englischen Grantham sitzende Zweigfirma »British Manufacturing and Research Company (BMARC) an die Firmen Leyland und Rolls Royce. Dazu nachstehend eine kurze (und unvollständige) Chronologie dieses beispiellosen Beschaffungsereignisses:

25. 07. 1957 Auftragserteilung an Hispano-Suiza, Genf.
14. 10. 1957 Erster unbefriedigender Probelauf eines Mustermodells auf dem Truppenübungsplatz Niederlahnstein
09. 12. 1957 Erste offizielle Probefahrt eines weiteren Fahrzeuges, auch dieses wies, wie auch das im Oktober vorgeführte Fahrzeug, gravierende Mängel auf
09. 06. 1958 Auslieferung (verspätet) des ersten Serien-Fahrzeuges durch den britischen Hersteller
13. 06. 1958 Verteidigungsminister Strauß verfügte aufgrund der erheblichen Verzögerungen eine Überprüfung aller Verträge und Beschaffungsakten zum HS-30 Projekt. Als Resultat der Überprüfung reduzierte der Minister das Beschaffungsvolumen von 10.680 auf 6202 und später sogar auf 4412 Schützenpanzer.
02. 08. 1958 Minister Strauß beauftragt die Firma Hanomag in Hannover mit der Gesamtkoordination des HS-30-Projektes.

Hanomag begann mit einer kompletten Überarbeitung der fertigungstechnischen und konstruktiven Parameter. Insgesamt wurden bei Hanomag über eintausend Konstruktionsänderungen erarbeitet. So mussten beispielsweise die kompletten Fertigungsunterlagen vom britischen Maßsystem auf die DIN-Norm umgerechnet und in allen Zeichnungssätzen geändert werden.
Bedingt durch die gewünschten Änderungen und die erforderlichen Verbesserungen stieg das Gewicht des HS 30 um zirka 25 % von 12 auf 14,6 t. Und auch der Stückpreis hatte sich von zunächst 146.000 auf fast 250.000 DM (ohne Turm und Waffe) erhöht.
Das Gesamtauftragsvolumen belief sich zu diesem Zeitpunkt auf 4412 Stück, andere Quellen sprechen von 4500 Stück. Davon sollten von Leyland (GB) 2762 Stück, von Hanomag und Henschel je 825 Stück gebaut werden. Doch auch dieses schon sehr stark reduzierte Bestellvolumen hatte keinen Bestand. Letztlich wurden von Leyland (GB) 1119 Stück, von Hanomag 574 und von Henschel 510 HS 30 gebaut und an die Bundeswehr ausgeliefert. Das mehr als fragwürdige Beschaffungsvorhaben HS 30 weitete sich aus und führte sogar zum Einsatz eines Untersuchungsausschusses, welcher die besonderen Umstände der Beschaffung klären sollte.
Die technisch-taktischen Forderungen zielten auf einen modernen und leistungsfähigen Schützenpanzer mit einer 20-mm-Bordmaschinenkanone. Eine günstige ballistische Form, eine niedrige Bauhöhe und sicherer Schutz gegen Infanteriemunition und gegen Granatsplitter waren festgeschrieben. Der Feuerkampf sollte sowohl auf- wie auch abgesessen möglich sein. Als Besatzung waren neben dem Fahrer und dem Richtschützen ein MG-Schütze, vier weitere Schützen und der Kommandant als Gruppenführer vorgesehen.
Sämtliche aufgestellten Forderungen wurden letztlich erfüllt. Nur der ursprünglich geforderte Heckausstieg konnte aufgrund der Triebwerkskonstruktion nicht realisiert werden. Doch gera-

Technische Daten Schützenpanzer HS 30 12-3	
Allgemein	
Länge	5562 mm ohne Waffe
Breite	2547 mm
Höhe	1850 mm
Gefechtsmasse	14.600 kg
Bodenfreiheit	380 mm
Grabenüberschreitfähigkeit	1500 mm
Steigvermögen	60 %
Wendekreis	10.500 mm
Kletterfähigkeit	600 mm
Watfähigkeit	700 mm
Kettenbreite	380 mm
Bodendruck	0,75 N/cm²
Tankinhalt	340 l
Fahrbereich	ca. 250 km
Höchstgeschwindigkeit	51 km/h
Baujahre	1959–1962
Besatzung	8
Gesamtstückzahl	4412
Bewaffnung	1 BMK HS 820, L 85, 20 mm; 1 MG 7.62 x 51
Panzerung	
Wanne vorne	15 mm, Winkel 35°
Wanne seitlich	8–10 mm, Winkel 60°
Wannendach	8 mm
Turm vorne	30 mm, Winkel 35°
Turm seitlich	15 mm, Winkel 80°
Motor	
Hersteller	Rolls Royce (GB)
Typ	B 81 MK. 80F
Betriebsart	Benzin
Zylinderzahl	8 in Reihe
Zylinderinhalt	6510 ccm
Leistung	198 PS (DIN) bei 3750 U/min
Verdichtung	7,25 : 1
Kühlung	Flüssigkeit
Kraftübertragung	Antrieb auf Triebrad hinten
Kraftübertragung	3 Stützrollen, 5 Laufrollen, Gummifederteller
Getriebe	
Hersteller	Allison (alternativ: Wilson)
Typ	TX 200-5A (RVK 1)
Anzahl der Gänge	4V, 1R (6V, 1R)
In den ersten HS-30-Schützenpanzern war das Sidebi-Getriebe von Hispano-Suiza eingebaut. Diese Getriebe erwiesen sich als untauglich.	

Die zurückgeklappte Fahrersitzlehne gibt den Blick frei auf das Instrumentenpaneel, die vier Fahrhebel, die mittig sitzende Handbremse sowie den rechts angebrachten Getriebewählschalter.

de das Absitzen vom Fahrzeug, besonders in der Bewegung, stellte ein erhebliches Unfallrisiko für die Schützen dar.
Die vielfältigen Schwachpunkte des HS 30 lagen u. a. in der mangelhaften Erprobung, in der sehr unterschiedlichen Fertigungsqualität an den drei unterschiedlichen Standorten und vor allen Dingen an teilweise ungeeigneten Getrieben und Aggregaten. So wurde das anfangs verbaute elektrisch schaltbare Sidebi-Getriebe durch eine größere Anzahl hydromechanischer Wilson-Getriebe ersetzt. Dem britischen Wilson-Getriebe folgte später das zuverlässigere und auch wirtschaftlichere amerikanische Allison-Getriebe. Während des Serienbaus experimentierte man mit weiteren Getrieben. So wurden ZF-4-HP-50-, ILOMATIK-, Allgaier- und Hirth-Getriebe eingebaut, stets auf der Suche nach einer zuverlässigen Lösung.

Für das gewichtsmäßig aufgewachsene Fahrzeug erwies sich der aus einem Lkw stammende Rolls-Royce-Motor als zu schwach. In diesem Zusammenhang liest sich der Bericht des III. Korps vom Juni 1961 fast wie ein Krimi: »*Der Motor des SPz ist zu schwach und an Steigungen und in Kurven fällt die Leistung stark ab. An den Ölfilteranschlüssen – insbesondere an der englischen Fertigung- treten Undichtigkeiten auf. Zum Nachziehen der Verschraubung muss meistens das komplette Heck gezogen werden. Die Kraftstoffförderpumpen sitzen zu tief. Durch eindringendes Wasser fallen diese aus. Häufige Risse an den Keilriemen. Bei Ausfall eines Keilriemens müssen alle vier ausgewechselt werden. Das Laufwerk ist zu schwach und hält den Beanspruchungen im Gelände nicht stand. Der Grund sind zu weiche Gummibandagen der Laufräder. Schon nach wenigen Kilometern sind diese durch Steine und andere Fremdkörper stark beschädigt. Die Leitradachse verbiegt sich, wenn der SPz vorn kräftig aufsetzt. Das Bodenventil im Motorraum liegt nicht am tiefsten Punkt der Wanne. Eingedrungenes Wasser muss durch einseitiges Schrägstellen des SPz entfernt werden.*« Die Aufzählung umfasst insgesamt dreiundsiebzig wichtige Punkte, wozu auch die unwirksamen Bremsen, heulende Lüfter und empfindliche Ketten gehören. Der HS 30 bescherte den Panzergrenadieren und im besonderen Maße der Instandsetzung über Jahre hinaus schwere Zeiten ... Erschwerend kam für die Instandsetzung ein weiterer Konstruktionsmangel hinzu: für einen Motorwechsel musste das komplette Heck des HS 30 mit über 100 Schraubverbindungen von der Wanne gelöst werden! Lediglich das Lehrbataillon, es erhielt die ersten HS 30 im Zeitraum ab September 1959, allerdings noch ohne Waffe, zeigte dank unermüdlichen Einsatzes einen einigermaßen brauchbaren Klarstand.
In den Beurteilungen fand man vom »vollwertigen Ausbildungsfahrzeug« über »die Form ist zufrieden stellend« und »keine Kampfreserve im Gelände; es fehlen zirka 50 PS, um mit den Kampfpanzern M 47 und M 48 zusammenarbeiten zu können« bis »als Kampffahrzeug erfüllt der HS 30 beim Einsatz von PzGren-Einheiten im Allgemeinen seinen Zweck« ein interessantes Spektrum an schriftlich niedergelegten Meinungen.
Nach dieser mehr als traurigen und für die Bundesrepublik sehr teuren Erfahrung waren sich Politik, Bundeswehr und Beschaffungsseite darin einig, nie mehr ein unausgereiftes Fahrzeug in Auftrag zu geben und zu beschaffen. Im »Weißbuch 1970 zur Sicherheit der Bundesrepublik und zur Lage der Bundeswehr« wurde unter Punkt 189 festgestellt:« Der Schützenpanzer HS 30 kam ohne ausreichende Erprobung zur Truppe und musste nach und nach von seinen Kinderkrankheiten geheilt werden«.
Abschließend sei bemerkt, dass die theoretischen Forderungen bezüglich der äußeren Form und der Bewaffnung sowie der Möglichkeit, den aufgesessenen Kampf vom Fahrzeug aus zu führen, ihrer Zeit weit voraus waren und die Erfahrungen aus dem 2. Weltkrieg wiederspiegelten.
Die Restbestände an HS 30 wurden Anfang 1980 ausgesondert und fanden ihre letzte Verwendung als Hartziel auf den Truppenübungsplätzen.

2. Entwicklung des SPz Marder

2.1 Start des SPz-neu-Programms

Im Jahr 1958 befanden sich die ersten Nullserienfahrzeuge des SPz HS 30 in der Endmontage; die Auslieferung der ersten Fahrzeuge an das Panzergrenadierlehrbataillon 92 in Munster war für Februar 1959 geplant. Die tatsächliche Auslieferung der Fahrzeuge an die Truppe erfolgte jedoch erst ab September 1959. Mit dem HS 30 konnte zwar der dringend benötigte Sofortbedarf im Rahmen des Aufbaus der Bundeswehr gedeckt werden. Aber aufgrund der Ergebnisse aus Erprobung und Truppenversuch war allen Beteiligten im Führungsstab des Heeres im Verteidigungsministerium klar, dass dieser Schützenpanzer aufgrund folgender Defizite nicht als adäquater Partner für den ebenfalls in Entwicklung befindlichen 30-t-Standardpanzer auf dem Gefechtsfeld betrachtet werden konnte:
- geringere Gelände- und unzureichende Wasserbeweglichkeit,
- unzureichender Fahrbereich und zu geringe Einsatzdauer,
- fehlende Nachtkampffähigkeit,
- fehlender ABC-Schutz.

Bei diesem Prototypen des SPz HS 30 gab es noch einen Kriechgang zwischen Kampfraum und Heckwand.

So wurden bereits Ende 1958 die ersten Entwürfe von Militärischen Forderungen (MF) für einen neuen Schützenpanzer erarbeitet und am 07. 09. 1959 veröffentlicht. Anfang 1960 wurden die MF nochmals überarbeitet und bildeten die Ausgangsbasis für das Programm SPz-neu. Geplant war die Entwicklung einer Fahrzeugfamilie mit einem hohen Grad der Baugruppengleichheit; die Fahrzeugfamilie sollte in einem ersten Schritt folgende Varianten umfassen:
- SPz Gruppe,
- SPz Führung/Funk,
- Transportpanzer,
- gepanzerten Krankenkraftwagen (KrKw),
- Flak-Panzer,
- Späh-Panzer,
- Jagdpanzer Kanone / Jagdpanzer Rakete.

An dieser Stelle sei angemerkt, dass die militärischen Forderungen einige Jahre später erweitert wurden um die Fahrzeugvarianten
- Mörserträger,
- Raketenwerfer.

Und schließlich wurden in einem dritten Schritt Ende der 60er-Jahre die militärischen Forderungen nochmals erweitert um die Fahrzeuge
- Flugabwehr-Raketenpanzer,
- Artillerie-Beobachtungspanzer,
- Träger für ein Tiefflieger-Überwachungsradar (TÜR).

Doch zurück zu dem Pilotfahrzeug der militärischen Forderungen vom Mai 1959 – dem SPz Gruppe. Von diesem Fahrzeug wurde gefordert:

- **Allgemein:**
  - Gesamtbesatzungsstärke: 12 Mann (3 + 9); damit konnte eine Absitzstärke der Grenadiergruppe von maximal 10 Mann erreicht werden, wenn der Kommandant als Gruppenführer mit absitzt,
  - Möglichkeit zum schnellen Wechsel zwischen auf- und abgesessenem Kampf,
  - Möglichkeit zum Führen des Feuerkampfes der Grenadiergruppe unter Teilschutz; später wurde die zusätzliche Forderung erhoben, dass ein Waffeneinsatz der Grenadiergruppe auch unter Vollschutz möglich sein müsse,
  - für Turmbesatzung und Grenadiergruppe sollte unter Nutzung aller Sichtmittel eine lückenlose Beobachtungsmöglichkeit des Gefechtsfeldes möglich sein,

- Einsatzautonomie und operationelle Einsatzdauer sowie Fahrbereich sollte dem zukünftigen Kampfpanzer entsprechen.
- **Feuerkraft:**
- mittelkalibrige Maschinenkanone (Kaliber: mindestens 20 mm) und achsparalleles MG als Sekundärwaffe; später wurde zusätzlich die Forderung nach einem MG für den Wirkbereich 6.00 Uhr ±90 Grad erhoben.
- **Beweglichkeit:**
- hohe Geländegängigkeit und Fähigkeit, dem zukünftigen Kampfpanzer im Gelände zu folgen,
- spezifische Antriebsleistung mindestens 20 PS/to,
- Unterwasserfahrfähigkeit bis zu Wassertiefen von 5 m,
- Fahrbereich bis 500 km (Straße).
- **Schutz:**
- Beschusssicherheit des Buges gegen panzerbrechende 20-mm-Munition,
- vollständiger ABC-Schutz für den Kampfraum, die Filteranlage sollte einen bis zu 24-stündigen Aufenthalt im Kampfraum ermöglichen,
- möglichst niedrige Silhouette; Gesamthöhe unter 1890 mm.
- **Logistik:**
- günstige logistische Eigenschaften (= einfache Bedienung, Pflege, Wartung und Instandsetzung); schnelle Austauschbarkeit wichtiger Baugruppen,
- Verwendung von Querschnittsbaugruppen innerhalb der Fahrzeugfamilie.

Interessanterweise wurde in dem zu Firma Ruhrstahl gehörende Ingenieurbüro Warneke – parallel zum HS-30-Programm – auf eigene Kosten weiter an einem neuen Schützenpanzerkonzept – nunmehr mit der Bezeichnung SP 12 – gearbeitet. Die Konzeptauslegung (Abmessungen, Gewichte usw.) des neuen Fahrzeugs orientierte sich im starken Maße an den für den HS 30 geltenden militärischen Forderungen. Bei beiden Fahrzeugen befand sich der Motor im Heck; im Gegensatz zum HS 30 war beim SP 12 das Getriebe jedoch im Bug platziert. Dadurch konnte beim SP 12 auf der linken Fahrzeugseite ein mit zirka 650 mm Breite relativ schmaler, aber deutlich höherer Kriechgang als bei dem HS-30-Prototypen realisiert werden.

Die folgende Tabelle (Seite 22) zeigt die wichtigsten technischen Daten des SP 12.1 im Vergleich mit entsprechenden

Prototyp des SP 12.1 von der Firma Ruhrstahl (Konzept: Ingenieurbüro Warnecke, Düsseldorf). Das Fahrzeug wurde im Frühjahr 1960 noch ohne Turm für fahrdynamische Untersuchungen bei der Erprobungsstelle 41 in Trier angeliefert.

Schräganansicht des SP 12.1; das Fahrzeug war zur Aufnahme des Ein-Mann-Turms vom SPz HS 30 ausgelegt.

Seitenansicht des SP 12.1 mit Turm des SPz HS 30; im Gegensatz zum HS 30 besaß der SP 12.1 einen Frontantrieb (wegen der im Bug befindlichen Getriebe); erkennbar sind die senkrecht stehenden Hydrop-Elemente.

Werten des SPz HS 30. Ein halbes Jahr nach Herausgabe der militärischen Forderungen an einen neuen Schützenpanzer wurde in den zu Firma Ruhrstahl gehörenden Hanomag-Werken in Hannover Anfang 1960 der erste Prototyp des SP 12 fertig gestellt; ein zweiter Prototyp (SP 12.2) mit einem stärkeren Motor befand sich bereits im Bau.

Vermutlich sollte mit dem SP 12 seitens der Firma Ruhrstahl bewiesen werden, dass auch die deutsche Industrie in der Lage war, einen Schützenpanzer zu entwickeln, der den aktuellen militärischen Forderungen entsprach. Durch Einsatz modernster Technologien – wie z. B. hydrostatisches Überlagerungslenkgetriebe, Hydrop-Federung, hydraulischer Kettenspanner usw. wollte man offenbar auch einen dem HS 30 überlegenen Kampfwert erreichen. Es gibt auch Vermutungen, dass H.E. Kniepkamp bei diesem Fahrzeug seine Ideen und Vorstellungen umsetzen wollte. So hatte bereits im Jahr

Technische Daten	SP 12.1	HS 30
Allgemein		
1. Baujahr	1960 (PT)	1959
Gefechtsgewicht (t)	16,1	14,6
Länge Fahrgestell (m)	5,398	5,56
Gesamtlänge mit Waffe (m)	6,080	6,31
Breite (m)	k.A.	2,54
Höhe Fahrgestell (m)	1,687	1,63
Höhe Turmdach (m)	1,950	1,85
Kettenbreite (m)	0,37	0,38
Bodenfreiheit (m)	0,4	0,43
Höchstgeschwindigkeit (km/h)	70	51
Kraftstoffverbrauch (l/100 km)	ca. 200	111
Fahrbereich (km)	400	270
Steigfähigkeit (%)	80	60
Kletterfähigkeit (m)	0,7	0,6
Grabenüberschreitf.higkeit (m)	2,05	1,50
Wattiefe (m)	1,20	0,7
Spezif. Bodendruck (N/cm²)	6,8	6,2
Motor		
Typ	Maybach HL 90	Rolls Royce B 81 Nk 80 F
Bauart / Zylinderzahl	V 12 – 90 Grad	8 Reihe
Höchstleistung (kW/Upm)	258 / 4 000	168 kW / 3 750
Hubvolumen (l)	9,99	6,516
Schaltgetriebe Typ	Puls	Sidebi u Allison
Gangzahl V/R	8/8	
Lenkgetriebe Art	hydro-statisch	Cletrac
Federung, Art	Hydrop	Gummi
Kettenspanner	hydraulisch	mechanisch
Panzerschutz		
Obere Bugplatte (mm/Grad)	30/35	30/35
Untere Bugplatte (mm/Grad)		30
Boden unter Fahrer (mm)	20	20
Boden Motorraum (mm)	8	8
Obere Heckplatte (mm/Grad)	14,5/70	8
Seite oben (mm/Grad)	20/55	20
Seite unten (mm)	14,5	14,5
Spezif. Antriebsleistung (kW/t)	16,0	11,5

1944 das damalige Heereswaffenamt einen PzKpfWg IV mit hydrostatischem Lenkgetriebe untersuchen lassen.

Hydrop-Element der Firma Friesecke & Höpfner (Erlangen) am SP 12.1.

Unabhängig von den firmeneigenen Aktivitäten im Zusammenhang mit dem SP 12.1 und SP 12.2 wurden vom Verteidigungsministerium im Jahr 1960 erste Entwicklungsverträge mit folgenden zwei Firmengruppen abgeschlossen:

- Rheinstahl-Konzern mit den Firmen Ruhrstahl in Witten-Annen und der Rheinstahl-Hanomag AG in Hannover,
- Henschel-Werke Kassel mit MOWAG in Kreuzlingen.

Die Verträge beinhalteten den Bau von Prototypen der Fahrzeugvarianten:

- SPz Gruppe; Grundtyp A; Bau von 5 Fahrzeugen,
- Transportpanzer; Grundtyp B; Bau von 3 Fahrzeugen,
- Jagdpanzer Kanone; Grundtyp C; Bau von 4 Fahrzeugen.

Praktisch parallel zu dem Entwicklungsbeginn im Rahmen des SPz-neu-Programms erfolgte ab Mai 1960 mit dem SP 12.1 eine technische Erprobung bei der Erprobungsstelle 41 in Trier und im Jahr 1961 ein Truppenversuch bei der Kampftruppenschule in Munster. Offenbar war die Entwicklungszeit insbe-

SP 12.1 auf dem Gelände der Erprobungsstelle 41 in Trier-Föhren; die Fahrzeuge SP 12.1 und SP 12.2 unterscheiden sich aufgrund unterschiedlicher Motoren auch in der Gestaltung des Fahrzeughecks.

sondere für die zukunftsorientierten Baugruppen zu kurz bemessen, da diese hohe Ausfallraten zeigten. Auch wenn der SP 12 in der vorgestellten Form als ein nicht truppentaugliches Fahrzeug bewertet und im Rahmen des SPz-neu-Programms nicht weiter betrachtet wurde, stellte dieses Fahrzeug doch eine wichtige Zwischenstufe zwischen dem HS-30-Programm und dem SPz-neu-Programm dar. Mit dem SP 12 wurden bei der technischen Erprobung wie auch beim Truppenversuch wichtige Grundlagenkenntnisse gewonnen, die den Untersuchungen der späteren Fahrzeuge des SPz-neu-Programms zugute kamen.

Bei der ursprünglichen Zielsetzung des SPz-neu-Programms strebte man bei der geplanten Fahrzeugfamilie einen hohen Standardisierungsgrad an. Insbesondere die Komponenten von Antrieb und Laufwerk sollten einheitlich sein, um dadurch günstigere Randbedingungen bei Entwicklung, Beschaffung und Nutzung/Betrieb zu erreichen. Bei den ersten Konzeptstudien wurde jedoch deutlich, dass die stark differierenden funktionellen Anforderungen an die verschiedenen Fahrzeuge eine konsequente einheitliche Lösung nicht zuließen. Daraufhin entstand als Kompromisslösung die Festlegung auf drei verschiedene Grundtypen:

- **Grundtyp A:** Motor im Heck, Getriebe im Bug; Ein-Mann-Drehturm im vorderen Bereich; schmaler Heckausstieg möglich. Dieses Konzept sollte für den SPz Gruppe und den SPz Fü/Fu sowie für den Mörserträger verwendet werden.
- **Grundtyp B:** Motor und Getriebe verblockt im Bugbereich; große Hecktüren möglich. Dieses Konzept sollte verwendet werden für die Varianten Transport-Pz, KrKW, Raketenwerfer und FlakPz.
- **Grundtyp C:** Motor und Getriebe verblockt im Heckbereich. Dieses Konzept sollte für die beiden Jagdpanzer (Kanone und Rakete) sowie für den Spähpanzer verwendet werden.

Während sich die Grundtypen B und C für die entsprechenden Fahrzeuge als gelungene Lösungen erwiesen, stellte die anfänglich gewählte Version des Grundtyps A für den SPz zunächst noch keine optimale Lösung dar, bis zur Serienversion des SPz MARDER sollte sie noch einen langwierigen Optimierungsprozess erfahren. Der Fortschritt der Entwicklungsarbeiten am Gruppenfahrzeug wurde darüber hinaus durch ein Kooperationsprogramm mit den USA erschwert. Es bestand Anfang der 60er-Jahre eine regierungsseitige Vereinbarung zwischen den USA und Deutschland, aufgrund derer eine gemeinsame Entwicklung eines neuen Schützenpanzers erfolgen sollte. Schon allein aufgrund der unterschiedlichen Einsatzgrundsätze und differierender militärischer Forderungen (z. B. beharrte die USA auf der Schwimmfähigkeit des zukünftigen SPz), stand diese Kooperation unter einem extrem ungünstigen Stern. Bemerkenswerterweise gelang es der USA nach vielen Irrwegen erst im Jahr 1981, den SPz M 2 BRADLEY einzuführen – während in Deutschland immerhin bereits Anfang 1971 die ersten SPz MARDER zur Truppe gelangten!

2.2 Prototypen der ersten Generation

Verständlicherweise lagen die Schatten des HS-30-Debakels über dem neuen Entwicklungsprojekt. Man wollte bei dem SPz-neu unter allen Umständen die dort gemachten Fehler vermeiden. Eine Erkenntnis war, dass die neue Panzerentwicklung nicht unter Zeitdruck erfolgen sollte (tatsächlich betrug die Entwicklungsdauer für den SPz Marder elf Jahre). Eine weitere Erkenntnis aus dem HS-30-Debakel war, dass man zu Beginn einer Panzerentwicklung eine möglichst breite technologische wie auch konzeptionelle Bandbreite untersuchen und dafür die Kreativität mehrerer Auftragnehmer nutzen sollte.

Nicht zuletzt auch aufgrund der Anfang der 60er-Jahre in Deutschland nicht mehr vorhandenen Erfahrungen im Panzerbau und wegen des Fehlens von geeigneten Baugruppen für den Einsatz in militärischen Kettenfahrzeugen (Motor, Getriebe, Federungen, Gleisketten usw.) wurde daher richtigerweise sowohl für das Entwicklungsprogramm des 30-t-Standardpanzers wie auch für das Programm des SPz-neu eine große Bandbreite bei den untersuchten Baugruppentechnologien vorgesehen. Eine Grundlage hierzu stellte damals das Gutachten von W. Rau dar, der bereits im Jahr 1956 die Eignung wichtiger Baugruppen deutscher Produzenten für den Panzerbau untersuchte.

Bei der Entwicklung der Prototypen der ersten Generation des SPz-neu-Programms wurde insbesondere bei den Hauptbaugruppen

- Motore,
- Getriebe,
- Federung und
- Gleisketten

eine relativ große technologische Bandbreite untersucht:

- **Motore:**

Bereits in dem oben erwähnten Gutachten von W. Rau wurde dargestellt, dass von den angebotenen Motoren der deutschen Hersteller die bei Daimler-Benz seit dem Jahr 1953 in Entwicklung befindlichen Dieselmotoren der Baureihe MB 837 am besten als Antriebsaggregate von Panzerfahrzeugen geeignet seien. Hier befand sich seit 1955 für den Schweizer Panzer 57 der 8-Zylinder-Motor MB 837 in der Erprobung. Für die Prototypen des SPz-neu-Programms sollte die 6-Zylinder-Variante (Bezeichnung: MB 833) verwendet werden. Die Umkonstruktion von der 8- zur 6-Zylinder-Variante führte allerdings anfänglich zu Drehschwingungsproblemen, die eine Einengung des nutzbaren Drehzahlbandes erforderte. Dieses Problem hatte auch Auswirkungen auf die Getriebeauslegung. Neben Daimler-Benz lieferte auch das Schweizer Unternehmen MOWAG in Kreuzlingen Motoren für die ersten Fahrzeuge des SPz-neu-Programms.

- **Getriebe:**

Anfänglich wurde eine Vielzahl von Getriebebauarten für die Prototypen des SPz-neu-Programms in die Überlegungen einbezogen:

- Wandler-Schaltgetriebe ZF 4 HP 90 in Verbindung mit Lenkgetrieben MOWAG M 130 6S sowie Henschel WL 520,
- Schaltgetriebe Henschel USG 380 mit Henschel-Lenkgetriebe,
- Schaltgetriebe Puls PP 48 mit mechanischer Kupplung und 8-Gang-Getriebe sowie hydrostatischem Überlagerungs-Lenkgetriebe,
- Wandler-Schaltgetriebe ZF 5 HP 150 mit 2-Radien-Überlagerungslenkgetriebe,
- Mechanisches Schaltgetriebe von MOWAG mit MOWAG Kupplungs-Brems-Lenkgetriebe.

- **Federungen:**

- Drehstabfederung für Hanomag-Entwürfe; Federung wurde in drei Entwicklungsstufen verbessert und erreichte Serienreife,
- Ürdinger Ringfeder mit integriertem Dämpfer für MOWAG-Konzepte,
- Teller-Ringfeder mit integriertem Dämpfer für Henschel-Fahrzeuge,
- Hydrop-Federung (Friesecke & Höpfner) für Ruhrstahl-Fahrzeuge; Federelemente wurden in vier Entwicklungsstufen verbessert – erreichten dennoch keine Serienreife.

- **Gleisketten:**

- Ruhrstahl-Fahrzeuge mit Endverbinder-Kette von Diehl,
- Henschel-Fahrzeuge mit Eigenentwicklung (asymmetrische Kette mit Nadellagern),
- MOWAG-Fahrzeuge mit Eigenentwicklung (Einbolzen-Kette, Scharnier-Kette) mit austauschbaren Polstern).

Die ersten Ketten hatten eine Breite von 380 mm (was interessanterweise auch der Kettenbreite des M 113 entsprach); später wurden die Ketten der verschiedenen Prototyp-Generationen kontinuierlich verbreitert.

Das hier abgebildete Diagramm bietet einen Überblick über die im Rahmen der Entwicklung des SPz-neu-Programms hergestellten Prototypen und Vorserienfahrzeuge des Gruppenfahrzeugs (SPz-Version).

Das Grundkonzept der Fahrzeuge der ersten Prototypen-Generation wurde im Wesentlichen durch folgende militärische Forderungen (Stand: 1959) geprägt:

- möglichst niedrige Silhouette; maximale Höhe mit Turm: 1 890 mm;
- Ein-Mann-Turm mit MK 20 mm und Blenden-MG; maximales Gewicht des voll aufgerüsteten Turmes: 1500 kg.

Im Gegensatz zum Konzept des SPz HS 30 wurde bei den neuen Prototypen das Getriebe im Bug platziert. Damit ergaben sich etwas günstigere Randbedingungen für die Gestaltung eines Heckzugangs: Die Notwendigkeit zum Übersteigen der Abtriebswelle zu den Triebrädern entfiel, und die Unterkante des Heckausstiegs konnte im Vergleich zum HS 30 deutlich niedriger ausgelegt werden. Da aber auch bei den Prototypen der ersten Generation noch der Motor seitlich (rechts)

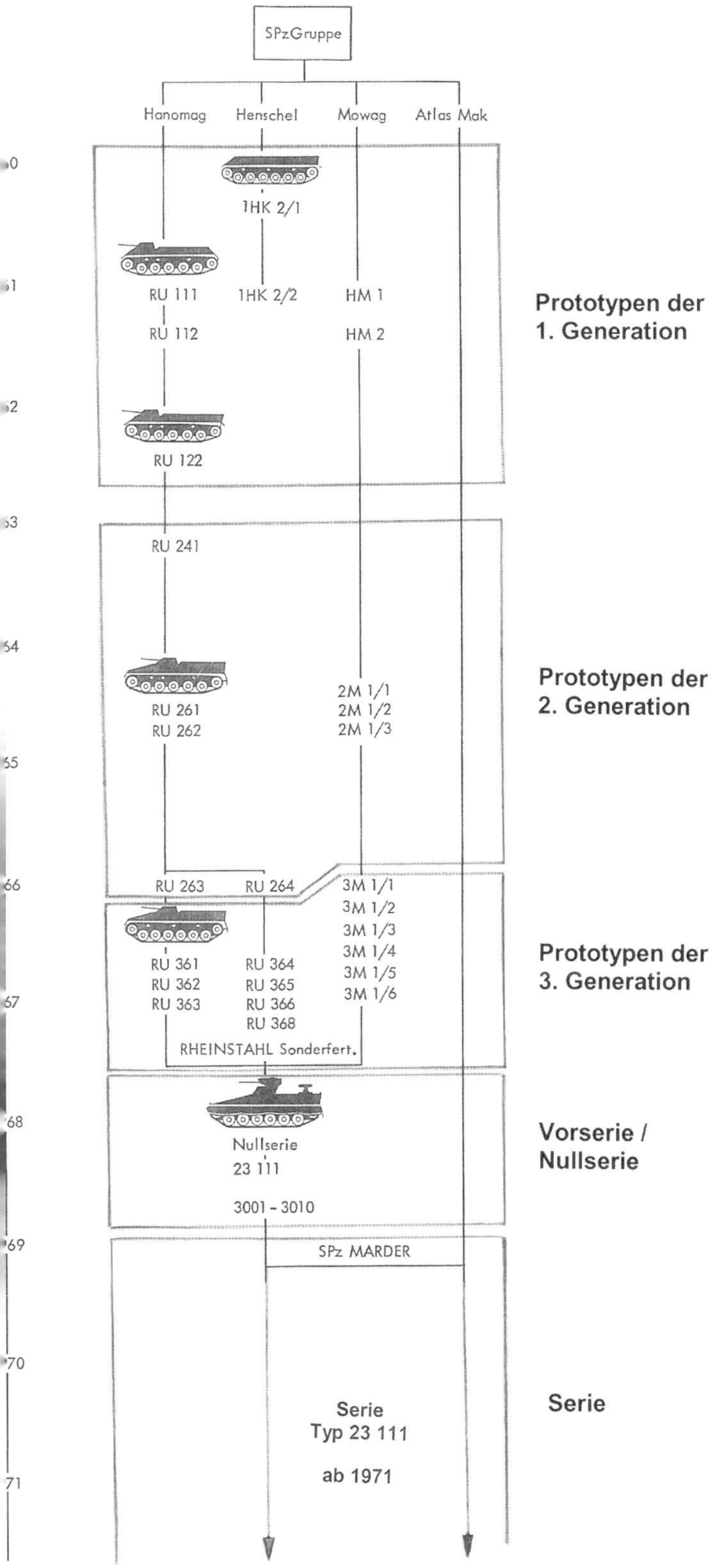

Übersicht über die Entwicklung der Prototypen sowie Vorserienfahrzeuge des SPz Gruppe im Zeitraum 1960–1970.

im Heck platziert war, konnte nur ein relativ schmaler Heckausstieg (Breite: 650 mm) auf der linken Seite der Wanne realisiert werden.

In der ersten Ausführungsform des Grundtyps A wurden im Jahr 1961 die Fahrzeuge RU 111/112 sowie HM 1 und HM 2 als erste Prototypen für den SPz Gruppe vorgestellt; das Gewicht der Fahrzeuge lag bei zirka 16 t. Durch den im Heck liegenden Motor ergab sich ein Gewichtsausgleich zur Bugpanzerung und zu dem im Bug liegenden Getriebe – somit konnte eine Buglastigkeit der Fahrzeuge vermieden werden. Die Wannendachhöhe konnte im Vorderteil des Fahrgestells relativ flach gehalten werden, sodass sich – auch mit Drehturm – eine günstige Silhouette der Fahrzeuge ergab. Als Nachteile mussten die lange Kardanwelle durch den Kampfraum, der zu schmale Heckausgang und der zerklüftete Kampfraum in Kauf genommen werden.

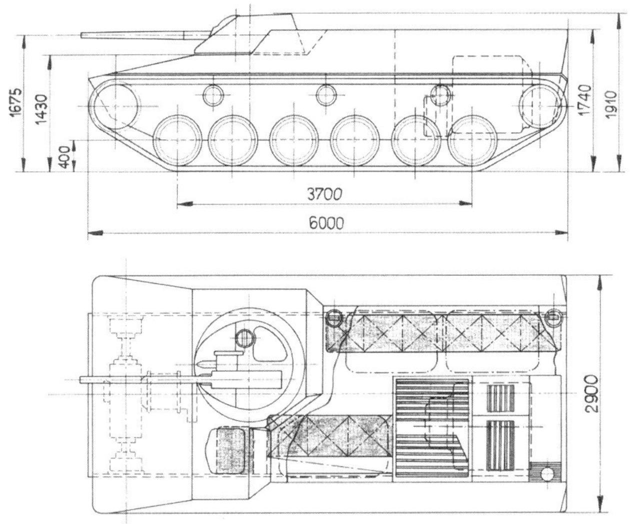

Skizze des 1HM 1 vom Konsortium Henschel/MOWAG. Anfänglich waren auch bei den MOWAG-Fahrzeugen die Motoren im Heck angeordnet – es blieb nur ein schmaler Heckzugang.

Prototyp 1HM 2 (M 112); zu beachten ist die hohe Stufe im Wannenheck aufgrund der Bauhöhenbegrenzung in den Militärischen Forderungen. Damit war der Wirkbereich der Hauptwaffe erheblich eingeschränkt.

RU 111 auf der Erprobungsstelle 41 in Trier-Föhren im Jahr 1960.

Prototyp 1HM 2 bei der Erprobung mit abgeworfener Kette. Zu beachten ist die schmale Hecktür auf der rechten Seite.

Abgesehen von technischen Unzulänglichkeiten entsprachen die Konzepte der ersten Prototyp-Generation nicht den Vorstellungen des Bedarfsträgers. Durch den schmalen Heckausstieg konnte immer nur ein Soldat das Fahrzeug verlassen bzw. aufsitzen – damit dauerte das Ab- bzw. Aufsitzen zu lange. Da die relativ dünnwandigen Wannen bei Geländefahrt zu Verwindungen neigten, bereiteten die langen Gelenkwellen vom Motor im Heck bis zum Getriebe im Bug schwingungs- und lagerungstechnische Probleme.

Neben den in Kooperation mit MOWAG entstandenen Prototypen HM 1 und HM 2 bot Henschel in dieser Phase auch die eigenständig entwickelten Prototypen 1HK21 und 1HK22 an. Diese Fahrzeuge entsprachen dem Grundkonzept B und hatten Motor und Getriebe im Bug installiert. Damit ergab sich ein breiter Heckausgang – allerdings war kein Einbau eines Turmes vorgesehen.

Interessanterweise wurde der Prototyp 1HK21 mit einem Triebrad ausgerüstet, welches als Scheibe ausgebildet war, deren Zähne asymmetrisch in die Kette eingriffen – diese Anordnung lief damals in den Fachkreisen als »Henschel-Solozahn«. Als nachteilig stellte sich bei der Erprobung jedoch der zu hohe Verschleiß des Einzeleingriffs heraus. Die Lösung wurde nicht mehr weiter verfolgt.

In dieser Phase waren die Erkenntnisse bei den RU-Konzepten so, dass ein Beharren auf einem breiten Heckausstieg zur Folge gehabt hätte, dass:

- entweder der Motor in Fahrzeugmitte (Getriebe: im Bug) platziert werden müsste – mit der Folge einer ungünstigen Kampfraumgestaltung,
- oder Motor und Getriebe komplett im Bug platziert werden müssten – mit der Folge einer ungünstigen Unterbringung des Turmes und einer Vergrößerung der Silhouette des Fahrzeugs. Darüber hinaus müsste bei dieser Lösung eine ausgeprägte Buglastigkeit in Kauf genommen werden.

Seitenansicht des Transportpanzers 1HK21 mit sechs Laufrollen und dem scheibenförmigen Triebrad.

Quasi als Übergangslösung wurden im Jahr 1962 die Prototypen RU 122 und RU 241 vorgestellt. Bei diesen Fahrzeugen wurde der Motor in der Mitte des Fahrgestells platziert, sodass sich die Möglichkeit eines breiten Heckzugangs ergab. Als nachteilig erwiesen sich bei diesem Konzept der zerklüftete Kampfraum und die noch immer notwendige Gelenkwellenverbindung zwischen Motor und dem im Bug liegenden Getriebe.

Die folgende Tabelle gibt einen Überblick über wichtige Merkmale der Prototypen der ersten Generation.

Die ursprüngliche Hoffnung zu Beginn der SPz-neu-Entwicklung, nämlich einen deutlich leistungsfähigeren Schützenpanzer zu erhalten, dessen Abmessungen und Gewicht sich dennoch im Rahmen des HS-30-Konzeptes bewegen, musste nach dem Bau der Fahrzeuge der ersten Prototypgeneration aufgegeben werden. Für die Fahrzeuge der zweiten Prototypgeneration war somit ein Neuansatz erforderlich, der auch durch Änderungen der militärischen Forderungen im Jahr 1961 ermöglicht wurde. Da 1961 im Verteidigungsministerium zugleich auch die Entscheidung gefällt wurde, aufgrund des akuten Mangels an geeigneten Fahrzeugen zur Panzerabwehr erst einmal den JPz Kanone vorrangig zur Serienreife zu bringen, konnten in der Industrie ohne Zeitdruck die Prototypen der zweiten Generation für das Gruppenfahrzeug entwickelt werden.

Triebrad des TPz 1HK21, die Lösung wurde früher als „Henschel-Solozahn“ bezeichnet; sie sollte offenbar eine optimale Selbstreinigung im Bereich des Triebrades ermöglichen.

Prototypen der ersten Generation								
Hersteller	**Fahrzeug**	**Motorlage**	**Heckzugang**	**Motortyp**	**Getriebe-typ**	**Federung (Art)**	**Kette (Art)**	**Kettenbreite (mm)**
Ruhrstahl	RU 111	Heck; rechts	schmal; links	MB 833 A	ZF 5 HP 150	Hydrop-Fed.	Zweizahn	375
Ruhrstahl	RU 112	Heck; rechts	schmal; links	MB 833 A	Puls PP 48	Drehstab	Zweizahn	375
Ruhrstahl	RU 122	Heck; rechts	schmal; links	MB 833 A	ZF 5 HP 150	Drehstab	Zweizahn	425
Henschel	HK 121	Bug	breit					
Henschel	HK 122	Bug	breit					
Henschel-MOWAG	HM 111	Heck; rechts	schmal; links	MB 833 A	ZF 4 HP 90	Teller-Fed. (MOWAG)	Zweizahn MOWAG	350
Henschel-MOWAG	HM 112	Heck; rechts	schmal; links	MB 833 A	ZF 4 HP 90	Teller-Fed. (MOWAG)	Zweizahn MOWAG	350

2.3 Prototypen der zweiten Generation

Nach Untersuchung der Fahrzeuge der ersten Prototyp-Generation reifte beim Führungsstab des Heeres die Erkenntnis, dass die ursprünglichen militärischen Forderungen aus dem Jahr 1959 eine zu starke Einengung der konzeptionellen Auslegung der Fahrzeuge zur Folge hatten. Daher wurden im April 1961 für die Fahrzeuge der zweiten Prototyp-Generation die Forderungen geändert. Dies betraf u. a.:

- das Gewichtslimit für den Turm von 1500 kg wurde aufgehoben;
- auch für das Gesamtfahrzeug wurde das zulässige Gefechtsgewicht von 16 auf 22 t angehoben,
- der Zwang einer maximalen Bauhöhe von 1890 mm entfiel (damit entfiel auch die charakteristische Stufe im Wannendach),
- dafür wurde ein breiter Heckausstieg gefordert,
- die Gesamtbesatzungsstärke wurde von 12 auf 10 (3 + 7) Mann reduziert.

Weil sich die Teller-Ringfederung von Henschel nicht bewährt hatte, sollten die weiteren Fahrzeuge nunmehr ein drehstabgefedertes 5-Rollen-Laufwerk aufweisen. Trotz gewisser Vorteile der hydropneumatischen Federung – wie z. B. große positive Federwege und damit großes Arbeitsaufnahmevermögen sowie eine ausgeprägte progressive Federkennlinie – ließ man vorübergehend die Weiterentwicklung wegen der unbefriedigenden Funktionssicherheit ruhen. Als Getriebe sollten für die Prototypen der zweiten Generation nur noch die Getriebe HSWL 123 bzw. HSWL 183 der Firma Renk (Augsburg) zum Einbau gelangen.

Im Oktober 1962 wurden die Entwicklungsverträge für die neuen Prototypen des Gruppenfahrzeugs mit den zwei Firmen

- Ruhrstahl/Hanomag (RU 261–264)
- MOWAG (M 211–213)

geschlossen.

Diese Entwicklungsphase war auch durch die Trennung der Firmengruppe Henschel – MOWAG (aufgrund von Patentstreitigkeiten) Anfang 1962 geprägt. Bei den Prototypen des Gruppenfahrzeugs kam Henschel diesmal nicht zum Zuge, da sich das Unternehmen in diesem Zeitabschnitt auf die Entwicklung der Prototypen bei den Varianten JPz Kanone, Mörserträger, KrKW und Raketenwerfer konzentrierte.

Für die Fahrzeuge wurde die Entwicklung von neuen 1-Mann-Türmen bei den Firmen Rheinmetall, KuKa und Wegmann eingeleitet; die Türme waren deutlich größer als das Vorgängermodell. Von den angebotenen Turmkonstruktionen wurde letztlich das Modell DL-RH 3 von Rheinmetall ausgewählt. Im Zeitraum Ende 1962 bis Ende 1967 hat Rheinmetall insgesamt 24 Türme dieses Modells ausgeliefert; zwei Türme wurden im Herbst 1967 vom BGS übernommen.

Die Firma Ruhrstahl/Hanomag hielt sich bei der Konzeption der Prototypen RU 261 und RU 262 weitgehend an die Vorgaben der militärischen Forderungen vom April 1961. Unter Nutzung des neuen Getriebes HSWL 183 war nun auch die Konzeption eines Triebwerkblocks möglich, der im Fahrzeugbug untergebracht werden konnte. Damit näherten sich nun auch die RU-Fahrzeuge bezüglich der Motoranordnung im dritten Entwicklungsschritt dem optimalen Schützenpanzer-Grundkonzept. Die ersten Entwürfe führten über ein Konzept mit elf Mann Besatzung schließlich zu der Lösung mit zehn Mann Besatzung. Bei den Versionen RU 261 und RU 262 war der Kommandant noch links neben dem Turm platziert, während er bei den Versionen RU 263 und RU 264 direkt hinter dem Fahrer angeordnet wurde. Damit wurde links neben dem Turm Platz für ein später einzurüstendes Panzerabwehr-Raketensystem geschaffen.

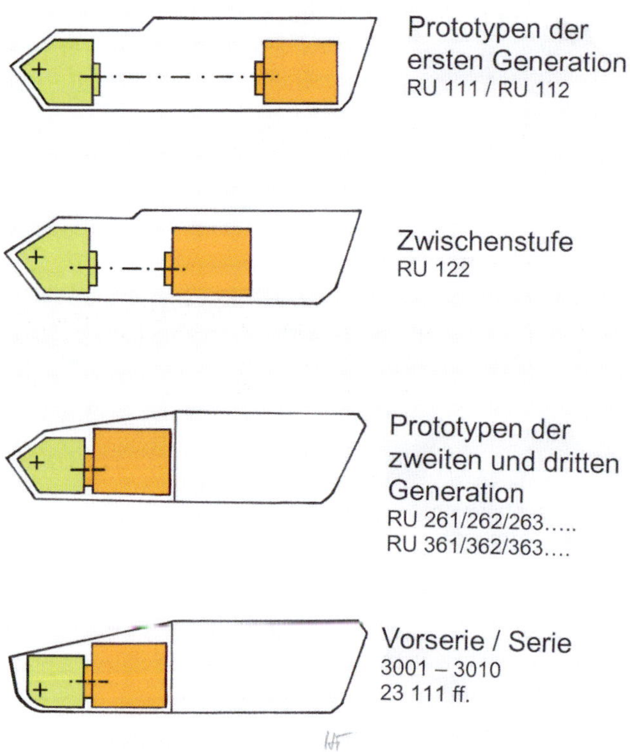

Entwicklung der Triebwerksanordnung bei den Fahrzeugen „SPz-Gruppe".

Darstellung der Entwicklungsschritte der Triebwerksanordnung beim Fahrzeug SPz Gruppe: Übergang vom Heckmotor über Mittelmotor zum Frontmotor.

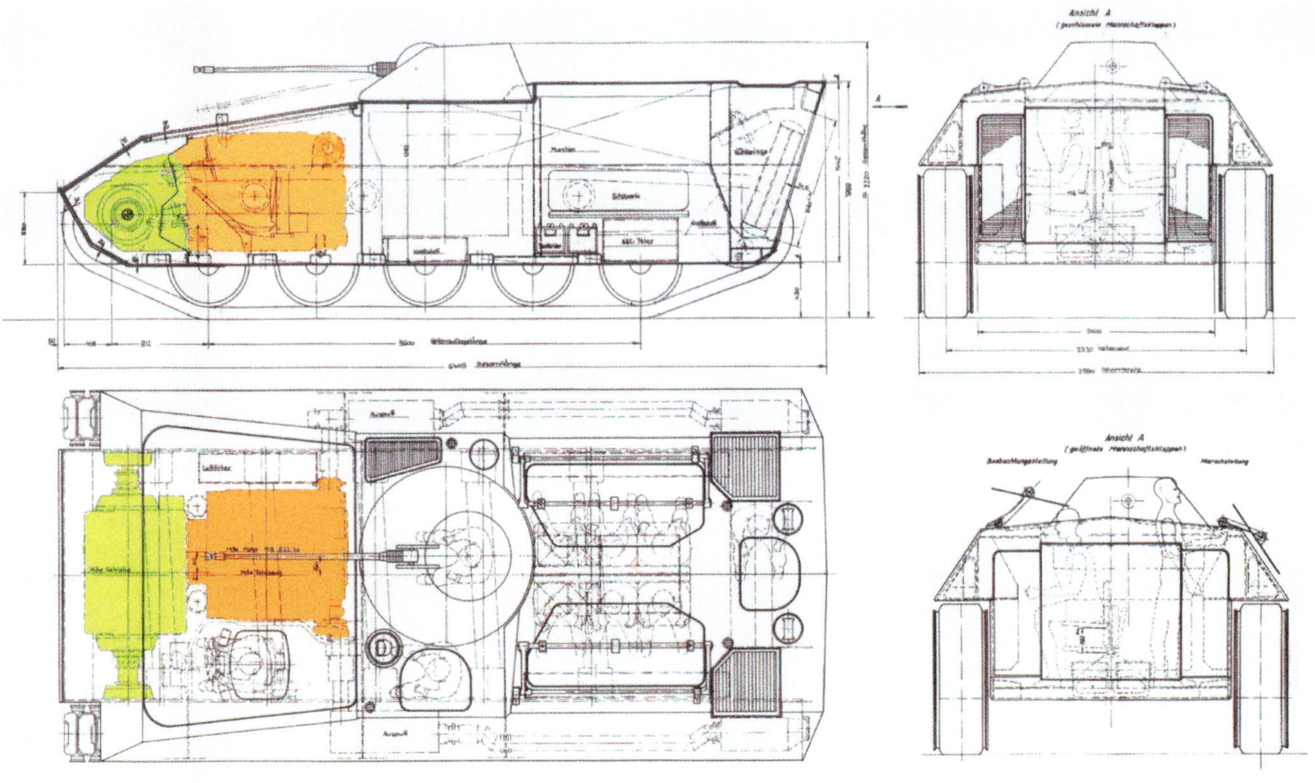

Späteres Konzept des RU 261 mit elf Mann Besatzung; der Kommandant war noch links neben dem Turm platziert.

Die Fotos zeigen die Version RU 261. Um für den Fahrerstand neben dem im Bugbereich liegenden Motor genügend Freiraum zu erhalten, mussten die Fahrzeuge um zirka 260 mm verbreitert werden. Die Kühlanlage konnte nunmehr nicht über dem Triebwerk im Bug installiert werden, sondern musste in das Fahrzeugheck verlegt werden – damit ergab sich eine Verlängerung der Fahrzeuge um gut 500 mm. Die Vergrößerung der Wanne ließ am Ende das Fahrzeuggewicht auf zirka 25-26,8 t ansteigen (die militärischen Forderungen gingen von einem Gefechtsgewicht von 22 t aus). Damit musste auch die Kette von 420 auf 450 mm verbreitert werden. Die Laufwerksbauart der Prototypen der ersten Generation mit einer Laufrolle zwischen zwei Reihen von Führungszähnen hatte sich nicht bewährt, da sich zwischen den Führungszähnen bei Kurvenfahrt im Gelände zu viel Erdreich ansammelte.

Die Prototypen der zweiten Generation erhielten nunmehr ein Laufwerk mit einem Mittelführungszahn und Doppellaufrollen. Hierfür wurden wiederum eine Vielzahl von Kettentypen untersucht:

- Diehl D 628 – Verbinderkette, Stahlguss, angegossener Führungszahn, Innengummierung, asymmetrischer Rohrkörper (Versatz),
- Diehl 828 – Verbinderkette, Stahlguss, angegossener Führungszahn, Innengummierung,
- Gerlach G 22 R – Verbinderkette mit Rolleneingriff, Schweißkonstruktion, angeschweißter Führungszahn, Stahllaufflächen,
- Gerlach G 122 R – Verbinderkette mit Rolleneingriff; Schweißkonstruktion, angeschweißter Führungszahn, einvulkanisierte Innengummierung
- Thyssen 450 – 6.0 – Verbinderkette mit Rolleneingriff, Stahl-

Prototyp RU 261 aus dem Jahr 1964 mit dem größeren Ein-Mann-Turm DL-RH-3 von Rheinmetall. 5 Laufrollen; Drehstabfederung.

Heckansicht des RU 261 mit der geforderten großen Heckklappe; beachtenswert ist die besondere Form der Kettenpolster.

guss, einvulkanisierte Innengummierung; Rollen- und Endverbinderabdeckung.

Bei Truppenversuchen wurde der breite Heckausstieg positiv bewertet. Das Lukenkonzept (große Luken, kleine Luken ...) im Bereich des Wannendaches über dem hinteren Kampfraum wurde unterschiedlich bewertet. Demgegenüber erwies sich die Unterbringung des Kommandanten außerhalb des Turmes im Fahrgestell weiterhin als sehr ungünstig. Die eingeschränkten Sichtmöglichkeiten beeinträchtigten die Führungsfähigkeit. In dieser Position war es dem Kommandanten auch nicht möglich, den Feuerkampf des Richtschützen wirksam zu überwachen bzw. im Notfall den Richtschützen beim Waffeneinsatz zu übersteuern. Die Abgasführung in den linken und rechten Kettenschultern führte zu einer hohen Wärmebelastung im Kampfraum.

Bei den Prototypen der Firma Rheinstahl/Hanomag erwies sich bei den Erprobungen im Jahr 1963 die Vorgabe des 5-Rollen-Laufwerks als weniger glücklich, da aufgrund der großen Laufrollenabstände die Kette bei Verwindungen im Gelände häufig zum Abwurf neigte. (Genau dieses Problem sollte sich knapp 40 Jahre später bei einem aktuellen SPz-Projekt wiederholen!) Insbesondere aufgrund des nunmehr auf 25,6 t angestiegenen Gefechtsgewichtes wiesen die zehn Drehstäbe eine zu geringe funktionelle Laufwerksleistung auf, sodass die Besatzung bei Geländefahrt einer unzumutbar hohen Schwingungsbelastung ausgesetzt war und die SPz-Prototypen auch nicht in der Lage waren, den Standardpanzer-Prototypen im Gelände zu folgen. Das überhöhte Gefechtsgewicht führte aber nicht nur im Fahrwerksbereich zu den beschriebenen Problemen – auch die Kraftübertragung, die Endantriebe und die Bremsen neigten aufgrund von Überlastungen zu häufigen Ausfällen.

Die restlichen Prototypen RU 263 und RU 264 konnten mit einer neunmonatigen Verspätung erst Ende 1965 / Anfang 1966 ausgeliefert werden. Allerdings nutzte man diese Zeitverzögerung, um bei diesen Fahrzeugen bereits erste Verbesserungen zu berücksichtigen – so wurde erstmals ein 6-Rollen-Laufwerk verwendet und die Abgasführung wurde besser isoliert und einseitig in die rechte Kettenschulter verlegt.

Aufgrund des unbefriedigenden Fahrverhaltens der ersten beiden Prototypen wurde interessanterweise nochmals ein erneuter Versuch unternommen, ob ein Fahrzeug mit hydropneumatischen Federelementen nicht doch zu günstigeren fahrdynamischen Eigenschaften führen könnte. Hierzu wurde im Jahr 1966 der Prototyp RU 264 mit hydropneumatischen Federungselementen der Firma Friesecke & Höpfner ausgerüstet. Ein Ergebnis der Fahrerprobungen auf der E 41 in Trier war, dass das relativ weiche Ansprechverhalten der Hydrop-Elemente beim Aufbringen von hohen Zugkräften häufig zu einer Kettenbauchbildung zwischen dem Triebrad und der ersten Laufrolle führte. Diese Erkenntnis führte dann zur Entwicklung eines aktiven Kettenspanners. Mit dem neuen Fahrwerk konnte im Jahr 1970 die 7-m-Wellenbahn bei der Erprobungsstelle 41 mit deutlich höherer Geschwindigkeit durchfahren werden. Bei diesen Fahrversuchen wurde erkannt, dass die Grenze nun durch das Dämpfungsmaß gesetzt wurde. Zur Erhöhung der Dämpfung musste in einem weiteren Schritt eine externe Flüs-

Fahrgestell des RU 263 – als spätes Fahrzeug (1965) der zweiten Prototypgeneration war es erstmals mit einem 6-Rollen-Fahrwerk ausgerüstet. Das gezeigte Fahrzeug (hier mit HS-30-Turm) befindet sich heute im Bestand des Dt. Panzermuseums/Munster.

sigkeitskühlung für die Federelemente vorgesehen werden. (Zu dieser Erkenntnis gelangte man übrigens ein weiteres Mal 40 Jahre später bei einem aktuellen SPz-Projekt.)
Insgesamt war es auch im zweiten Anlauf nicht gelungen, die hydropneumatische Federung zu einer serienreifen Lösung weiterzuentwickeln. Trotz dieses Rückschlages wurde interessanterweise Anfang der 70er-Jahre ein dritter Versuch unternommen und der Prototyp PT 11 des KPz Leopard 2 mit hydropneumatischen Federelementen ausgerüstet. Auch bei diesem Programm konnte in dem verfügbaren Zeitrahmen diese Technologie nicht zu einer truppentauglichen Lösung geführt werden; die Erprobung wurde auch beim Leopard-2-Programm im Sommer 1974 eingestellt.
Nach der Trennung von Henschel beschritt MOWAG mit den Prototypen der zweiten Generation einen völlig neuen Weg. Die Firma verwendete in den Prototypen M 211 und M 212 den neu entwickelten Motor M 10 DV aus eigener Fertigung, der relativ schmal baute.

RU 264 als letztes Exemplar der zweiten Prototypgeneration; das Fahrzeug wurde versuchsweise mit einer Hydrop-Federung ausgerüstet.

Laufwerk des RU 264 mit Blick auf die Hydrop-Elemente nach Abnahme der seitlichen Schutzplatten.

Laufwerk des RU 264 mit montierten Schutzplatten; damit ergab sich eine glatte Wannenseitenwand – was sich als günstig für eine Selbstreinigung im Laufwerksbereich erweisen dürfte.

Skizze des Laufwerks vom RU 264 mit Hydrop-Elementen und hydraulischem Kettenspanner.

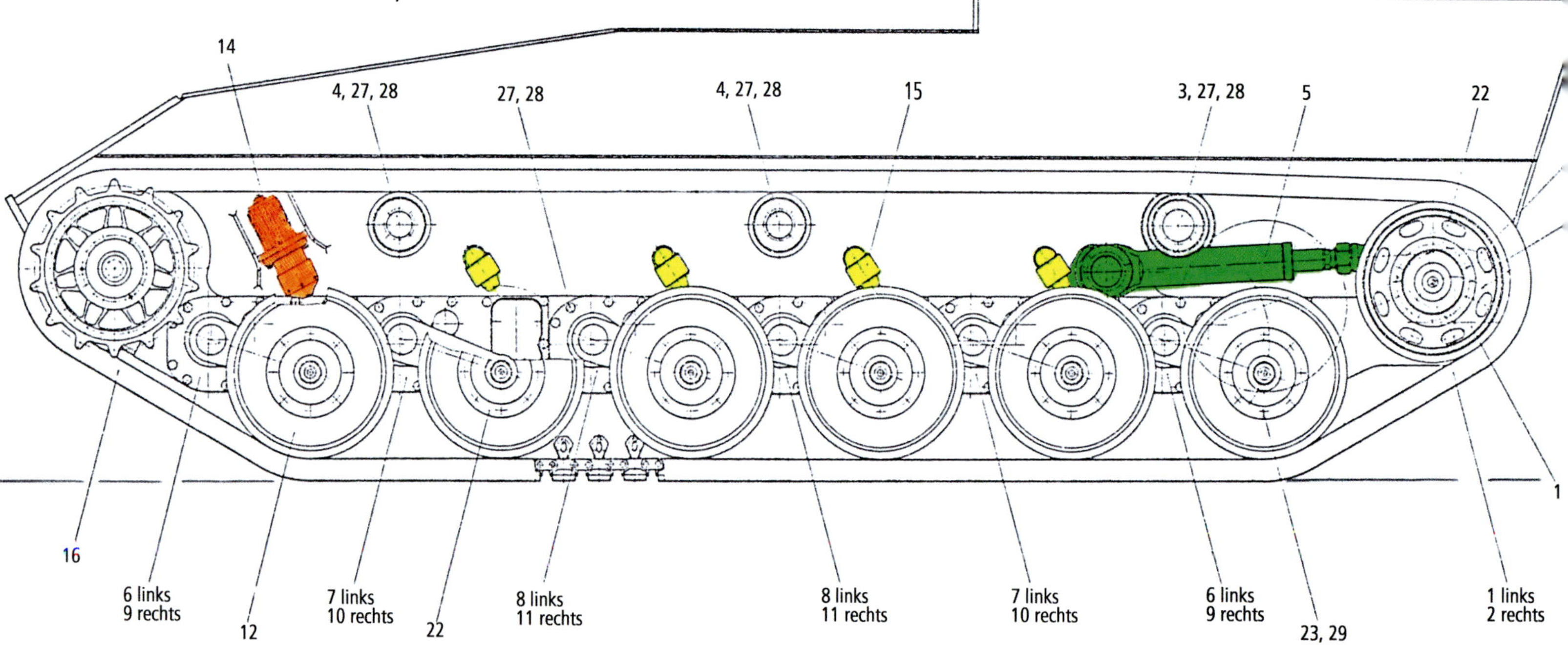

Der Motor wurde nicht – wie gefordert – zusammen mit dem Getriebe im Bug eingebaut, sondern vom Getriebe im Bug getrennt hinter dem Turm in der Fahrzeugmitte platziert. Damit ergab sich eine ausgeglichene Schwerpunktlage, und ein großer Heckzugang war auch realisierbar. Als Nachteile mussten in Kauf genommen werden:

- Trennung von Besatzungsanteilen im Bug und im hinteren Kampfraum,
- nur sehr schmale Verbindungsgänge links und rechts vom Motor,
- relativ hohe Geräusch- und Temperaturbelastung der Besatzung im hinteren Kampfraum,
- bauraumintensive und wartungsintensive Gelenkwelle zwi-

schen Motor und Getriebe,
- ungünstige Kühlluft- und Abgasführung.

Beibehalten wurde zumindest bei den Fahrzeugen M 211 und M 212 die Tellerfederung. Die Abkehr von den Standard-Baugruppen der SPz-neu-Familie sollte sich später auch als Grund für das Ausscheiden der MOWAG-Fahrzeuge aus dem deutschen Fahrzeugprogramm erweisen.

Im Zeitraum 28.8.–19.9.1964 wurde mit folgenden Fahrzeugen eine Hitzeerprobung mit schieß- und fahrdynamischen Tests auf dem Truppenübungsplatz Teulada auf Sardinien durchgeführt:
- RU 261 (SPz Gruppe, 25,0 t),
- RU 333 (JPz Kanone, 26,05 t),
- RU 335 (JPz Kanone, 25,85 t),
- M 213 (SPz Gruppe, 22,32 t).

Die Gesamtkilometerleistung der jeweiligen Fahrzeuge lag zwischen 800 und 1200 km. Bei den Versuchen traten schwerwiegende Mängel auf, sodass die Serienvorbereitungen für die Fertigung des JPz Kanone gestoppt und die für November 1964 in Kanada geplante Kälteerprobung um ein Jahr verschoben wurde. Bei der Sommererprobung erwies sich bei den Ruhrstahl/Hanomag-Fahrzeugen die Kühlung als unzureichend, es traten Mängel am Getriebe auf. Die Seitenvorgelege waren nicht standfest (Lagerschäden), darüber hinaus setzten die Endantriebe beim Durchfahren von Bodenwellen teilweise auf und erlitten Schädigungen. Insgesamt mussten bei den drei RU-Fahrzeugen innerhalb von drei Wochen vier Endantriebe ausgetauscht werden. Einige Laufrollen brachen, und die Bandagen waren dem hohen Fahrzeuggewicht nicht gewachsen. Bei längeren Straßenfahrten traten beim RU 261 an den Laufrollenbandagen Temperaturen von zirka 90 Grad Celsius auf. Aufgrund der relativ großen Laufrollenabstände wurde mehrfach die Kette geworfen – auch dabei wurden mehrere Laufrollenhälften zerstört. Die Schwingungsdämpfer zeigten eine zu geringe Lebensdauer, sodass während der

Schmal bauender Zweitakt-V10-Dieselmotor (Schnittmodell) M 10 DV, der in den Prototypen der zweiten Generation bei den MOWAG-Fahrzeugen eingebaut wurde; rechts am Motor ist das Roots-Spülgebläse zur Verbesserung des Ladungswechsels erkennbar.

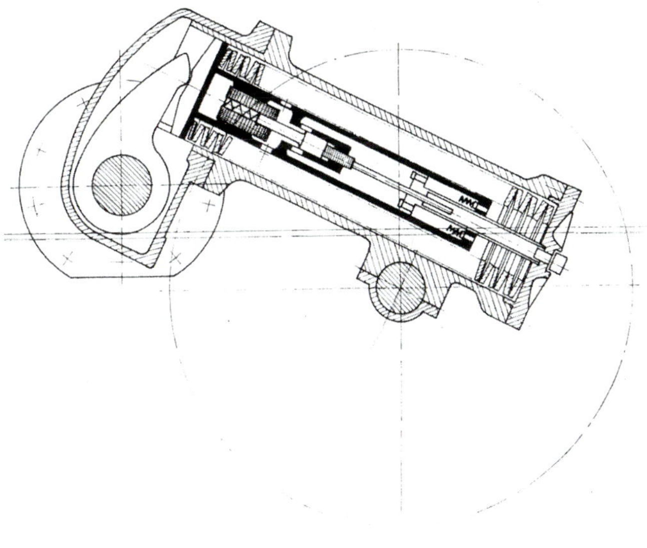

Oben: MOWAG Prototyp M 211 beim Truppenversuch an der Kampftruppenschule in Munster im Jahr 1964/65; der Kommandant befand sich rechts neben dem Turm.

Links: Schnittzeichnung der Tellerfederung mit einstellbarer Dämpfung aus den MOWAG-Prototypen der zweiten Generation.

MOWAG M 211; erkennbar ist, dass das Fahrzeug für die Aufnahme des größeren Rheinmetall-Turmes DL-RH 3 ausgelegt war (hier aber noch mit dem kleineren Turm des HS 30 bestückt).

MOWAG M 211 mit geöffneten Klappen; das Abgasrohr war über dem Motor angeordnet, sodass die Abgase zu einer Belästigung der Panzergrenadiere führten.

MOWAG M 212 mit geänderter Abgasführung zum Wannenheck; zu beachten ist das scheitellafettierte MG.

dreiwöchigen Erprobung insgesamt vierzehn Dämpfer ausgetauscht werden mussten. Tagsüber traten in den Kampfräumen aufgrund der unzureichenden Isolation der Abgasrohre und durch die Kühlmittelleitungen unzumutbar hohe Temperaturen auf. Beim Fahren auf nasser Fahrbahn wurde der Fahrer durch hochgeschleuderten Schmutz stark beeinträchtigt, sodass eine Umkonstruktion der vorderen Kettenabdeckung erforderlich war.

Der MOWAG-Gruppenwagen war zirka 2,7 t leichter als der RU 261 und besaß sechs Laufrollen pro Seite – daher zeigte das Fahrwerk inklusive mechanischem Kettenspanner eine bessere Standfestigkeit. Auch die acht ATP-Reibungsdämpfer des M 213 zeigten deutlich geringere Ausfälle. Dennoch kam es auch bei diesem Fahrzeug mehrfach zum Kettenabwurf, wenn die Kette einseitig auf Hindernisse auffuhr. Schäden traten beim M 213 am Motor (Antrieb des Roots-Spülgebläses) und am hydraulischen Antrieb für die Lüfter auf. Bei Fahrten in Gebirgsregionen heizten sich die Bremsen stark auf; aufgrund der offenen Lage im Fahrerraum wurde dadurch der Fahrer durch die entstehende Wärme sowie durch Rauchentwicklung stark beeinträchtigt.

Wegen der Vielzahl der bei der Sardinien-Erprobung aufgetretenen Mängel an den Fahrzeugen jagte im Spätherbst 1964 eine Krisensitzung die nächste ...

Vor Beginn eines Serienanlaufes des neuen Schützenpanzers wurde erkannt, dass eine weitere Prototypengeneration erforderlich war, in die u. a. die Erkenntnisse aus der Sardinien-Erprobung einfließen konnten. Darüber hinaus hatte die Truppe Ende 1964 wiederum neue und zusätzliche Forderungen an den Schützenpanzer erhoben. So wurde z. B. der Einsatz eines unter Schutz bedienbaren Maschinegewehrs zur Überwachung des Heckbereiches gefordert.

Im Zeitraum 1963/64 entwickelte sich auch ein heftiger Streit zwischen den an der Entwicklung beteiligten Stellen im Amtsbereich über Notwendigkeit und Sinn eines Übergangs auf ein 6-Rollen-Laufwerk. Sowohl funktionale Probleme wie auch die zu geringe Leistungs- und Standfestigkeit sprachen gegen das 5-Rollen-Laufwerk. Andererseits musste mit dem Übergang auf ein 6-Rollen-Laufwerk ein erneuter Gewichtsanstieg von über 500 kg in Kauf genommen werden. Ende 1964 hatten sich schließlich die Befürworter eines 6-Rollen-Laufwerks für die nächste Prototyp-Generation durchgesetzt. Weiterhin wurde beschlossen, dass die Prototypen der dritten Generation nunmehr mit rechtwinkelig in der Wanne verlegten Drehstäben versehen werden sollen – der Versatz zwischen den Laufrollen der linken und rechten Laufwerksseite wurde in Kauf genommen. Insgesamt zeigten die Prototypen der zweiten Generation noch zu viele technische wie auch funktionale Probleme – auf dieser Basis konnte keine Modellauswahl eines truppenreifen Fahrzeugs erfolgen. Der Bau einer dritten Prototypgeneration war erforderlich.

RU 261 während der Hitzeerprobung auf dem Truppenübungsplatz Teulada auf Sizilien im Sommer 1964; bemerkenswert ist der voluminöse Messgeräteaufbau über dem hinteren Kampfraum.

Im Jahr 1964 erwarb die Rheinstahl AG die Henschelwerke in Kassel; damit hatte die Rheinstahl AG nun zwei Firmen im Konzern, die am SPz-neu-Programm beteiligt waren; eine Konkurrenzsituation zwischen Hanomag und Henschel war damit programmiert ...

Prototypen der zweiten Generation

Hersteller	Fahrzeug	Motorlage	Heckzugang	Motortyp	Getriebetyp	Federung (Art)	Kette (Art)	Kettenbreite (mm)
Ruhrstahl	RU 241	Mitte	breit	mb 833 Aa	Puls PP 48	Drehstab	Mittelzahn	420
Ruhrstahl	RU 261	Bug	breit	mb 833 Ea	HSWL 123	Drehstab	Mittelzahn	450
Ruhrstahl	RU 262	Bug	breit	mb 833 Ea	HSWL 123	Drehstab	Mittelzahn	450
Ruhrstahl	RU 263	Bug	breit	mb 837 Aa	HSWL 123	Drehstab	Mittelzahn	450
Rheinstahl-Henschel	RU 264	Bug	breit	mb 833	Ea HSWL 123	Hydrop-F.	Mittelzahn	450
MOWAG	M 211	Mitte	breit	MOWAG M 10 DV	MOWAG M 130-6-S	Tellerfeder	MOWAG Zweizahn	450
MOWAG	M 212	Mitte	breit	MOWAG M 10 DV	MOWAG M 130-6-S	Tellerfeder	MOWAG Mittelzahn	450
MOWAG	M 213	Mitte	breit	MOWAG M 10 DV	MOWAG M 130-6-S	Drehstab	MOWAG Mittelzahn	450

2.4 Prototypen der dritten Generation

RU 361 mit geöffneten Klappen. Beachtenswert ist die »BANTAM-Klappe« links neben dem Turm; der Kommandant ist bereits hinter dem Fahrer platziert.

RU 362 mit einer frühen Ausführungsform des Zwei-Mann-Turmes der Firma KuKa (Augsburg); der Turm verfügte noch über Kinon-Blöcke anstelle von Winkelspiegeln.

Im Oktober 1964 erhielt das BWB durch das BMVg die Weisung zum Abschluss eines Entwicklungsvertrages mit den Firmen Rheinstahl AG und MOWAG zum Bau von jeweils sechs Prototypen der dritten Generation.

Rheinstahl/Hanomag entwickelte und baute die Prototypen RU 361–366 und MOWAG die Prototypen M 311–316. Bei den deutschen Prototypen sollte nunmehr der Dieselmotor mb 833 Ea mit Abgasturboaufladung eingebaut werden, damit wurde die Motorleistung von 480 auf 600 PS erhöht. Aufgrund der erhöhten Motorleistung in Verbindung mit dem leistungsfähigeren 6-Rollen-Laufwerk sollte eine dem KPz Leopard 1 gleichwertige Beweglichkeit erreicht werden. Die Prototypen wiesen folgenden Konfigurationsstand auf:

- RU 361: 1-Mann-Turm; zwei große Dachluken über hinterem Kampfraum;
- RU 362: 2-Mann-Turm; vier kleine Dachluken über hinterem Kampfraum; sechs Winkelspiegel für hinteren Kampfraum;
- RU 363: 1-Mann-Turm; zwei mittelgroße Dachluken über hinterem Kampfraum; sechs Winkelspiegel, 6-Rollen-Laufwerk; Abgasführung rechts;
- RU 364: 1-Mann-Turm; zwei große Dachluken über hinterem Kampfraum; 6-Rollen-Laufwerk mit Hydrop-Federung;
- RU 365: 1-Mann-Turm; zwei große Dachluken über hinterem Kampfraum;
- RU 366: 1-Mann-Turm; vier kleinere Dachluken über hinterem Kampfraum; sechs Winkelspiegel;
- RU 367: die Wanne wurde für Beschussversuche vorgesehen (Kugelblenden, Lukenscharniere, Triebwerksraumabdeckung, Grätings),
- RU 368: sollte für weiter Versuche verfügbar bleiben.

Aufgrund der Übernahme von Henschel durch den Rheinstahl-Konzern wurde 1965 beschlossen, in Zukunft Entwicklung und Bau von Nutzfahrzeugen in Hannover zu konzentrieren und dafür als Ausgleich die Entwicklung und den Bau der Sonderfahrzeuge nach Kassel zu verlagern. Dies hatte zur Folge, dass die Prototypen RU 361–363 noch in Hannover gefertigt wurden, während die Prototypen RU 364–366 bereits in Kassel gebaut wurden. In den Folgejahren wanderte auch ein Teil der Belegschaft aus Hannover nach Kassel, um den geplanten Serienanlauf sicherzustellen. Der panzertechnische Geschäftsbereich in Kassel firmierte fortan in etwas verschämter Weise unter dem Namen »Rheinstahl AG – Transporttechnik« (RTT), bzw. später unter: »Rheinstahl AG – Sonderfertigung« (RSF). Im Jahr 1968 stellte Hanomag in Hannover aufgrund wirtschaftlicher Schwierigkeiten den Betrieb ein.

In den Jahren 1965/66 wurde mit den Fahrzeugen der dritten Prototypgeneration sowohl eine technische Erprobung als auch ein Truppenversuch durchgeführt. Die höhere Beweglichkeit

Oben: RU 362 während des Truppenversuches in der Kampftruppenschule Munster; charakteristisch für die RU-Prototypen der dritten Generation ist das kleine seitliche Gräting im Bugbereich, durch das Kühlluft für die Bremsen angesaugt wurde.

Mitte: RU 363 mit geöffneten Luken; vor der Luke am Kommandantenplatz ist das ausgefahrene Rundblickperiskop erkennbar.

Unten: RU 366 als Austauschfahrzeug für die Erprobung in den USA; die Aufnahme entstand auf dem Army Proving Ground in Aberdeen/ML.

RU 361 und RU 362 bei Inspektionsarbeiten am Triebwerk; beim Öffnen der Treibwerkraumklappe wurde auch der Dachbereich über dem Fahrer- und Kommandantenplatz mit hochgeklappt.

wurde grundsätzlich positiv bewertet; allerdings zeigten sich noch immer Mängel am Laufwerk, und die Bugform der Fahrzeuge wurde wegen der unzureichenden Bodensicht des Fahrers kritisiert. Dies war noch immer eine Folge der Konstruktionsphilosophie, nach der die gefährdete Bugpartie im Hinblick auf eine optimale Beschussfestigkeit als homogene Panzerstahlplatte (ohne Öffnungen und Klappen) ausgeführt werden sollte. Durch diese Konstruktion konnte die Triebwerksraumabdeckung mit zirka 10 Grad Neigungswinkel extrem flach gestaltet werden. Bei diesem flachen Neigungswinkel erwartete man an den Spalten und Scharnieren der Triebwerksraumklappe keine Probleme im Falle eines Beschusses. Allerdings hatte der Fahrer erst ab zirka 9 m Bodensicht.

Im Einzelnen traten bei den Prototypen der dritten Generation u. a. folgende Mängel auf:

- **Fahrwerk:**
  - die Truppe bemängelte starke Vibration und hohe Geräuschentwicklung im Kampfraum,
  - Laufteile des Fahrwerks fluchteten nicht exakt; Schwingarme verformten sich elastisch und plastisch, dadurch hoher Verschleiß der Anlaufringe an den Laufrollenhälften durch die Mittelführungsstege, teilweise lösten sich auch die Mittelführungszähne von der Kette und es stellte sich ein stark einseitiger Verschleiß der Kettenpolster und Laufrollenbandagen ein,
  - Leitrad war in Bezug auf die Innengummierung der Kette zu schmal ausgeführt; Leitradkurbel zeigte elastische Verformung,

RU 362 mit maximal abgesenkten Waffen.

RU 362 auf dem Truppenübungsplatz Munster; Fahrzeug mit geöffneter »BANTAM-Klappe« und Waffen in höchster Erhebung.

RU 262, versuchsweise mit der ersten Ausführungsform des Zwei-Mann-Turmes bzw. des scheitellafettierten Heck-MGs ausgerüstet. Bis zu einer endgültigen Lösung für die Waffenlafettierung sollte es noch ein weiter Weg sein ...

- Laufrollenabstände betrugen ein ganzzahliges Vielfaches der Kettenteilung; dies konnte mit eine Ursache für die starken Vibrationen gewesen sein,
- die hydraulischen Kettenspanner hielten den Belastungen nicht stand; Kolbenstangen verformten sich, wenn Fremdkörper bei Wendemanövern im Gelände von der Kette mitgeführt wurden. Gefordert wurde ein robuster mechanischer Kettenspanner,
- oberer Kettentrum war nicht gradlinig geführt; es ergab sich eine Abknickkante zwischen den Laufrollen und dem Triebrad bzw. dem Leitrad; damit hohe Belastung der ersten und letzten Laufrollen. Möglicherweise war dies auch mit eine Ursache für die starken Vibrationen,
- es fehlten Abweiser an der Wannenseitenwand an Bug und Heck, um beim Ablaufen der Kette ein Verklemmen mit der Wanne zu verhindern,
- es fehlten Abweiser am Heck, um die Leiträder zu schützen (beim Herabfahren von Stufen und Hindernissen).

• **Gehäuse:**

- im Kampfraum herrschte ein unerträglicher Lärmpegel; je nach Fahrgeschwindigkeit wurden einzelne Blechteile und Baugruppen mit der Eigenfrequenz angeregt und zeigten eine starke Vibration mit entsprechender Körperschallbildung,
- um das Triebwerk wechseln zu können, mussten zuvor Vorder- und Teile der Seitenwand des Fahrerplatzes ausgebaut werden; dies war nicht nur eine aufwändige Prozedur, sondern führte auch im Laufe der Zeit zu Zerstörungen bei den Dichtungen der Schottwände zum Triebwerksraum,
- durch starke Vibrationen traten häufig Risse bei den Kraftstoffbehältern sowie Brüche von Rohrleitungen auf. Durch den Bruch einer Ölleitung entstand bei einem Fahrzeug ein Brand im Triebwerksraum. Durch die Schwingungen traten auch Schäden an der elektrischen Anlage auf,
- die Fahrerluke wurde von der Truppe als zu klein bemängelt; die Lukensicherungen waren unzureichend und die Luken lösten sich teilweise während der Fahrt aus den Halterungen,
- das Zugseil der Heckklappe war mehrfach gerissen,
- die Scharnierbolzen der heckseitigen Kühlergrätings lösten sich selbstständig und gingen verloren,
- Schutzbügel für Frontscheinwerfer fehlten; dadurch häufige Beschädigungen beim Fahren durch Wälder,
- die beiden kleinen Grätings im Bugbereich der Seitenwände, über die Kühlluft für die Bremsen angesaugt wurde, erwiesen sich als ballistische Schwachstellen.

• **Bremse:**

- die Betriebs- und Verkehrssicherheit war nicht gegeben. Schon bei normaler Beanspruchung gab es Überhitzungen;

Kühlung und Belüftung unzureichend; Bremsleitungen brachen mehrfach.

- **Sonstige Baugruppen:**
- an den Kraftstoffbehältern traten wiederholt Risse auf; die Folge waren Undichtigkeiten; hier war eine schwingungsgedämpfte Lagerung der Tanks erforderlich,
- durch die starken Vibrationen ergab sich ein abnormal hoher Ausfall fast aller Glühbirnen; schwingungsgedämpfte Lagerung der Beleuchtungseinrichtung erforderlich,
- an dem Abgasrohr traten mehrfach Risse auf; Auspuffgase drangen in den Kampfraum ein, weil die Abgasführung gegenüber dem Kampfraum nicht genügend abgedichtet war.

Auch war die Truppe mit den Kampfmöglichkeiten bzw. den Einsatzmöglichkeiten der Waffen nicht zufrieden. Ende 1965 wurde die militärische Forderung nach Kampfmöglichkeiten der Grenadiere unter Vollschutz erhoben. Dies erforderte für die Vorserienfahrzeuge den Einbau von jeweils zwei Kugelblenden pro Seite und eine Änderung des Sitz- und Verstauungskonzeptes für den Kampfraum. Weiterhin erwies sich bei allen früheren Fahrzeugen die Platzierung des Kommandanten links vor dem Turm als taktisch schlechte Lösung, da der Kommandant in dieser Position über keine Rundumsicht verfügte und den Feuerkampf nicht leiten konnte. Gefordert wurde somit mit hoher Dringlichkeit die Aufnahme des Kommandanten in den Drehturm. Eine Lösung wie bei dem Spähpanzer LUCHS hätte eine Vergrößerung des Drehlagerdurchmessers von 1270 auf 1500 mm erfordert. Dieser Platz stand beim Gruppenfahrzeug nicht zur Verfügung, da damit nochmals eine deutliche Gewichtserhöhung verbunden gewesen wäre. Der vorhandene Platz hätte gerade für eine Unterbringung der beiden Besatzungsmitglieder gereicht, sodass die 20-mm-Maschinekanone außerhalb des Turmes gelagert werden musste. Da die Truppe mit der Handhabung des scheitellafettierten Heck-MGs durchaus zufrieden war, sollte nunmehr eine vergleichbare Lösung für die Hauptwaffe angestrebt werden. Nach nur einjähriger Entwicklungszeit stellte KuKa im Herbst 1966 einen ersten Zweimann-Turm mit einer scheitellafettierten 20-mm-MK vor. Der Truppenversuch mit dem neuen Zweimann-Turm auf dem RU 362 führte zu Forderungen nach einer besseren Rundumsicht für den Kommandanten und nach mehr Kopffreiheit für die Turmbesatzung. Bereits 1967 wurde eine überarbeitete Ausführung des Zweimann-Turmes vorgestellt.

Da der neue Schützenpanzer im engen Verbund mit dem eingeführten KPz Leopard 1 kämpfen sollte, wurde bereits in den militärischen Forderungen von 1959 eine entsprechende Wasserbeweglichkeit gefordert. Die vom BWB Mitte der 60er-Jahre veranlassten Grundsatzuntersuchungen an der Versuchsanstalt für Binnenschifffahrt in Duisburg ergaben, dass eine Unterwasserfahrfähigkeit des SPz abgelehnt werden musste, da die durch den Auftrieb erfolgte Reduzierung der Aufstandskräfte schon bei geringen Strömungsgeschwindigkeiten keine sichere Lenkbarkeit des Fahrzeugs auf dem Gewässergrund mehr zuließen. Als Alternative begannen Ende 1966 die Untersuchungen zur Schwimmbarmachung des Fahrzeugs. Betrachtet wurden – ähnlich wie beim Leopard-1-Programm – folgende technische Lösungen:

RU 362 mit einer Zwischenform der Scheitellafettierungen.

- Schwimmwände; System Pearson,
- aufgeschäumte PU-Auftriebskörper; System Porsche.

Als Forderungen bzw. Auswahlkriterien wurden aufgeführt:

- Beschusssicherheit der Elemente,
- geringer Bedarf an Transportmitteln,
- geringer personeller und zeitlicher Aufwand bei An- und Abbau der Schwimmausrüstung,
- insgesamt robuste und truppentaugliche Ausführung.

Die Versuche mit den adaptierten PU-Schwimmelementen wurden in dem Wasserbecken der WTD 41 mit dem Fahrzeug MOWAG M 313 durchgeführt. Diese Lösung zeigte ein grundsätzlich gutes und stabiles Schwimmverhalten, doch wurde der mit dieser Lösung verbundene erhebliche Transport- und Lagerungsaufwand abgelehnt.

In einem zweiten Schritt wurden Versuche mit aufblasbaren Schwimmkörpern aus Gummi mit Fasereinlagen durchgeführt (es handelt sich um ein Material ähnlich dem, welches auch für die Schlauchboote der Pioniertruppe verwendet wurde). Ein Vorserienfahrzeug erhielt jeweils einen großen Schwimmkörper auf der linken und rechten Seite sowie einen kleineren Schwimmkörper im Bugbereich. Um ein Unterschneiden des Fahrzeugbugs bei höheren Geschwindigkeiten zu vermeiden, wurde zusätzlich ein Schwallbrett am Fahrzeugbug installiert. Alle Schwimmkörper wurden durch einen in der Truppe eingeführten Kompressor mit einem Druck von 3 bar befüllt; das Gewicht der kompletten Schwimmausrüstung betrug zirka 500 kg; wobei die großen Schwimmkörper jeweils mit 85 kg zu Buche schlugen. Die Schwimmkörper waren in mehrere Kammern unterteilt, sodass die Schwimmfähigkeit auch bei Ausfall von bis zu zwei Kammern erhalten blieb. Die Ausrüstung für eine komplette Kompanie (16 Fahrzeuge) konnte auf einem Lkw gl 7 t verlastet werden. Alle Schwimmkörper wurden mit Stahlträgern aus Vierkantprofil an der Wanne befestigt.

Nachdem erste Schwimmversuche in der wassertechnischen Anlage der Erprobungsstelle 41 eine gute Schwimmlage mit einem Freibord von zirka 350 mm ergeben hatten, wurden im Jahr 1969 auch praxisnahe Versuche auf der Mosel bei Trier durchgeführt. Dabei wurde mit dem Antrieb des Fahrzeugs durch die Ketten eine Geschwindigkeit von bis zu 6 km/h erreicht.

Später wurden durch die Truppe nochmals abschließende Schwimmversuche mit Serienfahrzeugen durchgeführt. Auch wenn mit dieser Lösung die geforderte Wasserbeweglichkeit des SPz-neu dargestellt werden konnte, wurde letztlich aufgrund des hohen Aufwandes auf eine Einführung der Schwimmausrüstung für die Serienfahrzeuge des SPz MARDER verzichtet.

Als neue militärische Forderung wurde im August 1967 auch die Fähigkeit zur Panzerabwehr des SPz Gruppe gefordert. Das Fahrzeug sollte in der Lage sein, Panzerabwehr-Lenkflugkörper zu verschießen. Bedienung; Abschuss und Lenkung sollte dabei unter Panzerschutz erfolgen. Möglicherweise wurde der Bedarfsträger zu dieser neuen Forderung von dem 1967 erstmals aufgetauchten russischen SPz BMP-1 inspiriert.

MOWAG M 313 mit PU-Schaumkörpern in der wassertechnischen Anlage der Erprobungsstelle 41 in Trier.

Vorserienfahrzeug mit aufblasbaren Schwimmkörpern.

Im Jahr 1967 wurden industrieseitig erste Einbaustudien unter Berücksichtigung der Lenkflugkörper SS 11, COBRA, MILAN und BANTAM durchgeführt. Versuchsweise wurde 1968 eine BANTAM-Anlage in einen Prototypen der zweiten Generation – vermutlich in das Fahrzeug RU 263 – eingebaut. Die Schießergebnisse sollen relativ gut gewesen sein. Dennoch wurde auf einen Einbau verzichtet, da es sich bei dem Lenkflugkörper BANTAM um ein System der ersten Generation handelte. Es wurde beschlossen, das Thema wieder aufzugreifen, sobald das in der Entwicklung befindliche Panzerabwehr-Raketensystem MILAN die Einführungsreife erlangt hätte.

Schwimmversuche auf der Mosel mit einem Vorserienfahrzeug; zu beachten ist der aufgesetzte Schnorchel über dem Ansauggräting für die Brennluft des Motors rechts neben dem Turm.

Die Prototypen von Rheinstahl-Henschel mit dem kompakten Triebwerksblock im Bug ließen nunmehr eine organische Gestaltung des hinteren Kampfraumes mit einer relativ großen Öffnung für die Heckklappe zu. Der kompakte Triebwerksblock konnte als komplette Einheit relativ schnell ein- und ausgebaut werden. Eine ungünstigere Schwerpunktlage (Buglastigkeit) mit allen fahrdynamischen Nachteilen und Problemen bei der Hindernisüberwindung (Grabenüberschreitfähigkeit) musste in Kauf genommen werden. Weiterhin führte noch die symmetrische Abgasführung in der linken und rechten Kettenschulter zu Problemen und bedurfte einer grundlegenden Überarbeitung.

Vorserienfahrzeug beim Erklimmen der Uferböschung; die Gefährdung der Gummi-Schwimmkörper insbesondere bei steinigen Uferbereichen ist offensichtlich.

Vorserienfahrzeug mit angebauten Schwimmkörpern auf dem Straßenmarsch.

Schießversuche mit dem LFK BANTAM von einem RU 263 auf der Erprobungsstelle E 91 / Meppen.

Auch die Prototypen der dritten Generation wiesen nach fast neunjähriger Entwicklungszeit im SPz-neu-Programm und dem Bau von insgesamt 28 Prototypen noch immer keinen truppentauglichen Zustand auf. Man war bezüglich des Triebwerks, des Laufwerks sowie der Kampfraumgestaltung inklusive Heckausstieg ein großes Stück vorangekommen. Allerdings zeigten viele Baugruppen noch immer gravierende Mängel und eine zu geringe Standfestigkeit. Offenbar hatte man in den vergangenen Entwicklungsjahren die Probleme bei der Aufnahme der fahrdynamischen Kräfte bei Gehäusen mit relativ dünnen Wandstärken unterschätzt. Im Laufe der Entwicklung mussten die hoch belasteten Partien in der Wanne bzw. Bauelemente im Fahrwerk und der Kraftübertragung ständig verstärkt werden. Hier sind bemerkenswerte Parallelen zum HS-30-Programm zu erkennen.

Bei den Prototypen der dritten Generation musste nun auch das Problem der Unterbringung des Kommandanten im Turm endlich gelöst werden. Die notwendigen Verbesserungen sollten nunmehr in die Fahrzeuge der Vorserie einfließen. Wanne und Turm sowie eine Reihe von Baugruppen mussten für die Vorserie nochmals erheblich geändert und entsprechend nochmals erprobt und untersucht werden. Damit stellten die zehn Vorserienfahrzeuge streng genommen die Prototypen der vierten Generation dar.

Mit den Prototypen der dritten Generation wurden abschließend im Zeitraum 1967/68 schwerpunktmäßig folgende Untersuchungen durchgeführt:

- RU 361: Fahrzeug wurde zur Aufnahme des 2-Mann-Turms Typ III a vorbereitet; der Einbau des Turms erfolgte im Sommer 1967 bei Kuka. Danach folgten Werksversuche und ab November 1967 eine amtliche Erprobung bei der E 91 in Meppen.
- RU 362: Im Rahmen von Werksversuchen wurden die geänderten Baugruppen Motorraum-Belüftungsanlage, Kraftstoffanlage, Endantrieb und Bremsen untersucht. Nach Einbau verbesserter Elemente im Laufwerksbereich ging das Fahrzeug zur E 41 nach Trier; hier erfolgten weitere Mobilitätsversuche inklusive einer Ketten-Vergleichserprobung.
- RU 363: Nach Einbau der geänderter Baugruppen im Laufwerksbereich, einer neuen Abgasanlage und verbesserter Bremsenbelüftung ging das Fahrzeug ab März 1968 für amtliche Erprobungen zur E 41; im Sommer 1968 wurden auch Geräusch- und Vibrationsmessungen im Kampfraum durchgeführt.
- RU 364: das Fahrzeug stand für Werksversuche an der neuen ABC-Kompaktanlage und an der geänderten Feuerlöschanlage der Firma Rheinstahl-Henschel in Kassel zur Verfügung. Ergänzend wurden spezielle Messungen an Motor, Kühlanlage und Abgasanlage vorgenommen. An dem Fahrzeug sollten auch die ersten Einbauuntersuchungen der Kugelblenden durchgeführt werden.
- RU 365: Durchführung von Werksversuchen mit der neuen Zweikreis-Bremsanlage.
- RU 366: Fahrzeug wurde für das Austauschprogramm mit den USA vorbereitet.

Die sechs Prototypen von MOWAG, M 311 – M 316, wurden im Sommer 1967 an die E 41 in Trier ausgeliefert. MOWAG setzte auch bei den Prototypen der dritten Generation die eigene Entwicklungslinie fort und blieb bei dem Einsatz eines in Fahrzeugmitte angeordneten Motors. Damit war weiterhin eine Ge-

Seitenansicht des MOWAG M 311; erkennbar sind die Gehäuse der Tellerfederung sowie der robuste Kettenspanner am Leitrad.

lenkwelle unter der Turmdrehbühne zum vorn liegenden Getriebe erforderlich. Der Ausbau des Getriebes erforderte den vorherigen Ausbau des Turmes und war damit extrem zeitaufwändig. Der Kommandant saß völlig getrennt von der Gruppe rechts im Fahrzeugbug. Die Abgasführung auf dem Wannendach und die Kühlluftführung waren nicht optimal. Als positives Merkmal wies das Fahrzeug eine günstige Schwerpunktlage auf. Interessanterweise äußerte MOWAG im Jahr 1966 die Absicht, für eine mögliche Serienversion ein 6-Rollen-Laufwerk mit Komponenten des KPzs Leopard 1 zu verwenden. Der Vorschlag wurde jedoch abgelehnt, da eine Umkonstruktion zu einer nicht vertretbaren Zeitverzögerung geführt hätte. Im Oktober 1966 erfolgte schließlich die Modellauswahl zugunsten der RU-Fahrzeuge; diese bildeten die Ausgangsbasis für das Konzept der Vorserienfahrzeuge. Eine Weiterentwicklung der MOWAG-Fahrzeuge erfolgte nicht mehr; statt dessen wurden die MOWAG-Prototypen der dritten Generation bis Ende der 60er-Jahre noch für Grundsatzuntersuchungen verwendet, beispielsweise für

- Kettenvergleichserprobung,
- Schwimmbarmachung,
- Einbau und Betrieb der Fernmeldeausstattung.

Für die Schweizer Armee hat MOWAG das Konzept der Prototypen der dritten Generation zum SPz PIRAT 18 weiterentwickelt. Hiervon wurden Mitte der 60er-Jahre zwei Fahrzeuge beschafft und erprobt. Zu einer Serienfertigung ist es jedoch nicht gekommen.

MOWAG-Prototyp der dritten Generation mit geöffneter Heckklappe. Die Betätigung der Heckklappe erfolgte über einen mittig gelagerten Hydraulikzylinder. Über den Rückenlehnen ist der Tankeinfüllstutzen erkennbar. Das Fahrzeug bot optimale Möglichkeiten für ein schnelles Auf- und Absitzen.

Draufsicht auf einen MOWAG-Prototypen der dritten Generation; gut erkennbar sind das ausgefahrene Rundblickperiskop am Kommandantenplatz sowie die Abgasführung zum Heck. Das Bild lässt auch eine Vergleich des größeren DL-RH-3-Turms mit dem kleineren HS-30-Turm zu.

Fahrerplatz des MOWAG M 316; rechts neben dem Fahrerplatz ist auf dem Boden die Abdeckung der Gelenkwelle sowie das Transfergetriebe erkennbar.

Gehäuse der Tellerfederung am M 316; das Gehäuse ist zugleich als Schwingarm ausgebildet und drehbar in der Wanne gelagert; eine Kegelstumpffeder dient als Endanschlag.

Blick in den linken Seitengang des M 316 in Richtung Fahrerplatz. Der Seitengang trennte die vorderen und hinteren Teile der Besatzung.

Prototypen der ersten Generation

Hersteller	Fahrzeug	Motorlage	Heckzugang	Motortyp	Getriebetyp	Federung (Art)	Kette (Art)	Kettenbreite (mm)
Ruhrstahl	RU 361	Bug	breit	mb 833 Ea	HSWL 183	Drehstab	DIEHL 128	450
Ruhrstahl	RU 362	Bug	breit	mb 833 Ea	HSWL 183	Drehstab	DIEHL 828 A	450
Ruhrstahl	RU 363	Bug	breit	mb 833 Ea	HSWL 183	Drehstab	DIEHL 628	450
Rheinstahl TranspTech	RU 364	Bug	breit	mb 833 Ea	HSWL 183	Drehstab	k.A.	450
Rheinstahl TranspTech	RU 365	Bug	breit	mb 833 Ea	HSWL 183	Drehstab	k.A.	450
Rheinstahl TranspTech	RU 366	Bug	breit	mb 833 Ea	HSWL 183	Drehstab	DIEHL 128	450
Rheinstahl TranspTech	RU 367	Bug	breit	mb 833 Ea	HSWL 183	Drehstab	k.A.	450
Rheinstahl TranspTech	RU 368	Bug	breit	mb 833 Ea	HSWL 183	Drehstab	GERLACH G 122 R	450
MOWAG	M 311	Mitte	breit	MOWAG M 10 DV	MOWAG 130 – 6 S	MOWAG Tellerfed.	DIEHL 128	450
MOWAG	M 312	Mitte	breit	MOWAG M 10 DV	MOWAG 130 – 6 S	MOWAG Tellerfed.	DIEHL 128	450
MOWAG	M 313	Mitte	breit	MOWAG M 10 DV	MOWAG 130 – 6 S	MOWAG Tellerfed.	DIEHL 128	450
MOWAG	M 314	Mitte	breit	MOWAG M 10 DV	MOWAG 130 – 6 S	MOWAG Tellerfed.	DIEHL 128	450
MOWAG	M 315	Mitte	breit	MOWAG M 10 DV	MOWAG 130 – 6 S	MOWAG Tellerfed.	DIEHL 128	450
MOWAG	M 316	Mitte	breit	MOWAG M 10 DV	MOWAG 130 – 6 S	MOWAG Tellerfed.	DIEHL 128	450

SPz-Austauschprogramm mit den USA

Aufgrund einer Regierungsvereinbarung wurden Ende der 60er-Jahre zwei Prototypfahrzeuge der dritten Generation in die USA geliefert. Die Fahrzeuge wurden dort auf der System-Erprobungsstelle Aberdeen Proving Ground (Maryland) untersucht, dabei stand die Ermittlung von fahrdynamischen Kennwerten der beiden SPz im Vordergrund. Hierfür wurden bereitgestellt:

- ab Herbst 1966 das Fahrzeug MOWAG M 311,
- ab November 1967 das Fahrzeug Rheinstahl RU 366.

Von den USA wurden zwei Prototypen MICV 65 nach Deutschland geliefert; mit den Fahrzeugen wurden folgende Untersuchungen vorgenommen:

- Panzertruppenschule in Munster: Truppenversuche im Zeitraum Herbst 1966 / Anfang 1967,
- E 91 in Meppen: waffentechnische Erprobung im Frühjahr 1967,
- E 41 in Trier: Mobilitätsuntersuchungen im Sommer 1967.

An der Panzertruppenschule in Munster kam man zur Auffassung, dass der MICV 65 für den Einsatz in der Panzergrenadiertruppe nicht geeignet ist; bei der E 41 wurde festgestellt, dass der MICV 65 den deutschen Anforderungen an ein Kettenfahrzeug nicht genügte. Die beiden US-SPz wurden im Winter 1967 wieder in die USA überführt.

Das Fahrzeug MICV 65 (= XM 701) stellte übrigens auch innerhalb des US-Schützenpanzer-Programms nur eine Zwischenstufe dar. Danach wurden weitere Prototypen gebaut und untersucht (XM 765 von 1968; M 113 A1 Product Improved von 1970 und XM 723 von 1973), bis schließlich im Jahr 1977 das Konzept des SPz M 2 BRADLEY von der U.S. Army als neuer Schützenpanzer akzeptiert wurde. Die Auslieferung des ersten Serienfahrzeugs erfolgte in den USA im Mai 1981 – also zehn Jahre später als beim Marder-Programm.

RU 263 neben dem US-SPz MICV 65 während des Truppenversuchs in Munster im Jahr 1966. Bei dem US-Fahrzeug sind die Auftriebskörper erkennbar, die für die geforderte Schwimmfähigkeit notwendig waren.

2.5 Vorserienfahrzeuge

Anfang 1967 begann die Konstruktion mit anschließender Fertigung der Vorserienfahrzeuge. Aufgrund von zeitlichen Verzögerungen bei der Vertragsbearbeitung konnten die Fahrzeuge erst ab Ende 1968 ausgeliefert werden.

Bei den Vorserienfahrzeugen gelangte zum ersten Mal das neue Getriebe HSWL 194 zum Einbau, das kleiner als das Getriebe HSWL 183 gestaltet werden konnte. Darüber hinaus wies das HSWL 194 nunmehr vier Vorwärtsgänge auf; das maximale Getriebe-Eingangsdrehmoment (1860 Nm) wurde dem höheren Drehmoment des aufgeladenen Motors mb 833 Ea angepasst. Durch das insgesamt kleinere Getriebe konnte bei den Vorserienfahrzeugen nun eine bis zur Bugspitze durchgehende obere Bugplatte realisiert werden. Dabei wurde ein Neigungswinkel von 13 Grad erreicht, der zu einer leichten Verbesserung der Bodensicht für den Fahrer führte und gleichzeitig eine ausreichende Beschusssicherheit der oberen Bugpartie garantierte.

Für den Kampf der Panzergrenadiere von Bord unter Vollschutz erhielten die Fahrzeuge pro Seite zwei Kugelblenden. Die Kugelblenden waren für den Einsatz mit der Maschinenpistole UZI ausgelegt; bei Nichtgebrauch konnten die Kugelblenden gas- und wasserdicht verschlossen werden. Kugelblenden und das neue Sitzgestell der Vorserienfahrzeuge beruhten auf Patenten von MOWAG – vielleicht war dies ein kleiner Ausgleich für die Serienentscheidung zu Ungunsten der MOWAG-Konzepte. Die Lafette für das Heck-MG wurde konstruktiv geändert, um eine einfachere Fertigung zu erreichen. Auch das Turmgehäuse wurde nochmals überarbeitet, um bestmögliche Sichtverhältnisse für den Kommandanten zu erhalten; die neue Turmkonstruktion wurde zuerst als Holzmodell auf dem Vorserienfahrzeug 3002 untersucht. Für die Serienausführung wurde auch diese Turmkonstruktion nochmals überarbeitet, um die Sichtausblendung für den Kommandanten auf einen Sektor von 40 Grad im Bereich von 7–8 Uhr zu minimieren.

Die Möglichkeit für den Einbau eines Launchers für Panzerabwehr-Lenkflugkörper und die dafür vorgesehene Luke links

Vorserienfahrzeug VS 3002 – nun erstmalig mit Kugelblenden ausgerüstet. Über dem hinteren Kampfraum vier kleine Luken. Bei dem Turm mit der 20-mm-MK dürfte es sich noch um ein Holzmodell handeln.

neben dem Turm entfiel – damit war auch kein Lenkschütze mehr notwendig. Der hinter dem Fahrer frei gewordene Platz wurde von der Truppe zum »Beobachterplatz« umgewidmet. Dieser Platz verfügte über eine eigene Luke, in der ein dreh- und kippbarer Winkelspiegel eingebaut war; in den Anfangsjahren wurde dieser Platz gern für den Fahrlehrer im Rahmen der Fahrschulausbildung genutzt. Es gab auch erste Wünsche aus der Truppe, den Fahrer zurückzuversetzen und den frei werdenden Raum für einen Hilfsmotor zu nutzen (wurde später beim FlaRakPz ROLAND realisiert). Durch Änderungen am Gehäuse und an der Ausstattung stieg das Gefechtsgewicht der Vorserienfahrzeuge auf 27,5 t (ohne Schürzen). Wichtige Daten der Vorserienfahrzeuge sind in Tabelle 5 zusammengestellt. Tabelle 6 ist eine Zusammenstellung wichtiger Daten der im SPz-neu-Programm verwendeten Motoren; zu Vergleichszwecken sind auch ausgewählte Daten des Motors vom SPz PUMA mit aufgeführt.

Vorserienfahrzeuge

Hersteller	Fahrzeug	Motorlage	Heckzugang	Motortyp	Getriebetyp	Federung (Art)	Kette (Art)	Kettenbreite (mm)
Rheinstahl-Transp-Techn.	3001	Bug	breit	mb 833 Ea	HSWL 194	Drehstab D: 54	GERLACH G 122 R	450
Rheinstahl-Transp-Techn.	3002	Bug	breit	mb 833 Ea	HSWL 194	Drehstab D: 56 u. 54	DIEHL 828 A	450
Rheinstahl-Transp-Techn.	3003	Bug	breit	mb 833 Ea	HSWL 194	Drehstab D: 54	DIEHL 828	450
Rheinstahl-Transp-Techn.	3004	Bug	breit	mb 833 Ea	HSWL 183 A	Drehstab D: 54	DIEHL 828 A	450
Rheinstahl-Transp-Techn.	3005	Bug	breit	mb 833 Ea	HSWL 194	Drehstab D: 56 u. 54	DIEHL 828	450
Rheinstahl-Transp-Techn.	3006	Bug	breit	mb 833 Ea	HSWL 194	Drehstab D: 56 u. 54	DIEHL 828 A	450
Rheinstahl-Transp-Techn.	3007	Bug	breit	mb 833 Ea	HSWL 194	Drehstab D: 54	DIEHL 828 A	450
Rheinstahl-Transp-Techn.	3008	Bug	breit	mb 833 Ea	HSWL 194	Drehstab D: 56 u. 54	DIEHL 828 A	450
Rheinstahl-Transp-Techn.	3009	Bug	breit	mb 833 Ea	HSWL 194	Drehstab D: 54	DIEHL 828 A	450
Rheinstahl-Transp-Techn.	3010	Bug	breit	mb 833 Ea	HSWL 194	Drehstab D: 54	DIEHL 628 A	450

Motoren-Vergleich SPz-neu-Programm / Puma Vorserie

Motortyp	mb 833 Aa	MOWAG M 10 DV	mb 833 Ea	mt 892
Eingebaut in	PT 1. Generation	MOWAG PT	PT 2./3. Generation; Vorserie u. Serie	SPz PUMA Vorserie
Motorart	4-Takt; Diesel	2-Takt; Diesel	4-Takt, Diesel	4-Takt; Diesel
Zylinderanordnung; Zylinderzahl	V-6 / 90 Grad	V-10 / 50 Grad	V-6 / 90 Grad	V-10 / 90 Grad
Hubraum (l)	23,82	13,5	22,45	10
max. Leistung (kW/Upm)	331/2200	316/2200	440/2200	800/4250
max. Drehmoment (Nm/Upm)	1550/1500	1570/1450	2020/1500	2070/3200
Gewicht trocken (kg)	1100	1040	1250	860
Art der Aufladung	Ohne	Roots-Spülgebläse	ATL	ATL mit LL-Kühlung
Literleistung (kW/l)	13,9	23,4	19,7	80
Spezif. Leistungsgewicht (kW/kg)	0,30	0,30	0,35	0,93

Um die bei der Erprobung der Fahrzeuge der dritten Prototyp-Generation aufgetretenen Mängel zu beseitigen, wurden bei den Vorserienfahrzeugen u. a. folgende Änderungen vorgenommen:
- im Wannengehäuse wurden vor und hinter dem Turm sowie vor der Kühlanlage Portale eingezogen, um die Torsionssteifigkeit des Gehäuses zu verbessern und die Vibrationen zu reduzieren,
- die geschmiedeten Schwingarme wurden durch hohl gegossene Schwingarme ersetzt, die an den hoch belasteten Partien entsprechend verstärkt waren,
- der hydraulische Kettenspanner wurde durch einen mechanischen Kettenspanner ersetzt,
- auf den Fahrzeugen wurden neue Ketten erprobt, deren Verwindungssteifigkeit erhöht war; noch immer war keine Entscheidung getroffen worden, ob die Serie mit 450 mm oder 500 mm breiten Ketten ausgeliefert werden sollte; die Vorserienfahrzeuge erhielten 450 mm breite Ketten; es wurde jedoch Vorsorge getroffen, dass bei den Serienfahrzeugen auch 500 mm breite Ketten aufgezogen werden konnten,
- die Standfestigkeit der Seitenvorgelege wurde verbessert,
- es wurde eine neue 2-Scheiben-Bremse eingebaut; zur besseren Kühlung erfolgte eine Luftabsaugung unmittelbar über den Bremsscheiben,
- bei der Feuerlöschanlage wurden neue Wärmefühler verwendet,
- über dem hinteren Kampfraum wurden im Wannendach – entsprechend den Wünschen aus der Truppe – nun vier kleinere Luken installiert,
- für die Abgasführung in der rechten Kettenschulter wurde eine neue Lösung mit verbesserter Isolierung sowie Luftkühlung ausgearbeitet.

Insgesamt wurden zehn Vorserienfahrzeuge in Auftrag gegeben, die nach der Fertigung für folgende Verwendungen vorgesehen waren:
- 2 Fahrzeug für fahrdynamische Erprobungen bei E 41 (Trier),
- 1 Fahrzeug für waffentechnische Erprobungen bei E 91 (Meppen),
- 5 Fahrzeuge für Truppenversuch an der Panzertruppenschule in Munster,
- 2 Fahrzeuge für logistische Untersuchungen und Erarbeitung der Materialgrundlagen an der Schule der Technischen Truppe in Aachen.

Die Beschussfestigkeit der oberen Triebwerksraumabdeckung wurde im Amtsbereich unterschiedlich beurteilt, daher wurde noch 1967 über die Plattenstärke und die Materialauswahl heftig diskutiert.

Im Zeitraum Oktober 1968 bis März 1969 wurden die Vorserienfahrzeuge intensiv erprobt und untersucht. Der Truppenversuch fand auf den Truppenübungsplätzen in Munster und Bergen-Hohne statt; für die Schießversuche wurden die Fahrzeuge nach Putlos und Todendorf transportiert. Bei den Unter-

Vorserienfahrzeug am 60-%-Steilhang bei der Erprobungsstelle 41 in Trier. In dieser Lage können z. B. die Schmierung von Motor und Getriebe sowie die Haltefähigkeit der Feststellbremse geprüft werden.

Vorserienfahrzeug am Schräghang – vermutlich während des Truppenversuchs in Munster. An der unteren Bugplatte fehlen noch die Elemente zum Schutz der Seitenvorgelege vor Aufsetzern.

VS 3005 bei einer Vorführung; zu beachten ist die zwischenzeitlich vereinfachte Konstruktion der Lafettierung des Heck-MGs; die hier gezeigte Konstruktion entspricht noch nicht der Serienlösung.

suchungen zeigte sich, dass die vorgenommenen Verbesserungen in einzelnen Bereichen nunmehr zu truppentauglichen Lösungen geführt hatten. So zeigte sich auch die Kette D 828 A als eine einführungsreife Lösung. Durch den Einbau verstärkter Drehstäbe (56 mm Durchmesser) an den ersten beiden Laufrollenstationen neigten die Fahrzeuge nicht mehr zum Durchschlagen bei schneller Fahrt durch Bodenwellen; insgesamt wurde eine adäquate Beweglichkeit im Vergleich mit dem KPz Leopard 1 erreicht.

Allerdings wiesen die Vorserienfahrzeuge noch immer eine ganze Reihe von Schwachstellen auf, sodass für die Konstruktion der Serienfahrzeuge nochmals konstruktive Änderungen vorgenommen werden mussten. Im Einzelnen traten an den Fahrzeugen u. a. folgende Mängel auf:

- **Motor:**
  - Gummi-Metall-Verbindungen in den Motorlagern waren mehrfach zerstört,
  - Lüfterräder froren bei entsprechender Wetterlage fest,
  - Bremse bereitete noch immer Probleme; bei angezogener Feststellbremse ließ Bremswirkung nach, wenn die Bremse sich abkühlte. Die Lebensdauer der Bremsbeläge war zu gering.
- **Fahrwerk:**
  - die Erprobungsstelle hielt die Laufrollenkonstruktion noch immer für ungeeignet, häufiges Lösen der Bandagen von den Laufrollen,
  - bei Querfahrt am 30-%-Hang wurde die Kette mehrfach abgeworfen,
  - vor der Schwingarmlagerung an der ersten Laufrollenstation war ein Abweiser erforderlich, um eine Beschädigung durch ein Anschlagen der Endverbinder an der Schwingarmlagerung bei Kettenbauchbildung zu verhindern (dieses Problem sollte auch 40 Jahre später wieder bei einer aktuellen SPz-Entwicklung auftreten). Abweiser ist Verschleißteil und muss als Schraublösung ausgeführt werden.
- **Gehäuse:**
  - Wannenseitenwand im Bereich des Seitenvorgeleges musste verstärkt werden, da bei hohen Brems- und Antriebsmomenten eine Verformung auftrat,
  - die Heckklappe ließ sich teilweise nicht öffnen oder vollständig schließen; in Einzelfällen öffnete sich Heckklappe von selbst,
  - die Lukendichtungen waren dem Truppenbetrieb nicht gewachsen; Dichtungen lösten sich fast alle von den Luken,

- die vorgesehenen Schutzbügel für die Frontscheinwerfer waren zu schwach ausgelegt.

• **Turmbaugruppen:**
- die Abzugsgruppe der MK wies eine unzureichende Lebensdauer auf (hoher Verschleiß des Lagerbolzens),
- Munitionszuführung für MK und MG zeigte häufig Störungen,
- Seitenrichtgetriebe war nicht standfest,
- die Becher der Nebelwurfanlage waren falsch ausgerichtet; Erhöhungswinkel musste gleichmäßig auf 60 Grad ausgerichtet werden; in der Breite war eine gleichmäßige Verteilung erforderlich.

• **sonstige Baugruppen:**
- häufige Ausfälle an der Kampfraumheizung,
- häufige Ausfälle am Reihengangwahlschalter,
- beim Heck-MG traten häufig Störungen an der Ableitung der Gurtglieder auf; hier war eine Umkonstruktion erforderlich.

Mit fünf Vorserienfahrzeugen wurde im Zeitraum vom 3. bis 18. November 1969 eine sogenannte »Deutschlandfahrt« durchgeführt. Diese Fahrt berührte sechs Truppenübungsplätze und hatte folgenden Streckenverlauf: Munster – Todendorf – Fritzlar – Wildflecken – Hammelburg – Baumholder. Auf einzelnen Plätzen wurden auch Schießübungen durchgeführt. Im Durchschnitt legte jedes Fahrzeug einen Weg von zirka 2280 km zurück; teilweise wurde mit den Fahrzeugen eine Kilometerleistung von bis zu 361 km pro Tag erreicht. Knapp 200 km vor dem Ziel fiel bei einem Fahrzeug das Triebwerk aus. Nach einem spektakulären Triebwerkswechsel auf einem Autobahnparkplatz konnte die Fahrt fortgesetzt werden. Ein Vorserienfahrzeug ist noch heute erhalten und steht im Eingangsbereich des Deutschen Panzermuseums in Munster.

Obwohl für viele der aufgetretenen Mängel noch keine endgültigen und erprobten Lösungen vorhanden waren, wurde unter Zeitdruck bereits im März 1969 der Konstruktionsstand der Fahrzeuge festgeschrieben, damit ebenfalls im April 1969 vom BWB die Serie von zunächst 1916 Fahrzeugen ausgeschrieben werden konnte. Bereits am 27. Oktober 1969 erfolgte die Unterzeichnung des Beschaffungsvertrages mit der Rheinstahl AG Sondertechnik als Hauptauftragnehmer und der Firma MaK in Kiel mit einem Fertigungsanteil von 45 % als Unterauftragnehmer.

Dieser Beschaffungsvertrag musste später nochmals durch einen Folgevertrag über 210 SPz Marder ergänzt werden, damit die von der Truppe geforderte Gesamtstückzahl von 2136 Fahrzeugen erreicht wurde. Diese Summe setzte sich wie folgt zusammen:

Vorserienfahrzeug im Eingangsbereich des Deutschen Panzermuseums in Munster; am Turm wurden zur Serie hin nochmals u. a. die Anordnung der Nebelmittel-Wurfanlage sowie die Anordnung des Schießscheinwerfers geändert.

34 Bataillone à 33 SPz	= 1122 Fzg.
16 Bataillone à 43 SPz	= 688 Fzg.
17 Ausbildungs-Bataillone à 10 SPz	= 170 Fzg.
Bedarf Truppenschulen (Munster; Aachen)	= 83 Fzg.
Umlaufreserve	= 73 Fzg.
Summe	2136 Fzg.

Unglücklicherweise lief noch während der Änderung der mängelbehafteten Baugruppen und anschließender Erprobung parallel bereits die Serienreifmachungsphase. Aus der zu frühen Festlegung des Konstruktionsstandes ergab sich zwangsläufig, dass am Ende der Serienreifmachung nochmals über 1000 konstruktive Änderungen berücksichtigt werden mussten. Dieser Umstand führte zu beträchtlichen Kostensteigerungen. Immerhin führte die letzte Verstärkung von hoch belasteten Laufwerkselementen dazu, dass bei späteren Kampfwertsteigerungen in der 40-jährigen Nutzungszeit und dem damit verbundenen Gewichtsanstieg um 33 % (!) nur relativ geringe Änderungen an den Laufwerkselementen erforderlich waren.

Die Dauer der Serienreifmachung war mit 14 Monaten veranschlagt; eine erste Planung ging von einer Auslieferung des ersten Fahrzeugs am 1.7.1970 aus. Tatsächlich wurden die ersten SPz MARDER am 7. Mai 1971 – nach elfjähriger Entwicklungszeit und dem Bau von 28 Prototypen und zehn Vorserienfahrzeugen – gleichzeitig in Kassel und Kiel an die Truppe übergeben.
Die Entwicklungskosten für die SPz-neu-Familie betrugen knapp 200 Millionen Mark; insgesamt wurden 85 Verträge für die Entwicklung und Betreuungsleistungen geschlossen. Die angegebenen Entwicklungskosten beinhalteten u. a. die Produktion aller 28 Prototypen des Gruppenfahrzeugs wie auch die Fertigung der 10 Vorserienfahrzeuge (ca. 35 Mio. DM). Im Hinblick auf die von den Auftragnehmern erbrachten Leistungen müssen die Entwicklungskosten aus heutiger Sicht als relativ gering bewertet werden – eine Folge der häufig konkurrierend vergebenen Aufträge.
Die Beschaffungskosten für ein Fahrzeug betrugen zu Beginn der Serienfertigung zirka 1,05 Mio. DM (Systempreis).

2.6 Abschließende Bewertung des Entwicklungsganges

Bei einer nachträglichen Aufarbeitung der Entwicklung der Fahrzeuge des SPz-neu-Programms ist erkennbar geworden, dass sich der Entwicklungsgang in der Praxis doch recht schwierig gestaltete. Die Probleme betrafen sowohl das Management des Programms wie auch das Finden von geeigneten technischen Lösungen.

Management
Für eine straffe Führung des Vorhabens fehlte im Amtsbereich eine Institution, die die alleinige Verantwortung für das Projektmanagement innehatte. Stattdessen kam es bei aufkommenden Problemen häufig zu langwierigen Diskussionen zwischen dem Ministerium, dem BWB und dem Bedarfsträger über die weitere Vorgehensweise. Somit wurden wichtige Entscheidungen zum Fortgang des Projektes häufig zu spät, oft von äußeren Umständen bestimmt und wenig zielorientiert getroffen. Die getrennte Bearbeitung im Amts- und Industriebereich der beiden Projekte 30-t-Standardpanzer und SPz-neu führte auch dazu, dass Chancen für eine Standardisierung nicht genutzt wurden. So betrug der Laufrollendurchmesser beim KPz Leopard 1 650 mm und beim SPz Marder 690 mm. Die Kettenbreite betrug beim KPz Leopard 1 550 mm – heute wird beim MARDER 1 A5 eine 500 mm breite Kette genutzt. Trotz geringer geometrischer Unterschiede wurde gerade bei diesen logistisch kritischen Baugruppen keine Vereinheitlichung erreicht. Hier hätten – bei gutem Willen der beiden Projektgruppen – der Bundeswehr in der zirka 40-jährigen Nutzungszeit beider Fahrzeuge vermutlich Kosten von vielen Millionen Euro erspart werden können.
Viel Zeit und viel Geld kostete der Umstand, dass der Bedarfsträger anfänglich (1959) zu einengende Forderungen stellte, die das Fahrzeugkonzept weitestgehend vorbestimmten und der Industrie keine Möglichkeit für kreative Konzeptideen ließ. Für die Fahrzeuge der zweiten Prototypgeneration wurden die Forderungen im Jahr 1961 geändert und ließen einen größeren Lösungsspielraum zu. Allerdings wurde der Nachtrag genutzt, um weitere Forderungen nachzuschieben. Schließlich erfolgte 1966 nochmals eine Ergänzung der militärischen Forderungen, die u. a. einen Zweimann-Turm, ein Heck-MG und Kugelblenden umfasste. Während die militärischen Forderungen sich im Hinblick auf die Turmgestaltung anfangs an dem Turmkonzept des HS 30 orientierten, wurde zum Schluss der Entwicklung ein möglichst großer Zweimann-Turm gefordert. Durch das ständige Nachschieben neuer und zusätzlicher Forderungen erhöhte sich nicht nur kontinuierlich das Gefechtsgewicht der Prototypen von 16 auf 27,5 t (Serienfahrzeuge:

28,2 t mit Schürzen), sondern es erforderte auch ständig neue konstruktive Lösungen – wie z. B. den Übergang vom 5- auf das 6-Rollen-Fahrwerk sowie die Verwendung immer breiterer Ketten. Die Forderung nach Kugelblenden bedingte ein völlig neues Verstaukonzept und eine geänderte Anordnung der Besatzung im hinteren Kampfraum. Diese Unentschlossenheit des Bedarfsträgers und das ständige Nachschieben zusätzlicher Forderungen hatte die Entwicklung stark belastet. Die Forderung nach Einbau einer Waffenstabilisierung wurde im März 1971 durch den Bedarfsträger erhoben und belastete damit zumindest nicht mehr den Serienanlauf.
Bemerkenswerterweise wurden einige der nachträglich geforderten Komponenten, wie z. B. die Kugelblenden oder das Heck-MG, während der Nutzungszeit wieder entfernt. Dieser Sachverhalt bezüglich der Notwendigkeit von bestimmten Komponenten bzw. Funktionalitäten lässt die Vermutung aufkommen, dass die Aufstellung von militärischen Forderungen und deren Gewichtung sehr stark personenbezogen geprägt war.

Technische Probleme

Die einengenden militärischen Forderungen von 1959 führten zu einer weitgehenden Vorbestimmung des Fahrzeugkonzeptes. Die Vorgaben u. a. für das Gesamtgewicht (12 t) und die maximale Fahrzeughöhe (1890 mm) führten in einem ersten Schritt zu Prototypen, die im Grundkonzept im Wesentlichen dem HS 30 entsprachen (Ausnahme: Getriebe wurde im Bug platziert). Diese Fahrzeuge wiesen folgende Merkmale auf:

+ sehr niedrige Gesamtsilhouette,
+ ausgeglichene Schwerpunktlage durch Anordnung von Motor und Kühlanlage im Heck,
+ kurze Wege für Abgas und Kühlluft,
+ kompakter Kampfraum,
+ keine Beeinträchtigung der Panzergrenadiere beim aufgesessenen Kampf durch Abgase und Kühlluft,
+ beschussfeste Gestaltung der Frontpartie aufgrund der homogenen Bugplatte,
+ relativ schmales Fahrzeug,
- nur schmaler Heckzugang möglich, der zu einem hohen Zeitbedarf für das Auf- und Absitzen führte,
- Platzierung des Kommandanten im Fahrgestell führte zu einer Beeinträchtigung der Führungsfähigkeit aufgrund der eingeschränkten Sichtmöglichkeiten; auch hatte der Kommandant keine Möglichkeit, den Waffeneinsatz zu überwachen, geschweige denn in ihn einzugreifen.

Zumindest das Problem des schmalen Heckausstieges durch den im Heck liegenden Motor hätte in anderer Weise gelöst werden können, wenn nicht die Forderung nach extrem niedriger Silhouette erhoben worden wäre. So hätte ein Blick auf den französischen Schützenpanzer VTP aus der AMX-13-Familie den Weg zu einem funktionalen Schützenpanzer-Konzept erkennen lassen. Auch der parallel zum HS 30 entwickelte Spähpanzer Hotchkiss hätte als Vorbild für ein günstigeres Grundkonzept dienen können; beide Fahrzeuge wiesen einen gut nutzbaren Heckzugang zum Kampfraum auf.

Zum Start des SPz-neu-Programms ging man offenbar von der irrigen Annahme aus, man könne ein gegenüber dem HS 30 deutlich leistungsfähigeres Fahrzeug entwickeln, ohne gleichzeitig Abmessungen und Gewicht des HS 30 deutlich zu vergrößern. Die ausgeführten Prototypen der ersten Generation wiesen ein Gefechtsgewicht von zirka 16 t auf. Damit muss im Nachhinein festgestellt werden, dass das Anfang 1956 vom Ingenieurbüro Warneke vorgelegte Konzept des SP 15 mit geplanten 15 t Gefechtsgewicht auf sehr realitätsnahen Annahmen beruhte. Die Ablehnung dieses Entwurfes und die spätere Akzeptanz des Gewichtsanstieges beim HS 30 von 12 auf 14,6 t zeigt die damals herrschende Unerfahrenheit bei den Angehörigen im Amtsbereich. Eine weitere Folge der damals im Rüstungsbereich vorhandenen Unsicherheit war die gutmütige Akzeptanz der militärischen Forderungen, die stets ein unrealistisch niedriges Gewichtslimit vorschrieben. Diese Aussage gilt auch für das damals parallel laufende Entwicklungsprogramm für einen 30-t-Standardpanzer.
Die geänderten Vorgaben der militärischen Forderungen aus dem Jahr 1961 führten zwar bei den Prototypen der zweiten Generation zu Fahrzeugen mit einem größeren Heckausstieg und einem größeren Turm mit einer zusätzlich integrierten Sekundärwaffe – jedoch ließ das vorgegebene Gewichtslimit von nunmehr 22 t die Realisierung eines größeren Zweimann-Turms nicht zu. Die Prototypen der 2. Generation wiesen folgende Merkmale auf:

+ Heckausstieg über die gesamte Wannenbreite wurde realisiert,
+ kompakte Kampfraumgestaltung (RU-Fahrzeuge),
- die Probleme bezüglich der Führbarkeit und der Überwachung des Feuerkampfes durch den Kommandanten bestanden weiterhin,
- durch im Bug liegendes Triebwerk und stärkerer Frontpanzerung nun ausgeprägte Buglastigkeit bei den RU-Fahrzeugen,
- durch im Bug liegendes Triebwerk entfiel abgesenkte Stufe im Wannendach; Fahrzeughöhe insgesamt größer;
- längere Wege für Abgasführung; aufwändigere Kühlanlage,
- breiteres und damit schwereres Fahrzeug durch Platzierung des Fahrers neben dem Motor,
- wegen Befürchtungen einer mangelnden Beschussfestigkeit wurde die obere Triebwerksraumabdeckung (mit Klappe) extrem flach gestaltet; damit schlechte Bodensicht für Fahrer.

Für die Auslegung der Prototypen der dritten Generation wurden u. a. das 6-Rollen-Fahrwerk sowie ein Heck-MG gefordert. Mitten in der Fertigung dieser Fahrzeugserie wurden im Jahr 1966 die militärischen Forderungen nochmals geändert und u. a. um einen Zweimann-Turm und Kugelblenden ergänzt. Diese Änderungen erforderten eine völlige Umgestaltung des hinteren Kampfraumes. Da praktisch keine Gewichtserhöhung mehr zugelassen wurde, musste der Zweimann-Turm in die vorhandene Drehlageröffnung (Innendurchmesser: 720 mm) hineingezwängt werden. Dadurch konnten Haupt- und Sekundärwaffen nur in einer Scheitellafettierung oberhalb

der Besatzung angeordnet werden. Diese Lösung sollte später im Hinblick auf die Zuverlässigkeit der Munitionszuführung noch einigen Kummer in der Nutzung bereiten.
Obwohl man aufgrund der Erfahrungen aus dem HS-30-Programm gelernt hatte, dass ein massiver Zeitdruck sich sehr negativ auf eine Panzerentwicklung auswirkt, wurde am Ende der SPz-neu-Entwicklung doch wieder ein massiver Zeitdruck aufgebaut. So wurde selbst nach der Erprobung der Vorserienfahrzeuge nicht abgewartet, bis einwandfreie Lösungen für die aufgetretenen und erkannten Mängel gefunden und erprobt wurden. Denn selbst die Vorserienfahrzeuge stellten streng genommen noch relativ unausgereifte Prototypen (der vierten Generation) dar. Somit war zum Beginn des Serienanlaufs u. a. der Turm technisch noch nicht ausgreift; insbesondere das Seitenrichtgetriebe war nicht dauerstandfest. Hier hatte man offenbar bei den neuen Türmen mit der Scheitellafettierung den Einfluss des starken Unwuchtmomentes aufgrund der außermittigen Lage des Waffenträgers (z. B. bei Schräglagen des Fahrzeugs) unterschätzt. Auch bei den Elementen der Feuerlöschanlage (Wärmefühler) ging man mit unausgereiften Produkten in die Serie, die im Truppeneinsatz sehr bald viel Kummer bereiteten (Korrosionsschäden). Damit verfiel man am Schluss der Entwicklung doch wieder in Fehler, die man aufgrund der Erfahrungen aus dem HS-30-Programm eigentlich hatte vermeiden wollen. Glücklicherweise führten die vorgenommenen Verbesserungen im Laufwerksbereich zu der angestrebten Zuverlässigkeit und Standfestigkeit. Auch die konstruktive Vorsorge, dass bei Bedarf auch 500 mm breite Ketten aufgezogen werden konnten, sollte sich später bei dem durch die Kampfwertsteigerungsmaßnahmen bedingten Gewichtsanstieg von 28,2 auf knapp 38 t als eine kluge Entscheidung erweisen.
Auch wiederholte sich im SPz-neu-Programm letztlich die Situation, dass der Bedarfsträger ständig neue Forderungen nachschob, die dann unweigerlich u. a. zu Gewichtserhöhungen führten.
Da die notwendigen Änderungen zur Beseitigung der gravierendsten Mängel aus der Erprobung der Vorserienfahrzeuge praktisch nach Beginn der Serienfertigung erfolgte, konnten verständlicherweise die TDVen, Wartungssätze und Sonderwerkzeuge nicht zeitgerecht mit den Fahrzeugen an die Truppe ausgeliefert werden. Dadurch ergaben sich anfangs häufig unsinnige Beanstandungen aus der Truppe aufgrund von Unkenntnis und falscher Bedienung.
Trotz einiger kleinerer Mängel gelangte 1971 mit dem SPz MARDER ein relativ ausgereiftes Gesamtsystem und eine solide Grundkonstruktion zur Truppe; die bedienungsfreundliche Auslegung sowie die hohe Lebensdauer und Standfestigkeit vieler Baugruppen führten am Ende allerdings auch dazu, dass der SPz MARDER einen Stückpreis in der gleichen Größenordnung wie der KPz LEOPARD 1 erreichte. Mit dem Erscheinen des US-MTWs M 113, der ab Mitte der 60er-Jahre für einen Preis von zirka 350.000 DM für ein Basisfahrzeug (ohne Bewaffnung, Funkausrüstung usw.) in den USA erworben werden konnte, war das Schicksal der geplanten SPz-neu-Familie besiegelt. Von den angedachten Varianten wurden in den 70er-Jahren lediglich der FlaRakPz ROLAND (143 Exemplare) und als Prototypen die Varianten Mörserträger und Tiefflieger-Überwachungsradar realisiert. Für alle anderen Varianten wurde später der sehr viel preisgünstigere (aber auch weniger leistungsfähige) M 113 als Trägerfahrzeug genutzt.
Für die Serie bzw. im Hinblick auf weitere Verbesserungsmaßnahmen wünschte sich die Truppe ein besseres Lastannahmeverhalten des Triebwerks. Beim Beschleunigen neigte der Motor zum starken Rußen – in Einzelfällen kam es beim starken Beschleunigen zum Abwürgen des Motors. Die Kühlung der Bremsen und die Belüftung des Triebwerkraumes wurden als grenzwertig betrachtet – eine leistungsfähigere Lösung wurde gewünscht.
Zum Abschluss der Beurteilung des Entwicklungsganges des SPz-neu im Zeitraum 1961–1969 ist auffallend, dass eine Vielzahl der aufgetretenen Probleme und Mängel sich zirka 40 Jahre später bei einem aktuellen SPz-Projekt wiederholen sollten. Aufgrund eines fehlenden effektiven Wissensmanagements – sowohl im Industrie- wie auch im Amtsbereich – und aufgrund des mehrfachen Personalwechsels in allen Bereichen wurde den schon in den 60er-Jahren erkannten Problembereichen nicht bereits im Vorfeld genügend Aufmerksamkeit gewidmet. Die Folge war, dass bei dem aktuellen SPz-Projekt erst wieder die gleichen Schadensbilder auftreten mussten, bevor entsprechende Abhilfemaßnahmen eingeleitet wurden.

3. Die MARDER-Produktion

3.1 Serienfertigung

Die Auftragsvergabe für den neuen Schützenpanzer MARDER gleichzeitig an zwei Firmen wurde als Herausforderung für die beteiligten Rüstungsfirmen gesehen. Während die Rheinstahl AG in Kassel auf eine langjährige Erfahrung im Panzerbau zurückblicken konnte – hier wurden bis 1944 Panther-, Tiger- und Königstiger-Kampfpanzer und nach 1956 der SPz HS 30 sowie die Jagdpanzer Kanone und Rakete gefertigt –, handelte es sich bei der zweiten Fertigungsfirma um die MaK, Maschinenbau Kiel, eine Spezialfabrik für Dieselmotore, Lokomotiven und technisch aufwändige Schiffsbauteile. Von den insgesamt 2136 in Auftrag gegebenen MARDER fertigte Rheinstahl 1161 Stück und MaK 975 Stück. Beide Firmen erfüllten ihre Aufträge einwandfrei. Zunächst wurden in einem Netzplan die vertraglich vereinbarten Lieferraten festgelegt. Bereits in diesem Stadium waren die Durchlaufzeiten der einzelnen Fertigungsstationen genau festgehalten. Die in diesem Zusammenhang vorgenommene Nettobedarfsermittlung diente der Erfassung des Teilebedarfs, welcher elektronisch erfasst und gesteuert wurde. Der Teilebestellung ging die Abarbeitung von über 1500 Stücklisten und 1200 Arbeitsplänen voraus. Gruppen- und Teilebedarfslisten wurden in wirtschaftliche Losgrößen zusammengefasst und mit den Fertigungsdurchlaufzeiten abgestimmt. Die Materialbeschaffung – hier war eine garantierte Liefersicherheit Bedingung – stellte eine besondere Herausforderung dar. Beim SPz MARDER waren 264 Hauptlieferanten mit über 2000 Einzelteilen und Baugruppen beteiligt. Unter den Lieferanten seien als Beispiel an dieser Stelle genannt:

- Keller & Knappich (KUKA): Panzertürme;
- Rheinmetall: MK und MG;
- Mercedes Benz: Motor;
- Renk: Getriebe;
- Diehl: Gleiskette;
- Clouth: Gummipolster;
- Webasto: Heizung;
- Zeiss: Optik/Optronik;
- VDO: Instrumente;
- Hemscheid: Stoßdämpfer;
- MOWAG (CH): Hecklafette, Kugelblenden, Sitzgestelle.

In einem engen Zusammenhang mit den vorgenannten Fertigungsdurchlaufzeiten war die Abstimmung der erforderlichen Maschinenbelegung genau zu ermitteln.

Des Weiteren nahm die Konstruktion und Herstellung von Betriebsmitteln und Einrichtungen – es wurden 2000 verschiede-

Eine Luftaufnahme der Thyssen-Henschel-Produktionsstätte in Kassel-Mittelfeld. In der Bildmitte rechts befindet sich die Prüfstrecke für gepanzerte Fahrzeuge.

Eine Seite aus dem internationalen Prospekt der Firma Thyssen Henschel von 1979.

Die Rohwannenfertigung im Rheinstahl AG Werk Witten-Annen.

Montagestraße im Werk Kassel. Hier ist die Heckklappe noch nicht eingebaut.

ne Werkzeuge benötigt – einen wichtigen Platz in der Gesamtplanung ein. Dazu gehörten Messlehren und extra angefertigte Montagewerkzeuge sowie spezielle Vorrichtungen. Planungstechnisch waren drei Hauptgruppen zu berücksichtigen:

- Teilefertigung,
- Wannenbearbeitung und
- Montage.

Die Teilefertigung benötigte dabei die größte Anzahl an Betriebsmitteln. So waren für Werkstücke, die in größerer Stückzahl gefertigt wurden, Sondereinrichtungen konstruiert und gebaut worden. Die Rohwanne, sie wurde bei der Rheinstahl AG Maschinenbau in Witten-Annen(NRW) gefertigt, lief den beiden Fertigungsbetrieben direkt zu.

Auf der Taktstraße 1 wurde die Wanne komplett bearbeitet. Ein besonderes Augenmerk galt den hochpräzisen Bohrwerken, welche durch eine ELAN-Steuerung die Arbeitsgänge reproduzierbar vornahmen. Hier wurde mit Mehrspindelbohrköpfen gebohrt, danach wurden die dazugehörigen Gewinde geschnitten. Sämtliche Fräsarbeiten an der Wanne wurden ebenfalls auf der Taktstraße 1 vorgenommen. Der Einsatz modernster Fertigungsmaschinen wurde bei der Herstellung des Kettenradkörpers besonders deutlich. Allein bei diesem hochbeanspruchten Teil waren fast einhundert Präzisionsbohrungen einzubringen. Die bearbeitete Wanne wurde komplett vermessen und kontrolliert. Nach einer Reinigung erhielt die Wanne zunächst eine Grundlackierung mit folgender Endlackierung. Die dritte Hauptgruppe, Montage, war sehr vielfältig ausgerichtet. Nachdem zehn Wannen zusammengefasst und hintereinander aufgestellt waren, wurde das Laufwerk montiert. Dabei wurde die Wanne von zwölf hydraulisch bestätigten Tragarmen in die richtige Montagelage gebracht. Nach Einbringen der Drehstäbe und Anbringen der Laufrollen bewegte sich die Wanne zum Takt 2. Hier waren nach der Montage sofortige Prüfmaßnahmen vorgesehen. Der Güteprüfdienst der Bundeswehr hatte in diesem Produktionsstadium unter anderem die Aufgabe, mittels verschiedener Geräte und Lehren Einzelteile und Montageschritte genau zu kontrollieren.

Nachstehend eine kurze Übersicht über die einzelnen Takte:

Takt 1 Wannenbearbeitung, Laufrollen
Takt 2 Elektrische Anlage, Triebwerklagerung
Takt 3 Endantriebe, hydr. Anlage, Pedalwerk
Takt 4 Lenkung, Bremse, Abgasleitung, Belüftung
Takt 5 Kraftstoffbehälter, Heizung, Feuerlöschanl.
Takt 6 ABC-Anlage, Kühlanlage und Hydraulik
Takt 7 Fußboden, Batteriekästen, Anbauteile
Takt 8 Optik und Sitze
Takt 9 Triebwerk, Turm und Scheitellafette
Takt 10 Batterien, Tiefwateinrichtung, Ketten

Nach erfolgter Endmontage wurde jedes Fahrzeug auf der dem Werk angeschlossenen Prüfstrecke mit Steil- und Querhang, Tauchbecken, Bremsprüfstrecke und Funkerprobungsstelle fahrtechnisch geprüft und abgenommen.

Die Endmontage steht unmittelbar bevor. Turm und Triebwerk sind montiert. Wenig später werden die Gleisketten aufgezogen.

Bei diesem Arbeitsgang sind bereits die Luken und die Heckklappe montiert worden.

3.2 Vorstellung, Übergabe und Zulauf der ersten SPz MARDER

Am 7. Mai 1971 wurden im Rahmen einer Feierstunde in den Herstellerwerken Rheinstahl AG, Kassel, und Atlas-MaK Maschinenbau GmbH, Kiel, die ersten Schützenpanzer MARDER an das Heer übergeben. In Anwesenheit des Präsidenten des Bundesamtes für Wehrtechnik und Beschaffung, Dr. Günther Rabus, und des Staatssekretärs Dr. Ernst Wolf Mommsen erfolgte in Kassel die Übergabe der neuen Schützenpanzer an die ausgewählten Besatzungen der Panzergrenadiertruppe. In einer Feierstunde wurde die erfolgreiche Zusammenarbeit zwischen der deutschen Rüstungsindustrie, der Wehrtechnik der Bundeswehr und den mit der Erprobung beauftragten militärischen Einheiten besonders gewürdigt.

Bereits zwei Tage vorher wurde in Munsterlager der »Schützenpanzer, neu« den Angehörigen des Verteidigungs- und Haushaltausschusses des Deutschen Bundestages vorgestellt. Nur einen Tag später, am 6. Mai 1971 stellte Generalmajor Heinz Günther Guderian in seiner Eigenschaft als General der Kampftruppen das Fahrzeug auf der Schießbahn in Munsterlager der Öffentlichkeit, der Presse, sowie zahlreichen ausländischen Offizieren vor.

Der ebenfalls anwesende Inspekteur des Heeres, Generalleutnant Albert Schnez, wies in seiner Ansprache auf die erhebliche Stärkung der Kampfkraft des Heeres hin – besonders in Verbindung des Schützenpanzers MARDER mit dem Kampfpanzer LEOPARD 1. Mit der Einführung des SPz MARDER

Der damalige Inspekteur des Heeres, Generalleutnant Albert Schnez, bei der Übergabe des ersten MARDERs an die Truppe.

erhielten die Panzergrenadiere eine taktische und operative Beweglichkeit, welche für lange Zeit von keiner Panzergrenadiertruppe einer anderen Nation erreicht werden würde, betonte Generalleutnant Schnez in seiner Ansprache.

Doch die geplante zügige Auslieferung der neuen MARDER verzögerte sich. Unstimmigkeiten und Missverständnisse zwischen den Herstellern KUKA, Rheinmetall und der Industrie-Werke Karlsruhe führten zu einem Lieferstau, der besonders die Auslieferung der MK 20 mm für die MARDER-Türme betraf. So konnten die geplanten 645 Türme nicht im vollen Umfang ausgeliefert werden. Zum Jahresende 1971 eskalierten die Unstimmigkeiten, sodass sich Staatssekretär Dr. Mommsen persönlich einschalten musste.

Engpässe waren schon vorher bei den BiV-Fahrgeräten und bei den Serienkettenschürzen aufgetreten. So mussten über 120 SPz MARDER zunächst mit einer Hilfskonstruktion zum Befestigen der vorderen und hinteren Schmutzfänger versehen werden.

Trotz der anfänglichen Schwierigkeiten konnten zwischen Januar 1971 und Mai 1972 insgesamt 621 MARDER an die Bataillone, einschließlich Panzergrenadierlehrbataillon, übergeben werden.

Unmittelbar vor der feierlichen Übergabe ist die Besatzung vor dem Schützenpanzer angetreten.

Anlässlich der Übergabe in Munster stellt sich der General der Kampftruppen, Generalmajor Günther Guderian, den Fragen der Fachpresse.

Die ersten beiden Besatzungen vor ihren neuen Schützenpanzern anlässlich der offiziellen Übergabe im Werk Kassel.

Besuch aus Fernost: nur wenige Wochen nach der Einführung posieren hier Offiziere aus Taiwan vor einem MARDER aus der Vorserie.

Eines der ersten zur Veröffentlichung freigegebenen Fotos des MARDERs. Hier schon mit Kettenschürzen und dem kurzen Abschleppseil.

Der gleiche SPz von der rechten Seite. Das Tarnnetz wurde hier auf der Triebwerkabdeckung befestigt.

4. Fahrzeugbeschreibung

Die folgende Technische Beschreibung bezieht sich in allen Teilen auf den Schützenpanzer MARDER in seiner ersten, offiziell an die Truppe ausgelieferten Ausführung. Der besseren Übersicht wegen sind die einzelnen Kampfwertsteigerungen mit jeweils eigenen Erläuterungen und, wenn sinnvoll, auch mit den entsprechenden Zeichnungen zusammengefasst worden. Die Übersicht über Navigationsgeräte wurde in einer eigenen Abhandlung zusammengefasst.

Nachdem am 6. Mai 1971 das bis dahin als »Schützenpanzer, neu« bezeichnete Fahrzeug der Panzergrenadiere als MARDER vorgestellt wurde, lief die Serienfertigung in den beiden Produktionsstätten Kassel und Kiel mit Hochdruck an. Die ersten Serienfahrzeuge, sie waren noch an den kleinen Schmutzfängern am Fahrgestell und den kurzen Abschleppseilen rechts und links an der Wanne zu erkennen, verstärkten die in den Gesamtbestand überführten zehn Schützenpanzer der sogenannten Vorserie. Nach den vorliegenden Aufzeichnungen hatten diese Fahrzeuge ohne die Kettenschürzen ein Gewicht von 26,5 t und trugen die Kennzeichnung MLC 27. Die 156 Panzer der zweiten Lieferung waren dann mit den bekannten gummierten, wellenförmigen Kettenschürzen ausgerüstet. Die kurzen Abschleppseile und das auf der Triebwerksabdeckung befestigte Tarnnetz wurden zunächst weiterhin unverändert angebracht. Diese MARDER waren dann mit der Kennzeichnung MLC 29 versehen. Bis zum Jahr 1975 wurden 2136 SPz MARDER gefertigt. Die Fertigung teilte sich in folgende Fahrzeug-Identifizierungsnummern (FIN) bzw. Fahrgestellnummern auf:

Thysssen-Henschel, Kassel (THK)	3011 bis 4171
Maschinenbau Kiel (MaK)	5001 bis 5975

Die Forderung nach einer wirksamen, turmmontierten Panzerabwehrwaffe bestand schon in der Erprobungsphase. Nachdem Versuche mit der von Rheinmetall entwickelten 75-mm-Panzerabwehrwaffe »HELEBARDE«, welche auf der linken Turmseite in einem von KUKA entwickelten Schießgestell montiert war, trotz einer erfolgreichen Vorführung auf dem MARDER am 16. 11. 1973 abgebrochen wurden, fiel einige Monate später die Entscheidung zugunsten des PzAbwRakSystems MILAN. Die Einführungsgenehmigung für die Waffe wurde am 25. 07. 1975, die für den Einbausatz MARDER am 24. 08. 1976 erteilt. Bei dem Waffensystem MILAN (Missile d' Infanterie leger antichar) handelt es sich um eine deutsch-französische Gemeinschaftsentwicklung. Die Panzerabwehrwaffe besteht aus Startschiene, Lenkelektronik, Tragegriff, Dreibein kurz/lang (die Waffe kann vom Turm und abgesetzt verwendet werden), Optik und Einbausatz mit Klemmkopf und Marschzurrung. Im hinteren Kampfraum sind vier LFK und das lange Dreibein gelagert. Aufgrund des Platzbedarfes für die LFK wurde die Anzahl der Besatzungsmitglieder von neun auf acht reduziert.

Technische Daten MILAN	
Masse	34,0 kg mit LFK
Masse Lenkflugkörper	11,8 kg
Wirksame Reichweite	1950 m
Minimale Kampfentfernung	20 m
Marschgeschwindigkeit LFK	130 m/s
Feuergeschwindigkeit	Max. drei Starts pro Minute
Rückstrahlzone	4-8 m

4.1 Technische Daten SPz Marder

Technische Daten SPz Marder	
Fahrzeugbezeichnung	Schützenpanzer MARDER (SPz MARDER)
Versorgungsartikelbezeichnung	Panzer, Schützen; Vollkette
Versorgungsnummer	2350-12-172-2242
Abmessungen und Gewichte	
Länge	6790 mm
Breite	3240 mm
Höhe mit Zielscheinwerfer	2957 mm
Höhe bis Oberkante Wanne	1864 mm
Höhe bis Oberkante Turm	2860 mm
Gefechtsmasse	28200 kg
Bodenfreiheit	440 mm
Spurweite	2620 mm

Kettenbreite	450 mm
Kettenauflage	3900 mm
Bodendruck bei 25 mm Einsinktiefe	0,80 N/cm^2
Leistungsdaten	
Grabenüberschreitfähigkeit	bis 2500 mm
Steigfähigkeit	60°
Stufenüberschreitfähigkeit	max. 1000 mm
Fahrgeschwindigkeit vorwärts/rückwärts	75 km/h
Betriebsfähigkeit	-40° bis +48° Celsius
Kraftstoffverbrauch Straße (DIN)	ca. 115 l / 100 km
Kraftstoffverbrauch Gelände	ca. 230 l / 100 km
Fahrbereich Straße	ca. 520 km
Fahrbereich Straße + Gelände	ca. 200–280 km
Watfähigkeit ohne Zusatzausrüstung	max. 1500 mm
Watfähigkeit mit Zusatzausrüstung	max. 2000 mm
Elektrische Anlage	24 Volt
Motor	
Hersteller	Mercedes-Benz/MTU
Typ	833-Ea 500
Bauart	90°-V-Form
Arbeitsweise	Viertakt-Diesel
Arbeitsverfahren	Direkteinspritzung, Diesel-Vorkammer mit Abgasturboaufladung
Besonderheit	Mehrstofffähig
Kühlung	Flüssigkeit/Umlauf
Zylinderzahl	6
Zylinderbohrung	165 mm
Kolbenhub	175 mm
Hubraum	22400 cm^3
Verdichtungsverhältnis	1 : 19,5
Nutzleistung nach DIN 70020	600 PS / 441 kW bei n = 2200 U/min
Max. Drehmoment	2060 Nm bei 1600 U/min
Leerlaufdrehzahl	850 ± 20 U/min
Volllast, Höchstdrehzahl	2200 U/min
Höchstzulässige Drehzahl	2350 U/min
Getriebe	
Hersteller	Renk GmbH
Typ	HSLW 194,hydromechanisches Schalt-, Wende- und Lenkgetriebe mit vier Vorwärts- und vier Rückwärtsgängen

Fahrgestell	
Wanne	Verwindungssteife Panzerwanne mit unterschiedlichen Blechstärken, voll geschweißt
Federung	Drehstabfederung mit Teleskop-Stoßdämpfer
Betriebsbremse	Scheibenbremse, hydraulisch, Einkreis mit zusätzlicher hydrodynamischer Strömungs-Bremse
Feststellbremse	mechanisch
Bewaffnung	
Maschinenkanone	
Hersteller	Rheinmetall
Typ	MK 20 mm RH 202
Wirksame Schussentfernung	bis 2000 m
Feuergeschwindigkeit	max. 1090 Schuss/min
Waffenwirkung	Bekämpfung von Luft- und ungepanzerten Erdzielen
Munitionsarten	Sprengbrand (HEI); Hartkern (AP); Hartkern mit Treibspiegel (APDS)
Kampfbeladung	1250 Schuss
Maschinengewehr, Turm	
Hersteller	Rheinmetall
Typ	MG 3, Kaliber 7,62 x 51 mm
Wirksame Schussentfernung	bis 1200 m
Feuergeschwindigkeit	max. 1200 Schuss/min
Kampfbeladung	2500 Schuss
Maschinengewehr, Hecklafette	
alle Daten	wie MG, Turm
Maschinenpistolen	in Kugelblenden (4) mit 500 Schuss

Panzerung		
Turm	**Stärke**	**Winkel**
Vorne	25 mm	50°
Seitlich	15 mm	70°/90°
Oben	11 mm	-
Hinten	15 mm	75°
Wanne	**Stärke**	**Winkel**
Bug, vorne	32 mm	66°
Triebwerkdeckel	11 mm	12°
Seitlich, oben	15 mm	60°
Seitlich	15 mm	90°
Heck	11 mm	120°
Deck	11 mm	-

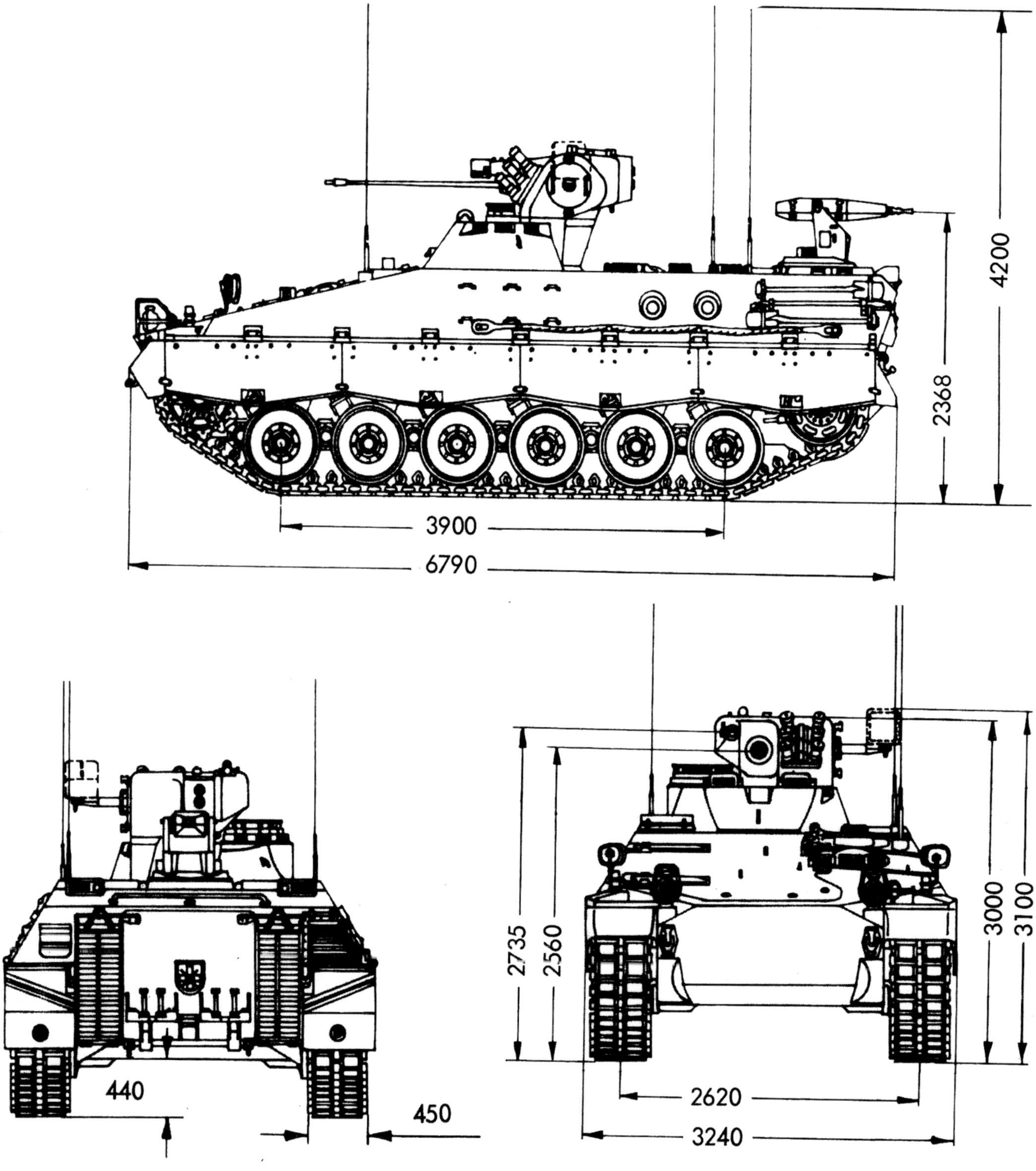

Dreiseitenansicht SPz MARDER mit den Grundmaßen.

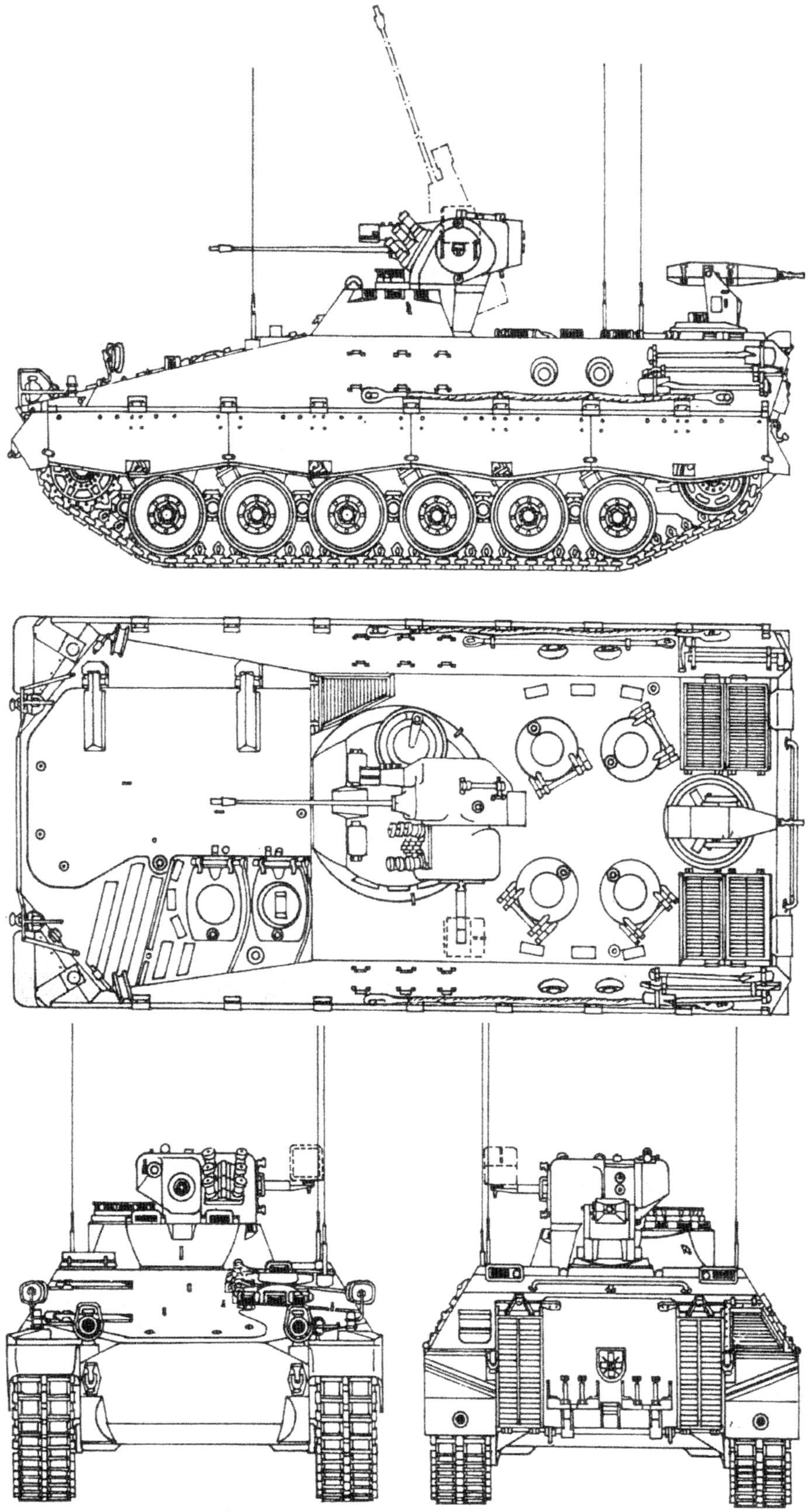

Vierseitenansicht.

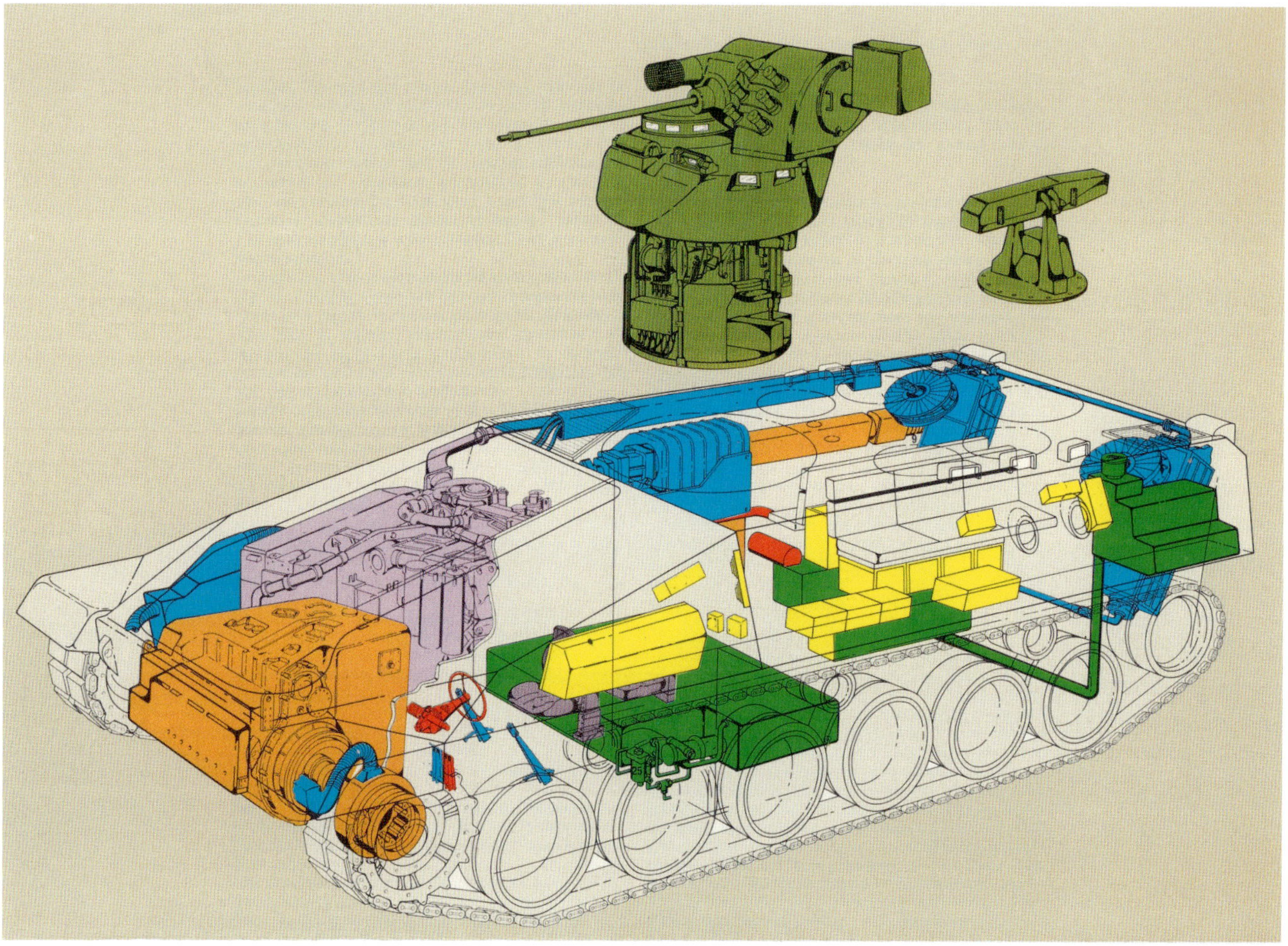

Die Durchblickzeichnung lässt deutlich die einzelnen Baugruppen erkennen.

Teile eines PzGren-Zuges beim Lehrbataillon in Munster.

„Tag der offenen Tür“ beim PzGrenBtl 212 in Augustdorf. Stolz werden die neuen MARDER präsentiert.

Die ersten an die Truppe ausgelieferten MARDER waren noch mit diesem Kettenschutz ausgerüstet.

Ein erstes offizielles Foto des MARDER mit Kettenschürzen von rechts.

Auf der Ansicht von links ist das an der Wanne befestigte Tarnnetz und das kurze Abschleppseil zu erkennen.

Ein späteres Serienfahrzeug aus der Kieler MAK-Produktion. Zu erkennen an der mit einer 5 beginnenden Seriennummer.

Heckansicht mit der auf dem Wannendach aufgesetzten MG-Lafette. Das taktische Zeichen weist die Zugehörigkeit zum Lehrbataillon aus.

4.2 Panzerturm mit Ausstattung

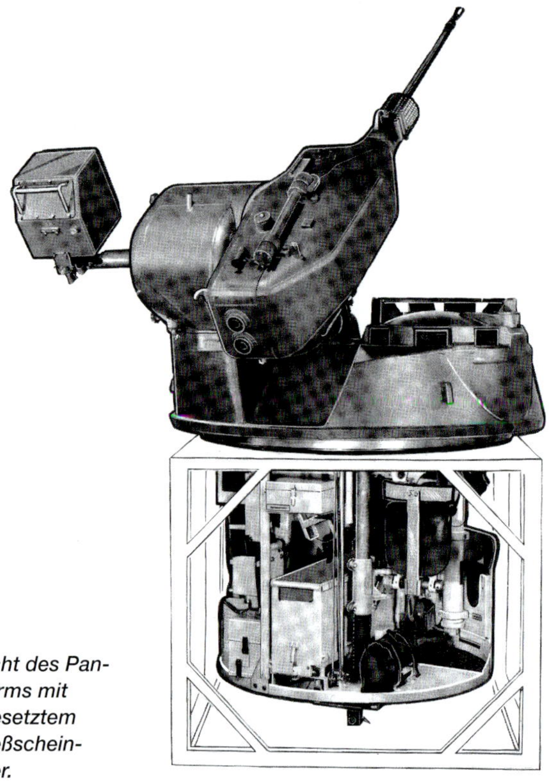

Ansicht des Panzerturms mit aufgesetztem Schießscheinwerfer.

Nachdem zunächst nur von einem Ein-Mann Turm mit BMK und achsparallelem MG für den neuen Schützenpanzer ausgegangen worden war, kam Ende 1965 die Forderung nach einem Zwei-Mann-Panzerturm, welcher dann auch innerhalb von elf Monaten zur Verfügung stand. Konstruktiv wurden hier neue Wege beschritten. Durch die bewusste Auslagerung der Waffen aus dem eigentlichen Kampfraum konnten keine Co-Schießgase in das Turminnere eintreten. Hinzu kam, dass mit der neuen Turmkonstruktion freie Sicht für die optischen Zielgeräte geschaffen wurde. Darauf soll später noch näher eingegangen werden.
Nach dem Bau einiger weniger Prototypen sah der Serienturm wie folgt aus:

Turmgehäuse
Das Turmgehäuse ist der Träger der gesamten Waffenanlage. Es hat die Form eines flachen Kegelstumpfes mit einer schrägen Frontplatte. Das Turmgehäuse besteht aus hochwertigen und speziell legierten Panzerblechen unterschiedlicher Stärke, welche gasdicht miteinander verschweißt sind. Das Gehäuse weist verschiedene Durchbrüche für die Winkelspiegel, für die Kommandantenluke, für die Zielperiskope und für den Lagerständer auf. Drei stabile Haken am Turmgehäuse sind für das Abheben und Aufsetzen des Turmes vorgesehen.

Auf diesem Fotos sind gut die Details wie Nebelmittelwurfanlage und Schießscheinwerfer zu erkennen.

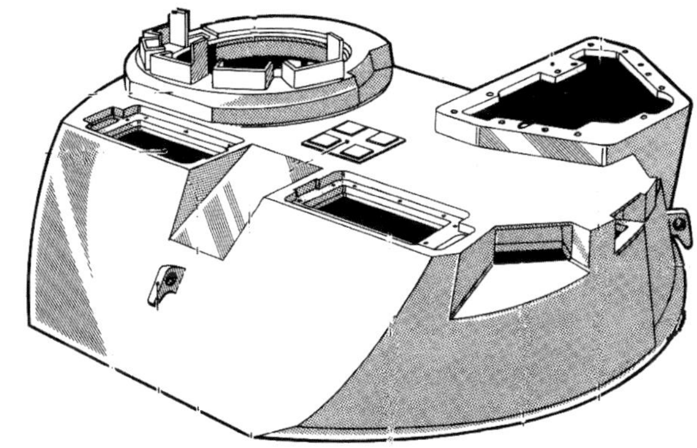

Zeichnung des Turmgehäuses mit den Durchbrüchen für Lagerständer, Winkelspiegel, Zielperiskope und Kommandantenluke.

Nebelmittelwurfanlage

Im vorderen Bereich des Lagerständers ist die Nebelmittelwurfanlage montiert. Drei der insgesamt sechs Nebelmittelwurfgeräte sind etwa in der Lagerständermitte, die anderen drei mehr linksseitig montiert. Die Abfeuerung erfolgt elektrisch vom Turminneren aus.

Lagerständer

Als Lagerständer wird die Aufnahmevorrichtung für den Waffenträger und für den IR-Zielscheinwerfer bezeichnet. Im Inneren des Lagerständers befinden sich die Munitionsfördereinrichtung, das Höhenrichtgetriebe und die Übertragungen für die beiden Turmwaffen.

Waffenträger

Im höhenbeweglichen Waffenträgergehäuse befinden sich die BMK und das MG. Das zweigeteilte Gehäuse ist aus Panzer-Gussstahl und schützt die beiden Waffen weitgehend gegen Granatsplitter und Handfeuerwaffenmunition. Der große Abschlussdeckel ermöglicht den schnellen Zugriff auf die Wiege beider Waffen.

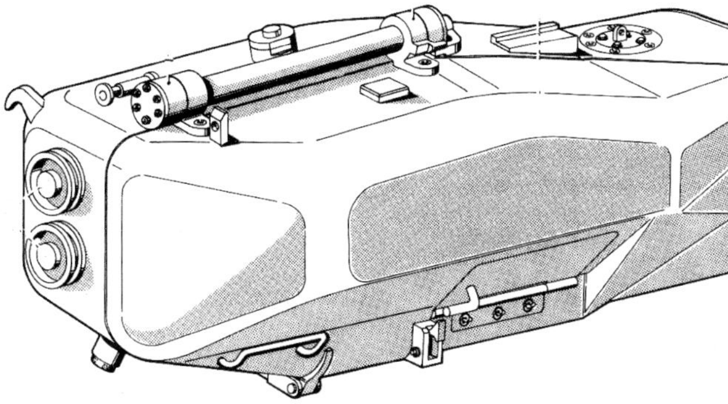

Der Waffenträger von schräg oben. Die Zeichnung verdeutlicht die aufwändige Gussstahlkonstruktion.

Wiege

Die Wiege nimmt die BMK rücklaufbeweglich auf. Auf der rechten Seite ist der Hülsenauswurfschacht angebracht. Im Wiegenkörper befinden sich Durchbrüche, in welchen die Vor-

Detailzeichnung der Wiege für die MK.

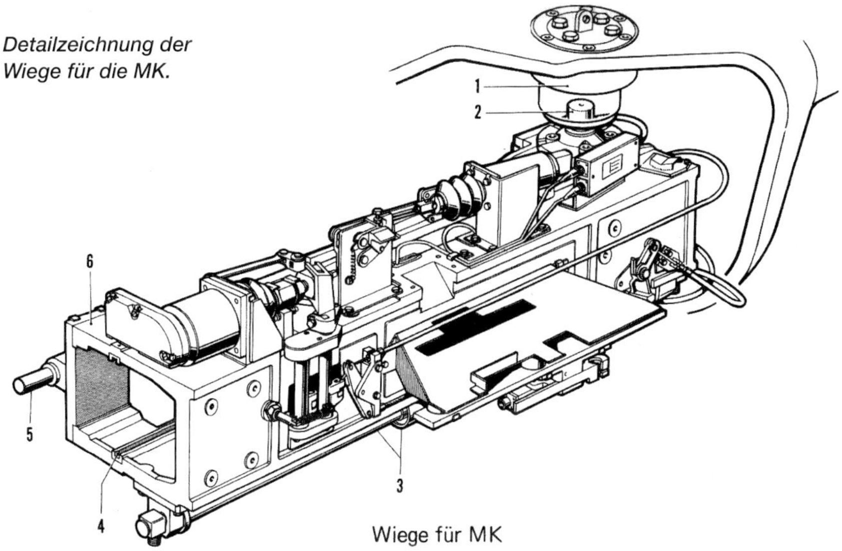

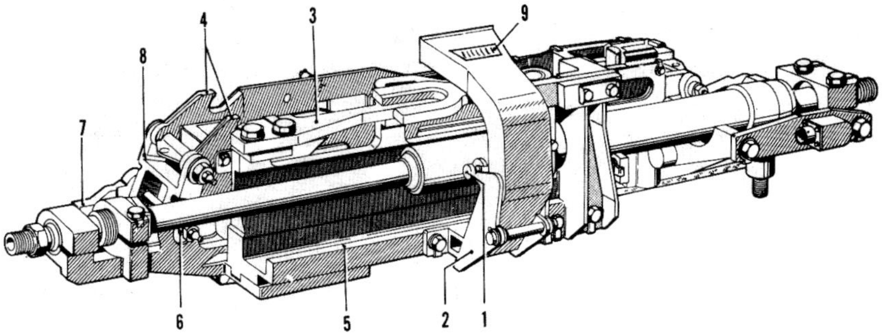

Wiegenaufnahme und Schwingwiege

1 Verriegelungsbolzen
2 Leergurtableitschacht
3 Leitschiene
4 hinteres MG-Lager
5 Laufschiene
6 Auge für Drehbolzen zum Gelenkstück
7 Wiegenaufnahme
8 hinteres Gelenkstück
9 Nr. des turmzugehörigen MG's

Detailzeichnung der Wiege für das MG.

holvorrichtung und die Rücklaufbremse lagern. Oben und unten im Wiegenkörper sind Gleitschienen als Führungsleisten für das Einsetzen der BMK angebracht.
Die Wiege für das MG – beide Waffen lagern im gleichen Gehäuse – ist mit ihrem vorderen und hinteren Lagerbock an der rechten Seite des Wiegenkörpers der BMK befestigt.

Vorderer Kampfraum-Turm
Der Kampfraum-Turm nimmt sämtliche für die Waffen- und Turmbedienung notwendigen Einrichtungen auf. Diese sind sinnvoll und übersichtlich angeordnet. Sowohl dem Kommandanten wie auch dem Richtschützen ist eine ungehinderte Bedienung möglich. Durch die mittige Anordnung der einzelnen Elemente sind die Bedienvorgänge kontrollierbar und korrigierbar. Neu in einem SPz sind die parallel angeordneten Zielperiskope mit dem daran angebrachten Entfernungsaufsatz. Neben den beiden Zielperiskopen stehen für den Kommandanten sechs große und für den Richtschützen fünf kleinere Winkelspiegel zur Verfügung.

Richtmittel
Auch die Richtmittel sind folgerichtig in Parallelfunktion eingerichtet. Der Kommandant hat zudem die Möglichkeit, über seinen Richtgriff den Richtschützen zu übersteuern. Die Richtgriffe lassen das Richten des Turms und seiner beiden Waffen nach Höhe und Seite sowie das Auslösen der Waffen zu. Der Griff des Richtschützen verfügt über eine besondere Sicherheitseinrichtung. Sobald dieser den Richtgriff loslässt, erfolgt ein sofortiger Stop des Richtvorganges.
Ferner besteht die Möglichkeit, nach erfolgter Waffenvorwahl wechselweise, aber nicht zeitgleich mit der BMK oder dem MG zu schießen.
Bei Stromausfall kann die Waffenanlage im Handbetrieb in Höhe und Seite bewegt werden. Über eine handbetriebene Hydraulikpumpe ist das Spannen und Abfeuern der Waffen mittels Fußpedalen möglich.

Eine Nahaufnahme im Turminneren. Rechts das Zielperiskop, in der Mitte das Infrarot-Zielfernrohr, links unten das Hauptbediengerät.

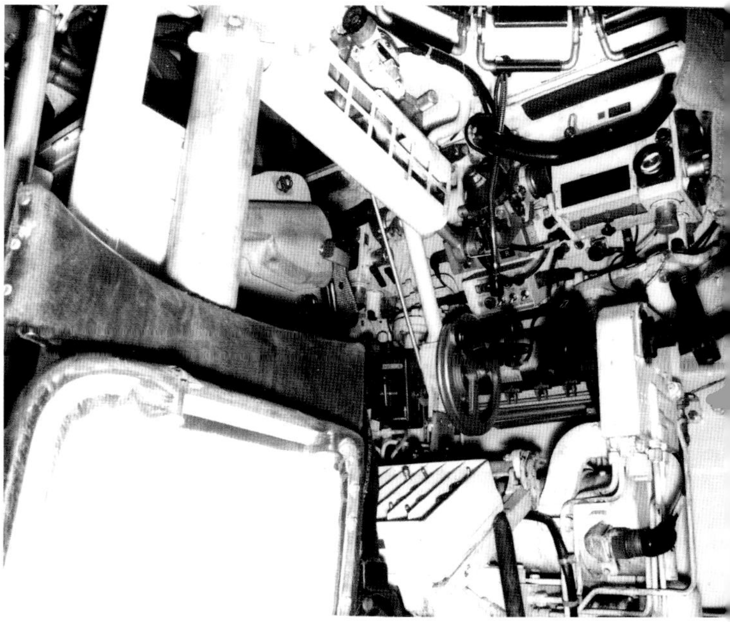

Der Blick von rechts schräg unten macht die räumliche Enge im Panzerturm deutlich. Rechts oben ist der gegen das IR-Zielgerät ausgetauschte Winkelspiegel zu erkennen.

Der Platz des Richtschützen mit hochgeklappten Sitz. Vorne sind zwei Sturmgewehre G3 in den Halterungen, links sind Teile des Fahrerplatzes zu erkennen.

Das Zielfernrohr PERI Z-11.

Zielmittel

Dem Kommandanten und dem Richtschützen steht je ein Zielperiskop PERI-Z11 zur Verfügung. Diese werden zum Zielen und Beobachten bei Tag und Nacht verwendet. Für den Nachteinsatz muss der Winkelspiegel durch das mitgeführte IR-Zielfernrohr ersetzt werden. Als weitere Zielmittel kommen Entfernungsaufsatz und Vorhaltegeber sowie der Zielscheinwerfer zur Anwendung.

Der für den SPz MARDER entwickelte Infrarot/Weißlicht-Zielscheinwerfer vom Typ BSW 301/150W ist mittels einer stabilen Rohrhalterung links am Waffenträger abnehmbar befestigt. Der Zielscheinwerfer ist sowohl für den Infrarot-Betrieb (IR) wie auch als Weißlicht-Zielscheinwerfer im mittleren Entfernungsbereich ausgelegt. In der Nacht kann mit IR-Strahlung das Ziel angestrahlt und in Verbindung mit den IR-Zielfernrohren beobachtet und bekämpft werden. Bei Einsatz von Weißlicht wird mit den bei Tage verwendeten optischen Geräten gearbeitet. Der Zielscheinwerfer hat ein klimasicheres und stark wassergeschütztes Aluminiumgehäuse.

Mit dem im Turm angebrachten Bediengerät kann der Zielscheinwerfer im IR-oder Weißlichtbereich bedient werden.

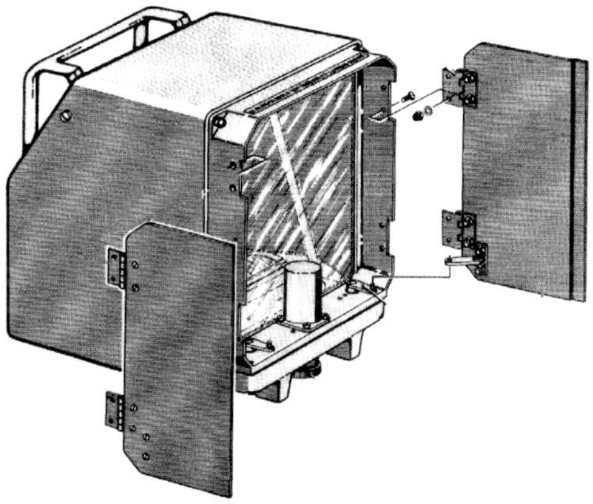

Der Zielscheinwerfer besteht aus einem stabilen Stahlblechgehäuse. Zwei elektrisch zu betätigende Schutzklappen schützen die Optik.

Hauptbediengerät
Das Hauptbediengerät ist oberhalb des Munitionsbehälters der BMK befestigt und kann bei Bedarf hochgeklappt werden. Im Hauptbediengerät befinden sich sämtliche Teile für Bedienung, Steuerung und Überwachung der Waffen und der Munitionszuführung. Das Gerät regelt auch die Übersteuerungsfunktion am Richtgriff des Kommandanten.

Sicherheitseinrichtung
Um Falschbedienung zu verhindern, sind im MARDER-Turm folgende Sicherungselemente installiert:
- automatische Konturenbegrenzung
- Verblockung der Richthydraulik mit der Seiten- und Höhenzurrung des Turms
- Abfeuersperre an den Pedalen der Notabfeuerung
- Schussfeldbegrenzung

Turmelektrik
Die Turmelektrik dient der Versorgung aller im Turm vorhandenen elektrischen Verbraucher. Die Verbindung zu der Stromversorgung (Generator, Batterien) erfolgt über den zweiteiligen Schleifringübertrager. Dieser ist in der Turmmitte an der untersten Stelle der Drehbühne angebracht. Der obere Teil dreht sich mit dem Turm, der untere Teil stellt die Verbindung zur Wanne her. Beide Teile sind mit einer wasserdichten Steckverbindung verbunden.

Der moderne Panzerturm des MARDER-SPzs erlaubt den Einsatz der Waffen und Führungsmittel erstmals in ähnlicher Form wie in einem Kampfpanzer. Als Nachteil des MARDER-Turms werden die relativ hohe Silhouette und die zur linken Seite hin eingeschränkte Beobachtungsmöglichkeit durch den Kommandanten gesehen. Letztere kann aber über die Winkelspiegel vom Richtschützen ausgeglichen werden.
Doch überwiegen bei genauerer Betrachtung die Vorteile. Zu diesen zählen vor allem:
- keine CO-Schießgase im vorderen Kampfraum-Turm
- kein Waffenrohr im Blickfeld der Optiken
- keine direkte Blendung durch Mündungsfeuer
- sehr gute Wirkungsmöglichkeiten der Waffen bei Hinterhangstellungen und beim Überschießen von Hindernissen
- Nach- und Aufmunitionieren unter ABC-Schutz
- optimale Anwendung der Bedienelemente, da keine Waffenteile im Turm
- deutlich geringere Lärmbelastung im Turm
- gute Zugangsmöglichkeiten zu beiden Waffen im Außenbereich
- wirkungsvoller ABC-Schutz durch gasdichte Trennung von der Waffenanlage. Dadurch wird gleichzeitig ein Druckaufbau von zirka 30 mm Wassersäule (WS) möglich.

Der Schleifringübertrager stellt die Verbindung zu allen elektrischen Elementen im Panzerturm her.

Technische Daten MARDER-Turm	
Masse (ohne Munition)	ca. 2180 kg
Richtbereich BMK, Seite	n x 6400 Strich
Richtbereich BMK, Höhe	-17° bis +65°
maximale Richtgeschwindigkeit, Seite, hydraulisch	180° in 4 s
Maximale Richtgeschwindigkeit, Höhe, hydraulisch	40° in 4 s
Höhe mit Bühne	2467 mm
Höhe von Wannenoberkante	1750 mm
Höhe Turmgehäuse über Wannen-Oberkante	355 mm
Feuerhöhe BMK	2560 mm
Feuerhöhe MG	2735 mm
Turmbreite	1600 mm
Turmlänge mit BMK	2824 mm
Munitionsvorrat BMK	1250 Schuss
Munitionsvorrat MG	2500 Schuss

Aufsetzen eines MILAN-Waffenober- und -unterteils während eines Truppenversuchs in Munster.

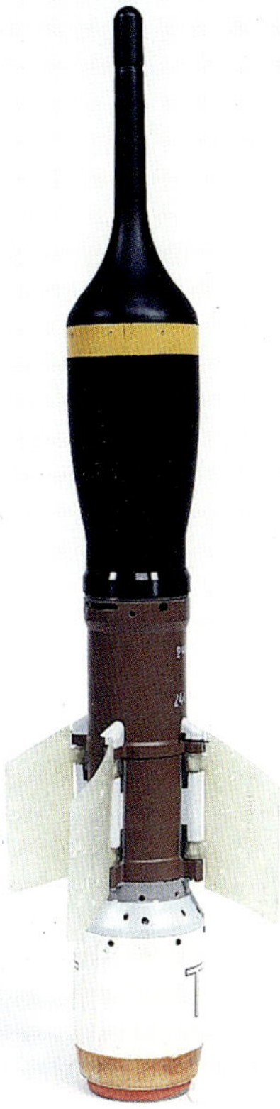

Ein MILAN-Lenkflugkörper.

Ein von einem MILAN-Lenkflugkörper durchschossener, ca. 120 mm starker Panzerstahlblock.

Abschuss eines Lenkflugkörpers MILAN. Gerade noch zu erkennen ist die linke Hand des Kommandanten an der Abzugseinrichtung.

4.3 Maschinenkanone MK 20 Rh 202

Die Düsseldorfer Firma Rheinmetall ist Konstrukteur und Hersteller der Maschinenkanone 20 mm Rh 202. Seit 1970 wird diese Maschinenwaffe mit nur geringen Änderungen in großer Stückzahl und für verschiedene Verwendungen gebaut. Zunächst in großer Stückzahl für den Schützenpanzer MARDER, wenige Jahre später für den Spähpanzer LUCHS und in neuerer Zeit auch für den Waffenträger WIESEL. Als Maschinenkanone außerhalb von gepanzerten Fahrzeugen fand diese Kanone Verwendung als Einzel- und Zwillingsluftabwehrgeschütz. Auch als Waffe für Flussboote der Pioniere und als Waffe für die Marine findet sie breite Verwendung. Bei ausländischen Streitkräften ist besonders die Verwendung beim Schützenpanzer TH CONDOR, dem Schützenpanzer BREDA 6616 und dem Schützenpanzer VCTP zu erwähnen. Beim deutsch-amerikanischen Gemeinschaftsprojekt Kampfpanzer 70 wurde die Rh 202 als Sekundärwaffe eingebaut.

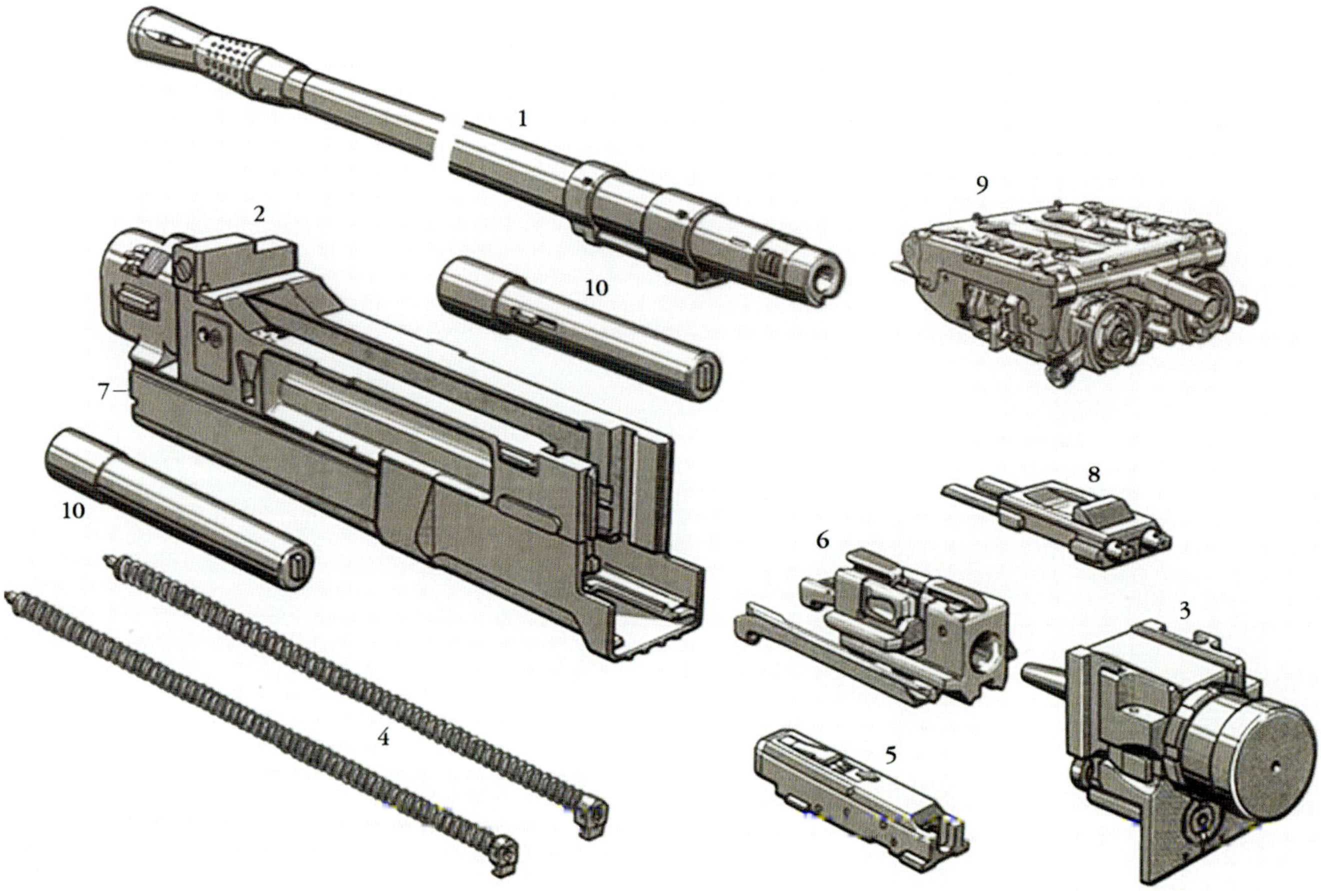

1 Rohr, vollst
2 Waffengehäuse
3 Puffer
4 Schließvorrichtung
5 Abzugvorrichtung
6 Verschluss mit Federschiebern
7 Schutzrahmen
8 Ausstoßer
9 Doppelgurtzuführer
10 Rücklaufbrems- und Vorholvorrichtungen

Bestandteile der Maschinenkanone.

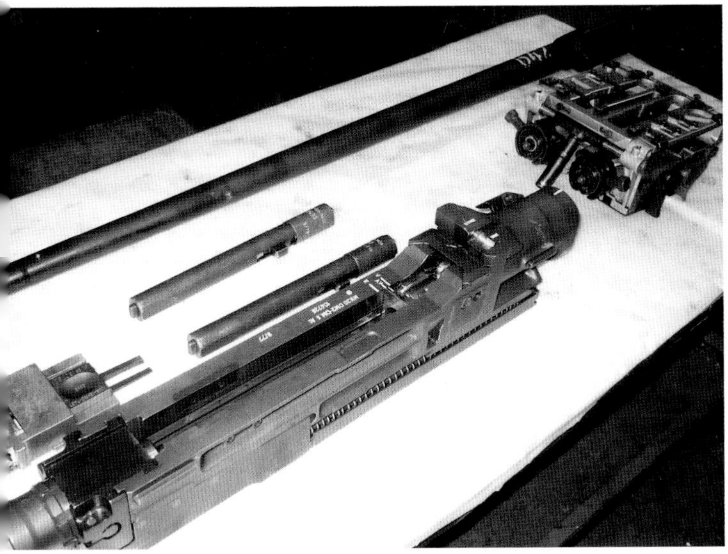

Dieses Foto zeigt deutlich die kompakten Bauteile der 20-mm-Kanone.

Die Hauptmerkmale der Waffe sind:
- große Einsatzreichweite,
- hohe Trefferwahrscheinlichkeit,
- einfache Handhabung,
- hohe Zuverlässigkeit,
- bauartbedingt große Einsetzbarkeit,
- vorteilhafte Einbaugröße.

Im Jahr 1961 erteilte das Bundesministerium der Verteidigung eine Auftragsentwicklung für eine 20-mm-Maschinenkanone modernster Bauart. Die deutschen Waffenhersteller Mauser in Oberndorf/Neckar und Rheinmetall nahmen die Entwicklung noch im gleichen Jahr auf. Als Bedarfsträger innerhalb der Bundeswehr sind zu nennen: Panzergrenadiere (Einbauwaffe Schützenpanzer, neu), Panzeraufklärer (Einbauwaffe Spähpanzer), die Gebirgstruppe und die Luftlandetruppe. Hinzu kam ein geringerer Bedarf für die Pioniere, die Artillerie, die Nachschub- und Instandsetzungstruppe sowie Marineeinheiten, welche diese Waffe auf unterschiedlichen Lafetten zur Selbstverteidigung einsetzen konnten.

Eine Grundlage für die neue Waffe waren u. a. die bereits in der Truppe gemachten Erfahrungen mit der im SPz 11-2 und dem SPz HS 30 eingebauten 20-mm-MK 20-1. Diese Kanone entsprach dem Grundmodell HS 820 der Schweizer Firma Hispano-Suiza, welches bereits seit 1956 beschafft und bei Rheinmetall weiterentwickelt und gebaut wurde. Diese Waffe galt aus mehreren Gründen als mittlerweile veraltet. Die Entscheidung für die neue Maschinenkanone fiel zugunsten des Rheinmetall-Entwurfes.

Merkmale der Rh 202 sind die konstruktiv umgesetzten Forderungen nach einer möglichst wirksamen Bekämpfung von Weichzielen bis zu einer Entfernung von 2000 m und von Hartzielen bis maximal 1500 m sowie nach der Möglichkeit zur Bekämpfung von tieffliegenden Flugzeugen und Hubschraubern. Großer Wert wurde auch auf eine einfache Handhabung, kurze Ausbildungszeit und besonders auf hohe Funktionssicherheit unter allen klimatischen Bedingungen gelegt. Die hohe Kadenz von bis zu 1000 Schuss/min ließ zudem ihre besondere Eignung als Flugabwehrwaffe erwarten. Die in einem Lastenheft festgeschriebenen Forderungen erfüllte das Vorgängermodell MK 20 (HS 820 L/85) nicht. Eine konstruktive Verbesserung dieser Waffe war nicht möglich. Neben der schlechteren Funktion unter erschwerten Witterungsbedingungen war auch die Handhabung der MK nicht mehr zeitgemäß.

Bis zur Serienreife durchlief die Rh 202 verschiedene Entwicklungsstufen: zunächst wurde ein Steigkeilverschluss, dann im zweiten Entwicklungsgang ein Stützriegelverschluss verwendet. In der dritten Entwicklungsstufe war es dann ein Stützklappenverschluss mit einem schweren Verschlusskopf. Diese Konstruktion führte zu der heute bekannten und bewährten Waffe.

Die Rh 202 ist eine offene Waffe. Im geladenen Zustand befindet sich der Verschluss in der hintersten Stellung, die Schließfedern sind gespannt und der Verschluss wird durch den Verschlussfanghebel gehalten. Bei der Waffe handelt es sich um einen Gasdrucklader. Der beim Schuss auftretende Gasdruck bewirkt
- das Entriegeln und den Rücklauf des Verschlusses,
- das Ausziehen und Auswerfen der Treibladungshülse,
- das erneute Spannen der Schließfedern,
- den Transport der Munition im Zuführerteil und
- das Auswerfen der Gurtglieder.

Mit im Vordergrund der Neuentwicklung stand auch die Weiterentwicklung der bereits eingeführten 20-mm-Munition. In Zusammenhang mit der Waffe wurde die neu entwickelte Treibspiegelmunition gesehen, welche international schnell als Leistungsmaßstab galt.

Die umfangreichen Erprobungen der Rh 202 begannen im Jahre 1966 bei der damaligen Erprobungsstelle 91 der Bundeswehr. Die Erprobungsprogramme umfassten u. a.:
- Funktion der Waffe ohne Schmierung,
- Funktion bei Sand, Staub- und Regeneinwirkung,
- Funktion bei Kälte- und Wärmeeinwirkung,
- Rückstoßkräfte,
- Rohrlebensdauer,
- Hitzeentzündungsgrenzen,
- Standzeit der Schmiermittel,
- Rohrsicherheit bei besonderen Vorkommnissen.

Die Technische Reifebestätigung erfolgte im Mai 1968.

Zwischen 1968 und 1969 lief eine zusätzliche Truppenerprobung. In diesem Zeitraum wurden über eine Million Patronen unter wechselnden Bedingungen und mit unterschiedlicher Munition verschossen. Die positiven Erfahrungen mit der Waffe führten Ende 1969 zur Serienreife der Rh 202. Der Vertrag zwischen dem BMVg und der Firma Rheinmetall sah eine Gesamtlieferung von 6500 Stück vor. Der Auftrag wurde zwischen den Firmen Rheinmetall und Mauser aufgeteilt. Eine erste Lieferung von zirka 100 Stück erhielt das BMVg vorab, um weitere Erprobungen durchführen zu können. Knapp zwei Jahr später lieferte Rheinmetall monatlich 120 Rh 202 an die Bundeswehr aus.

Bei der Einführung der MK Rh 202 ging man davon aus, dass bei vorschriftsmäßiger Schmierung der dafür vorgesehenen Waffenteile eine Funktionstüchtigkeit bis -52° Celsius gewährleistet war. Zudem wurde in den Versuchen festgestellt, dass die Waffe kurzzeitig auch ohne jede Schmierung funktionierte. Die damalige Erprobungsstelle 91 in Meppen bescheinigte – nach 400.000 Schuss – der Waffe die geforderte Unempfindlichkeit unter erschwerten Umweltbedingungen.

Als konstruktiver Vorteil der Rh 202 erwiesen sich die geringen Rückstoßkräfte von maximal 7,5 kN. Diese ergaben sich aus der sogenannten »schwimmenden Lagerung« in Verbindung mit einer sehr wirksamen Mündungsfeuerbremse, welche die Rückstoßkräfte um zirka 25 % herabsetzte. Diese besondere technische Eigenschaft erlaubte den Einbau in leichte Lafetten. Das Vorgängermodell arbeitete noch mit erheblich höheren Rückstoßkräften bis zu 22 kN. Es sind in dieser Zeit mehrere Mündungsfeuerbremsen erprobt worden. Um eine möglichst hohe Funktionssicherheit zu gewährleisten – auf geölte Munition sollte aufgrund der Staubhaftung unbedingt verzichtet werden –, erhielt das Patronenlager 24 radial angeordnete Entlastungsrillen. Voll erfüllt wurde auch die Forderung, die Maschinenkanone ohne Werkzeug für Reinigung, Wartung und Ersatzteiltausch zerlegen zu können. Es kann mit der Waffe Einzel- und Dauerfeuer geschossen werden. Eine Rohrausbausperre bei ganz- oder teilverriegeltem Verschluss ist vorhanden.

Der Gurtzuführer ist gasangetrieben. Durch die Lage des Gurtzuführers in der Wiege, unabhängig von der Maschinenkanone, ergeben sich keine Beeinflussungen der Waffe durch seitliche Gurtzuführkräfte. Eine weitere taktische Forderung besagte, dass die Waffe konstruktiv mit einer Einrichtung ausgestattet sein muss, welche ein problemloses Wechseln der Munitionsarten erlaubt. Die nächste wichtige Forderung – aus den vorhergehenden Erfahrungen entstanden – war eine höhere Waffenbelastung. Dazu abschließend eine kurze Übersicht:

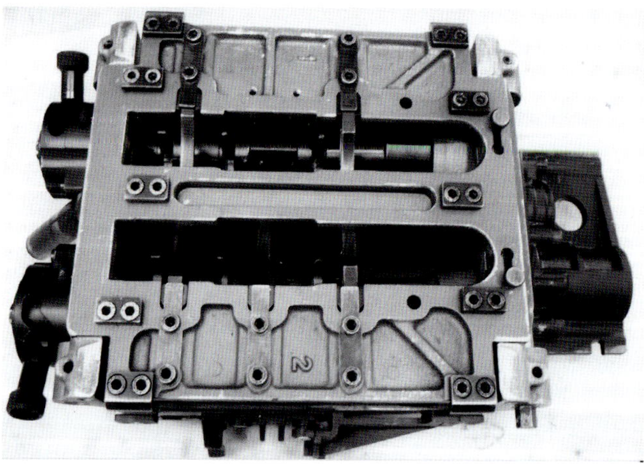

Detailaufnahme des Doppelgurtzuführers (DGZ).

Munitionsübersicht	
Bezeichnung (aktuell 2011)	**Anfangsgeschw. V_0**
20 mm x 139 HE-I DM 51A2, DM 81A1, DM 101	1055 m/s
20 mm x 139 AP-T DM 43	1100 m/s
20 mm x 139 APDS DM 63	1150 m/s
20 mm x 139 ÜB DM 48A1, DM 98A1	1045 m/s
20 mm x 139 ÜB DM 88A1	1040 m/s
20 mm x 139 MAN DM 128	entfällt
20 mm x 139 EX DM 20	entfällt
	Durchschlag PzStahl
AP-T	40 mm / 1000 m

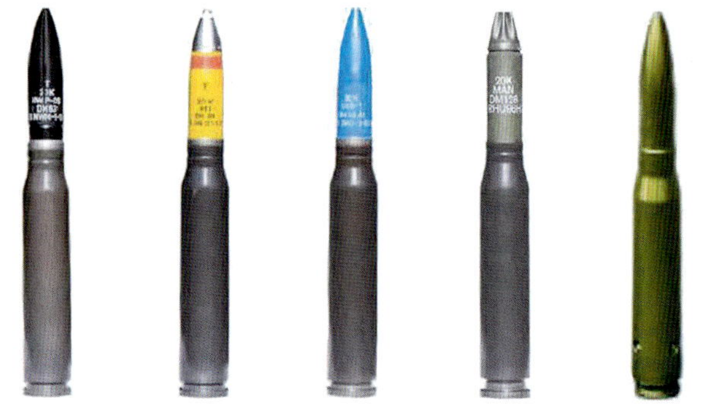

Übersicht über die eingeführten 20-mm-Patronen.

Technische Daten Rh 202	
Gewicht Waffe kompl. ohne DGZ	64 kg
Länge, gesamt	2612 mm
Breite	278 mm
Höhe	317 mm
Gewicht Rohr	28 kg
Rohrlänge mit Mündungsbremse	2002 mm
Gezogener Teil 20 x 85	1700 mm
Anzahl Züge	15
Drallrichtung	rechts
Drallwinkel	6°
Gewicht Doppelgurtzuführer	19 kg
Spannweg des Verschlusses	327 mm
Munitionsvorrat BMK	1250 Schuss
Munitionsvorrat MG	2500 Schuss

Die MK 20 mm Rh 202 wurde von 1971 bis zur ersten Kampfwertsteigerung als MK 20 DM5 mit Dreiwegegurtzuführer (DWGZ) ausgeliefert, wobei immer nur ein Weg genutzt werden konnte. Für den Gurtzuführantrieb kam eine Rohrdüse von 2,7 mm zur Verwendung.
Mit der 1. KWS (1979–1995) erfolgte die Umstellung auf MK 20 DM6. Verschluss und Steuerstück wurden für die Doppelgurtzuführer (DGZ) geändert. Die Rohrdüse für den Gurtzuführantrieb hatte jetzt einen Durchmesser von 3,2 mm.
Eine weitere Detailverbesserung an der Waffe führte zum Modell MK 20 DM6A1.

4.4 Navigationsgeräte

Sehr früh tauchte in den Lastenheften die Forderung nach Navigationsgeräten für den neuen Schützenpanzer und für den geplanten Spähpanzer auf. Die ersten Erprobungen in einem SPz wurden mit Navigationsgeräten der Firma TELDIX im März 1971 durchgeführt. Das zur Verfügung stehende Gerät vom Typ FNA 4 setzte sich aus folgenden Baugruppen zusammen:
- Anzeigegerät,
- Bedien- und Rechengerät,
- Kurskreisel,
- nordsuchender Kreisel,
- elektrischer Weggeber,
- Transistorumformer,
- Kartengerät.

Die Erprobung ergab neben dem hohen Gerätegewicht von zirka 45 kg einen sehr großen Raumbedarf sowie eine aufwändige und zeitintensive Bedienung. Ein Einbau in den Schützenpanzer wurde aus den vorgenannten Gründen verworfen.
Fast dreißig Jahre später wurden eine geringe Anzahl SPz MARDER mit dem »Integrierten Führungs- und Informationssystem (IFIS)« ausgestattet. So verfügte das PzGrenBtl 332 in Wesendorf über einen gewissen Zeitraum über dreizehn SPz MARDER mit IFIS-Ausstattung. Im Bestand der Panzertruppenschule befanden sich zeitweise fünf MARDER, welche mit diesen Geräten ausgerüstet waren. Es gab auch einen Versuch mit dem von der EADS entwickelten FÜUGV-Gerät.
Der heutige Ausrüstungsstand schließt im Rahmen der KWS zum MARDER 1 A5 eine komplette Ausstattung mit dem PLRG ein.

Das Foto zeigt das während der Truppenerprobung eingebaute Navigationsgerät FNA-4.

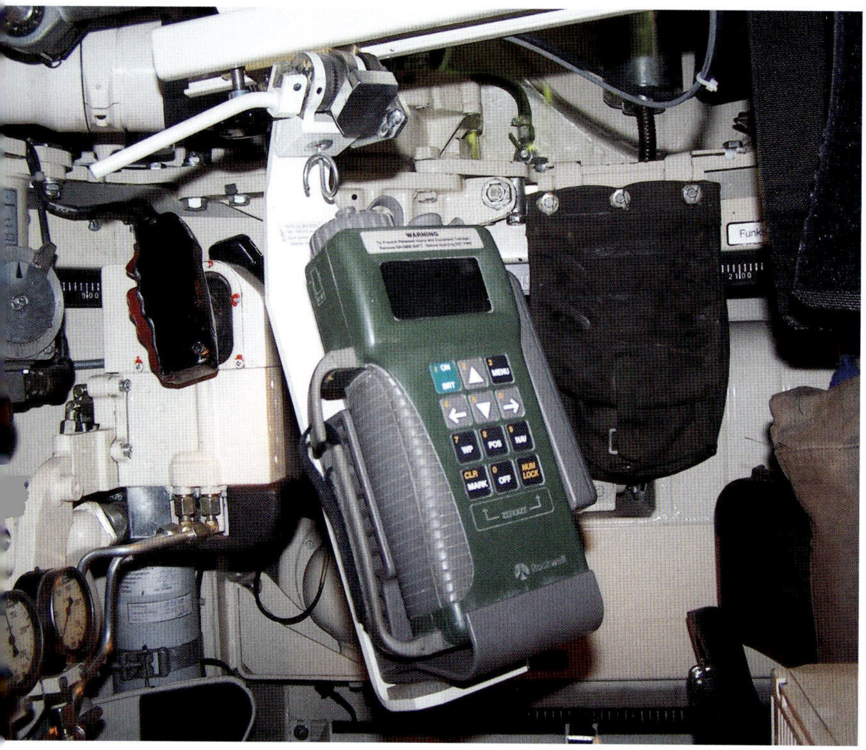

Die auf der Oberseite des Lagerständers eingebaute GPS-Antenne.

Das von der Firma Rockwell produzierte PLRG 95 (Precision Lightweight GPS Receiver), eingesetzt in der Halterung im Turm des A5.

4.5 Fernmeldeanlage

In allen Schützenpanzern MARDER ist eine Bordverständigungsanlage zur internen Sprechverbindung fest installiert. Die Anlage besteht aus einem BV-Verstärker, sechs BV-Bediengeräten, den Sprechfunksätzen, dem Überspannungsschutz und der Außenbordsprechanlage.
Die frühen MARDER SPz aus den Jahren 1971 bis zirka 1980 waren mit den VHF-Funkgeräten SEM 25 und SEM 35 von Standard Elektrik Lorenz (SEL) ausgerüstet. Das Kürzel SEM steht für Sender/Empfänger/Mobil. Die Funkgeräteausstattung richtete sich nach Einsatz und Verwendung des betreffenden Fahrzeuges.
Die Funkgeräte SEM 25 und 35 galten in den 70er Jahren als modern, leistungsfähig und zuverlässig. Die Geräte arbeiteten im Frequenzbereich von 26 MHz bis 69.95 MHz, verfügten über 880 Kanäle und waren bis auf die röhrenbestückte Sendestufe voll transistorisiert. Neben den vorgenannten beiden

Diese Aufnahme aus dem Jahre 1970 zeigt Teile der Ausrüstung und Kampfbeladung. Beachtenswert sind die beiden Scharfschützengewehre FN G1-ZF.

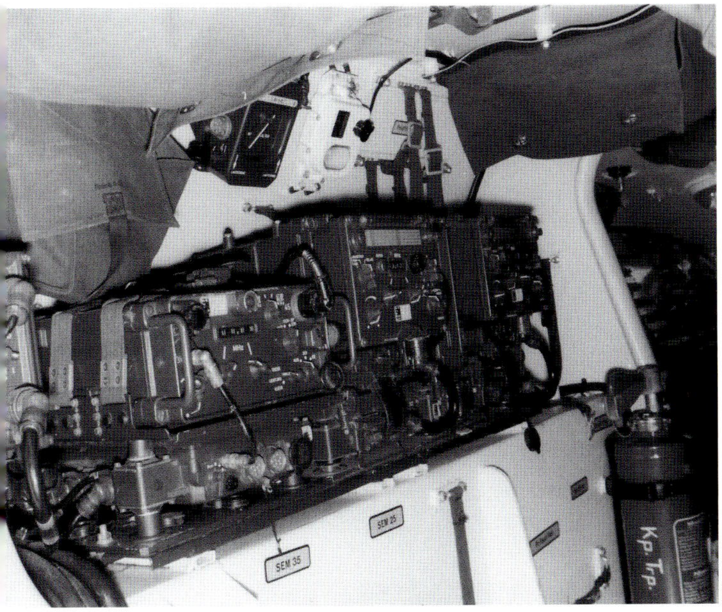

Die erste Funkgeräteausstattung im SPz MARDER mit SEM 25.

Funkgeräten kam auch noch ein reines Empfängergerät mit der Bezeichnung EM 25 zum Einsatz.
Die maximale Funkgeräteausstattung bestand aus

- 2 SEM 25,
- 1 EM 25,
- 3 Antennen mit Abstimmungsgerät.

Etwa 1985 erfolgte die umfängliche Umrüstung auf die neuen Funkgeräte SEM 70/80/90. Die neue Gerätegeneration zeigte deutlich gestiegene Leistungen bei Verschlüsselung und bei der Störresistenz. Es waren zudem Datenfunkanschlüsse möglich (Übertragung, Verschlüsselung). Es war sowohl die Handwahl mit fest eingestellter Frequenz, wie auch die automatische Kanalwahl möglich. Neben einer verbesserten Wartungsmöglichkeit konnte auch die Kanalzahl erweitert werden. Die Geräte arbeiteten im Frequenzbereich zwischen 30.0 und 79.975 Mhz. Mittels eines Leistungsverstärkers wurde aus dem SEM 80 ein SEM 90.
Die im Bauvolumen fast 50 % kleineren Funkgeräte stellten im Vergleich zum SEM 25/35 einen beachtlichen Entwicklungssprung dar.
In einer geringen Anzahl wurde das von der Firma Thales Defence, Koblenz, gebaute und ab 1993 eingeführte SEM 93 in den als Führungsfahrzeug der Bataillonskommandeure eingesetzten MARDER 1A4 eingebaut. Alle MARDER 1A5 waren für die Einrüstung mit dem SEM 93 vorbereitet. Dieses Gerät verfügte über 2000 Kanäle und war mit allen VHF-Truppenfunkgeräten der Bundeswehr kompatibel.

Aktueller Stand im MARDER 1 A3: Funkgeräte SEM 80/90.

Zur Standardausstattung des MARDERs 1 A5 gehört das SEM 93

4.6 Wanne

Die Wanne des Schützenpanzers MARDER war das Ergebnis einer kontinuierlichen Weiterentwicklung verschiedener Baumuster der zwei beteiligten Firmenkonsortien. Die Anforderungen an die Wanne waren insgesamt sehr hoch. Gefordert wurden
- ballistisch gute Form,
- hochwertiger Panzerstahl,
- hohe Verwindungssteifigkeit,
- ABC-Dichtigkeit,
- ausreichender Platz für die Besatzung,
- Gewichtsoptimierung.

Seitenansicht der Panzerwanne mit bereits montierten Klappen.

Bei der MARDER-Wanne handelte es sich um eine spezielle Schweißkonstruktion unter Verwendung von gewalztem Chrom-Nickel-Molybdänstahl. Auffällig war die ballistisch sehr günstig geformte vordere Wannenschräge, welche vom Fahrzeugbug bis zum glatten, durchgehenden Wannendach ohne Geschossfangstellen durchgezogen war.

Trotz unterschiedlicher Stahlblechstärken erreichte die Wanne im Vergleich zu anderen Schützenpanzern eine in der Serienversion ungewöhnlich hohe Verwindungssteifigkeit, welche u. a. durch die eingeschweißten Portale und die Integration der hohen Kühlerkästen im Heck der Wanne erreicht wurde. Trotz dieser Eigenschaft konnte das angestrebte Wannengewicht eingehalten werden.

Die Wanne teilte sich wie folgt auf:
- Triebwerkraum, vorn rechts;
- vorderer Kampfraum mit Fahrerraum und Turmraum;
- hinterer Kampfraum.

Der vorne rechts befindliche Triebwerkraum war gegen den Kampfraum durch eine eingeschweißte Trennwand gas- und wasserdicht abgetrennt. Der Triebwerkraum wurde durch eine große Klappe abgeschlossen.

Links neben dem Triebwerkraum lag der ausreichend groß dimensionierte Fahrerraum. Dieser war durch eine eigene Luke erreichbar. Dem Fahrer standen bei Fahren unter Luke

Eine Ansicht der Serienwanne vor dem Einbau der Kampfraumausstattung. Die beiden Stützen entfielen in späteren Serien.

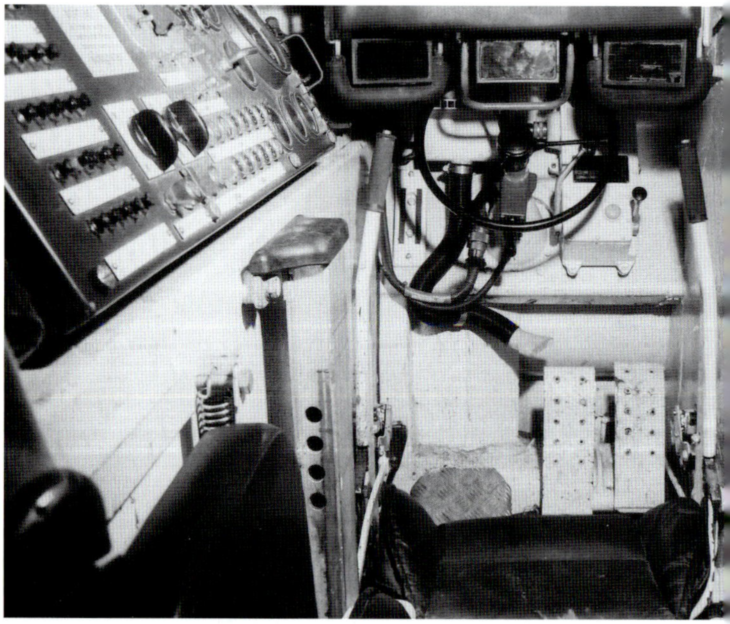

Der Fahrerplatz zeigt die typische seitliche Anordnung des Instrumentenpaneels.

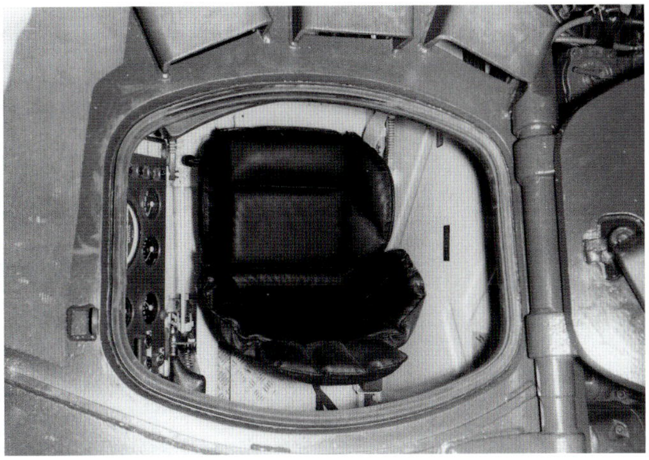

Ansicht des Fahrerplatzes von oben.

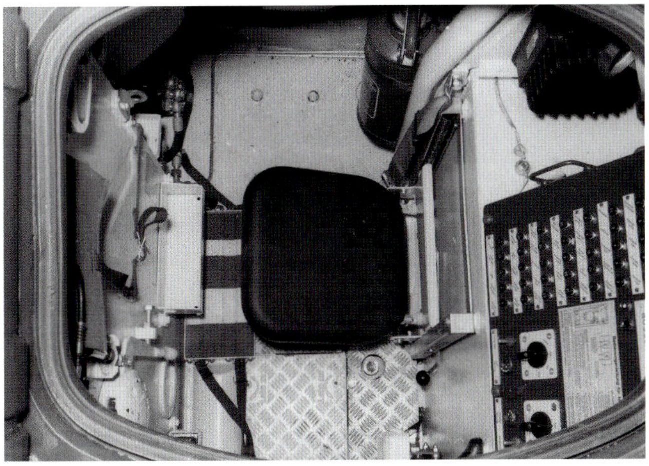

Eine Ansicht des sogenannten Beobachterplatzes direkt hinter dem Fahrer.

drei Winkelspiegel zur Verfügung. Auf der linken Seite, etwa in Schulterhöhe, befand sich die Instrumententafel mit allen wichtigen Bedienschaltern und Kontrollleuchten. Ein eigenes Fahrerheizgerät befand sich im unteren Teil des Fahrerplatzes. Direkt hinter dem Fahrer befand sich ein weiterer Platz, welcher zunächst Beobachterplatz genannt wurde. Auch dieser Platz hatte eine eigene Luke, in welcher sich ein dreh- und klappbarer Winkelspiegel befand. Da in einer späten Entwicklungsphase der Einbau einer zunächst geplanten Panzerabwehrrakete entfiel, musste der ursprünglich für den Lenkschützen vorgesehene Platz umgenutzt werden. Die Nutzung sah jetzt hier einen Platz für den BtlKdr oder den KpChef (bei Führungsfahrzeugen) bzw. den Platz für einen Fahrlehrer oder für den Kommandanten bei Einsatz eines zweiten Bildverstärkungsgerätes zur Beobachtung vor.
Der ausreichend dimensionierte Kampfraum hatte an jeder Seite zwei Luken. In der oberen schrägen Seitenwand waren rechts und links zwei Öffnungen, welche für den Einbau der Kugelblenden-MP vorgesehen waren.

Kugelblende MP
Der Einsatz der MP dient zur Bekämpfung von Erdzielen im Nahbereich. Die Kugelblende bestand aus
- der Kugel mit Sichtglasblock mit Kugelverriegelung und Sperrbolzen und
- der MP-Halterung.

Die Kugel war in den Außenring in der Wannenwand eingesetzt und wurde vom Innenring gehalten. Bei geschlossener Kugelblende waren die Bohrungen für den Sichtglasblock und die MP-Rohrführung verdeckt. Zum Öffnen der Kugelblende wurde ein Riegelbolzen durch Ziehen ausgerastet. Die MP wurde durch eine Halterung fest mit der Kugel verbunden.

Technische Daten Kugelblende	
Durchmesser der Kugel	145 mm
Schwenkbereich der MP in der Vertikalen	± 18°
Schwenkbereich der MP in der Horizontalen	40°
Masse	10,9 kg
Sichtwinkel, Waffe im Anschlag	5°
Hersteller	MOWAG, Kreuzlingen, CH

Kampf über die Bordwand. Der Soldat hat sein G3 in Anschlag gebracht. Die beiden sichtbaren Kugelblenden sind geschlossen.

Außenansicht der Kugelblende. Durch die große Öffnung wurde das Rohr der MP geschoben.

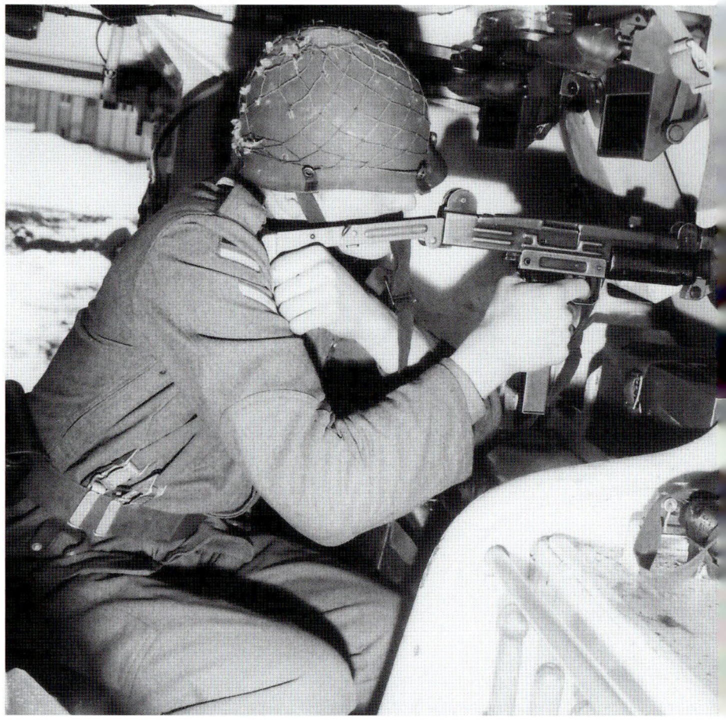

Das Foto zeigt den Einsatz der in die Kugelblende eingesetzten MP im Kampfraum.

Ein Blick auf den Bediener des Heck-MGs bei geöffneter Heckklappe.

Hecklafette MG

Die im hinteren Kampfraum montierte Hecklafette mit MG3 war ebenfalls eine Entwicklung der Firma MOWAG. Diese Einrichtung erlaubte ein wirkungsvolles Bekämpfen von Erd- und Luftzielen unter Panzerschutz. Sie war als Scheitellafette ausgebildet und über einen Drehkranz ABC-sicher und wasserdicht mit der Wanne verbunden. Sowohl das Richten in Höhe und Seite als auch das Abfeuern erfolgte von Hand. Im Inneren der Lafette befand sich ein Munitionsbehälter mit 250 Schuss. Die Munitionszufuhr erfolgte über einen Munitionskanal an die Waffe. Eine Warnlampe sollte das unbeabsichtigte Leerschießen des MGs verhindern. Dem Schützen standen zwei Winkelspiegel und ein Zielperiskop PERI-Z12 zur Verfügung. Das PERI-Z12 war in der Höhenverstellung über ein Gestänge mit dem Höhenrichthebel gekoppelt. Ein in der Seite justierbares, elektrisch beleuchtetes Zielkreuz erlaubte das Schießen in der Dämmerung und in der Nacht.

Das MG war durch einen Blechmantel gegen Regen und Verschmutzung geschützt. Die leeren Gurtglieder und Hülsen wurden durch eine Öffnung auf das Wannendeck ausgeworfen. Das Einlegen des MG-Gurtes in die Waffe erfolgte von außen.

Im Wannenboden, hinten rechts in Fahrtrichtung, war eine Notausstiegsluke angebracht. Den Abschluss der Wanne bildeten die beiden hohen Kühlerkästen mit ihren Grätings.

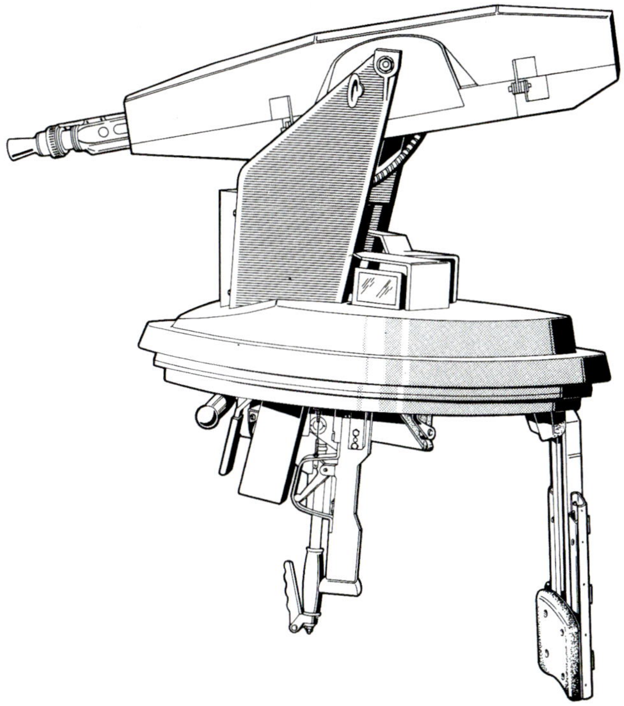

Zeichnung der von der Firma MOWAG (CH) konstruierten und hergestellten Hecklafette mit eingebauten MG.

Technische Daten Hecklafette	
Masse einschl. Waffe und Munition	240 kg
Seitenrichtbereich	begrenzt auf 90°
Höhenrichtbereich	-15° bis +55°
Einsatztemperatur	-45 °C bis +60 °C
Sichtwinkel, Waffe im Anschlag	5°

Die Notausstiegsluke im Wannenboden, Fahrtrichtung rechts.

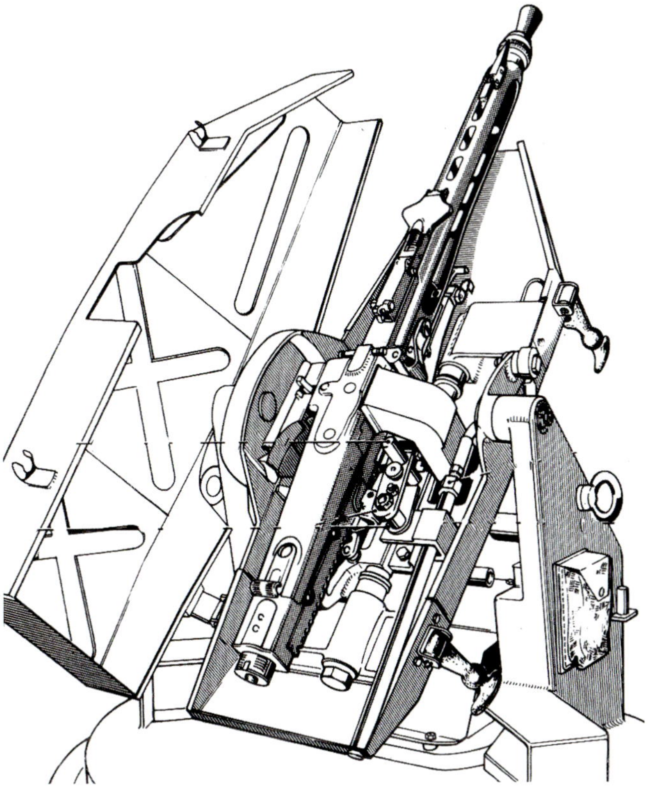

Hecklafettengehäuse geöffnet, gut sichtbar ist hier die Einbaulage des MGs.

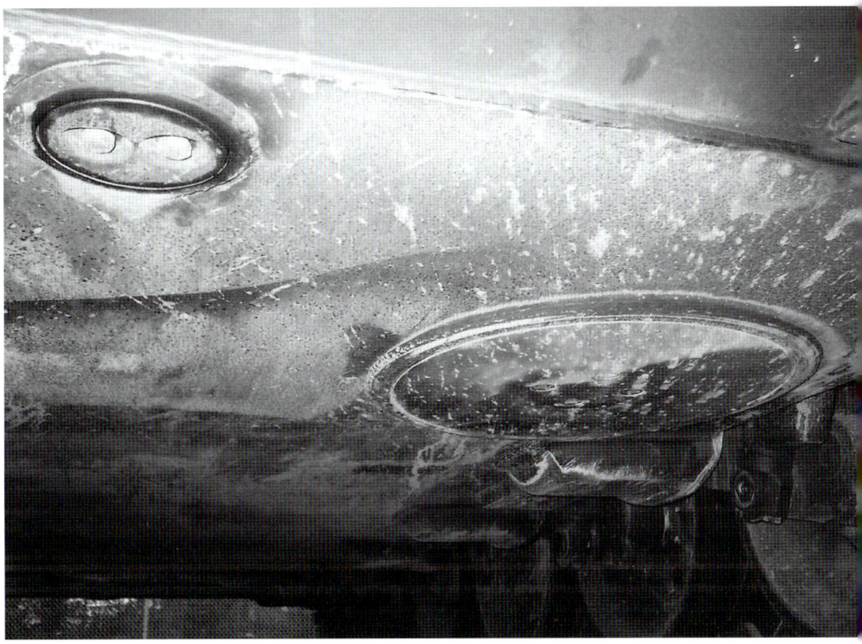

Die verschlossene Notausstiegsluke von unten gesehen.

Rückansicht bei geöffneter Heckklappe.

Hersteller der MARDER-Wannen war die Firma Rheinstahl in Witten-Annen (NRW). Von dieser Betriebsstätte aus erfolgte die Auslieferung der Rohwannen an Rheinstahl AG, Sonderfertigung in Kassel (HES), wie auch an die Firma MAK in Kiel (S-H).

Technische Daten Wanne	
Material	legierter Panzerstahl, geschweißt
Fahrerluke	Größe 520 x 420 mm, 3 Winkelspiegel
Luke hinter dem Fahrer	Größe 520 x 420 mm
Luke Mannschaften	Größe 510 mm, 3 Winkelspiegel kippbar
Notausstiegsluke	Größe 562 mm
Maße der Heckklappe	1080 x 1080 mm
Höhenverstellbereich Fahrersitz	285 mm
Verstellbereich in Längsrichtung	125 mm
Höchste Sitzstellung über Fahrzeugboden	505 mm
Niedrigste Sitzstellung über Fahrzeugboden	110 mm
Mannschaftssitzbank, Höhe über Boden	346 mm
Liegehöhe über Fahrzeugboden, unten	346 mm
Liegehöhe über Fahrzeugboden, oben	295 mm

4.7 Laufwerk

Das für einen Schützenpanzerwagen relativ hohe Gesamtgewicht in Verbindung mit dem 600 PS starken Motor und der geforderten Straßengeschwindigkeit von 70 km/h machten ein leistungsfähiges und sicheres Laufwerk erforderlich. Es wurden bis zum Serienbeginn vier unterschiedliche Federungssysteme an verschiedenen Fahrzeugen erprobt. Letztlich fiel die Entscheidung für das von der Rheinstahl-Hanomag AG in drei Stufen entwickelte Drehstabfederfahrwerk, hier gab es bereits umfassende Erfahrungen mit dem zur gleichen Fahrzeugfamilie gehörenden Jagdpanzer-Kanone. Probleme mit der vorderen Schwinge und den recht »kurzlebigen« Schwingungsdämpfern wurden in kurzer Zeit behoben.
Das Laufwerk zeigte im Vergleich zum HS 30 und weiteren ausländischen Fahrzeugen hervorragende Leistungen. Das MARDER-Laufwerk hatte an jeder Seite sechs gummibereifte Aluminium-Laufrollenpaare mit aufgespritzten Führungsringen, einer Hartmetallverschleißschicht und aufvulkanisierten Reifen. Die Laufrollenlager wurden mit Öl geschmiert. Ein Schauglas ermöglichte eine schnelle Kontrolle des Ölniveaus. Die Laufrollen waren an den Laufrollenschwingarmen angebracht. Diese waren mit den Drehstäben formschlüssig verbunden und stellten somit die Federung zwischen Laufwerk und Wanne dar.
Wirksam gedämpft wurden die Laufrollen an den beiden vorderen und hinteren Laufrollen durch hydraulisch arbeitende Schwingungsdämpfer mit großen Wärmeabstrahlflächen. Die Begrenzung des Federweges übernahmen Kegelanschlagfedern, wobei die vordere und die hintere Kegelanschlagfeder verstärkt wurden. Durch diese Federn wurde auch eine zusätzliche Dämpfung erreicht. Die drei Stahl-Stützrollenpaare dienten der Kettenführung und verhinderten zudem ein Durchhängen der Gleiskette.

Seitenansicht Wanne/Fahrgestell:
1. Leitrad,
2. Kegelanschlagfeder,
3. Stoßdämpfer,
4. Stützrollen,
5. Laufrolle,
6. Gleiskettenspannvorrichtung,
7. Triebrad.

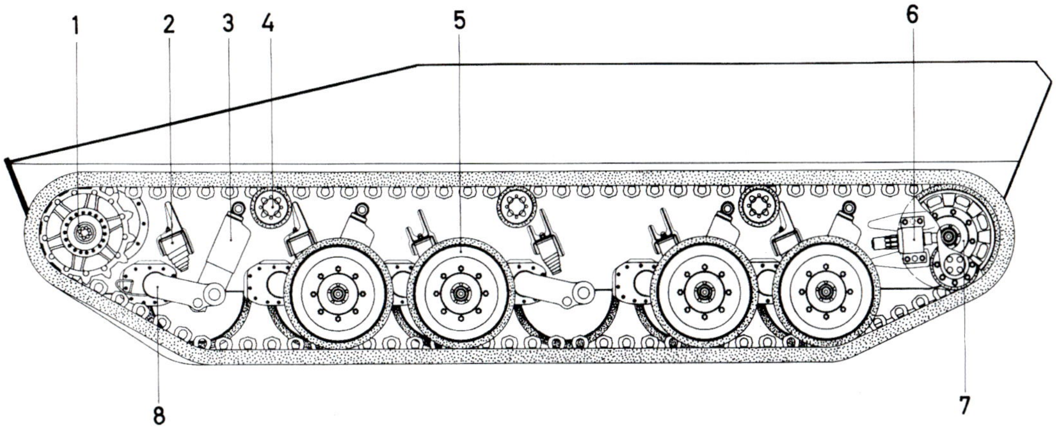

Technische Daten Laufwerk	
Laufrollen	12 Stck
Stützrollen	6 Stck
Triebräder	2 Stck
Leiträder	2 Stck
Kegelanschlagfedern	8 Stck
Kegelanschlagfedern, verstärkt	4 Stck
Hydraulische Schwingungsdämpfer	8 Stck
Federweg bis zum Endanschlag	330 mm

Vorne, auf den Triebradkörpern, waren die Triebräder aufgeschraubt. Den hinteren Teil des Laufwerks bildeten die beiden Leiträder. Unmittelbar vor den Leiträdern befand sich die mechanische Gleiskettenspannvorrichtung.
Die Schwingungsdämpfer wurden baugleich von den Firmen Hemscheid, Wuppertal (NRW), und KONI (Niederlande) hergestellt.

Das Foto zeigt recht gut die Laufrollen, den Schwingarm und den Stoßdämpfer.

4.8 Gleiskette

Nachdem in der Erprobungsphase sehr früh unterschiedliche Kettenkonstruktionen getestet wurden, fiel recht schnell die Entscheidung zugunsten der modernen Verbinderkette mit gummigelagerten Bolzen. Besonders diese Kette zeigte bei der Antriebsleistung des MARDER von 600 PS günstige Eigenschaften hinsichtlich der Lebensdauer und der Wartungsfreundlichkeit.
So wurden bei der 450 mm breiten Gleiskette Bodendrücke auf der Straße von 1,5 kg/cm² und im Gelände (Einsinktiefe 30–50 mm) mit 0,75 kg/cm² dokumentiert. Das waren, auch im Vergleich zu leichteren Fahrzeugen, gute Werte. Im Straßenbe-

Hier sind die Verbinder der Gleiskette für einen Kettenwechsel gelöst worden.

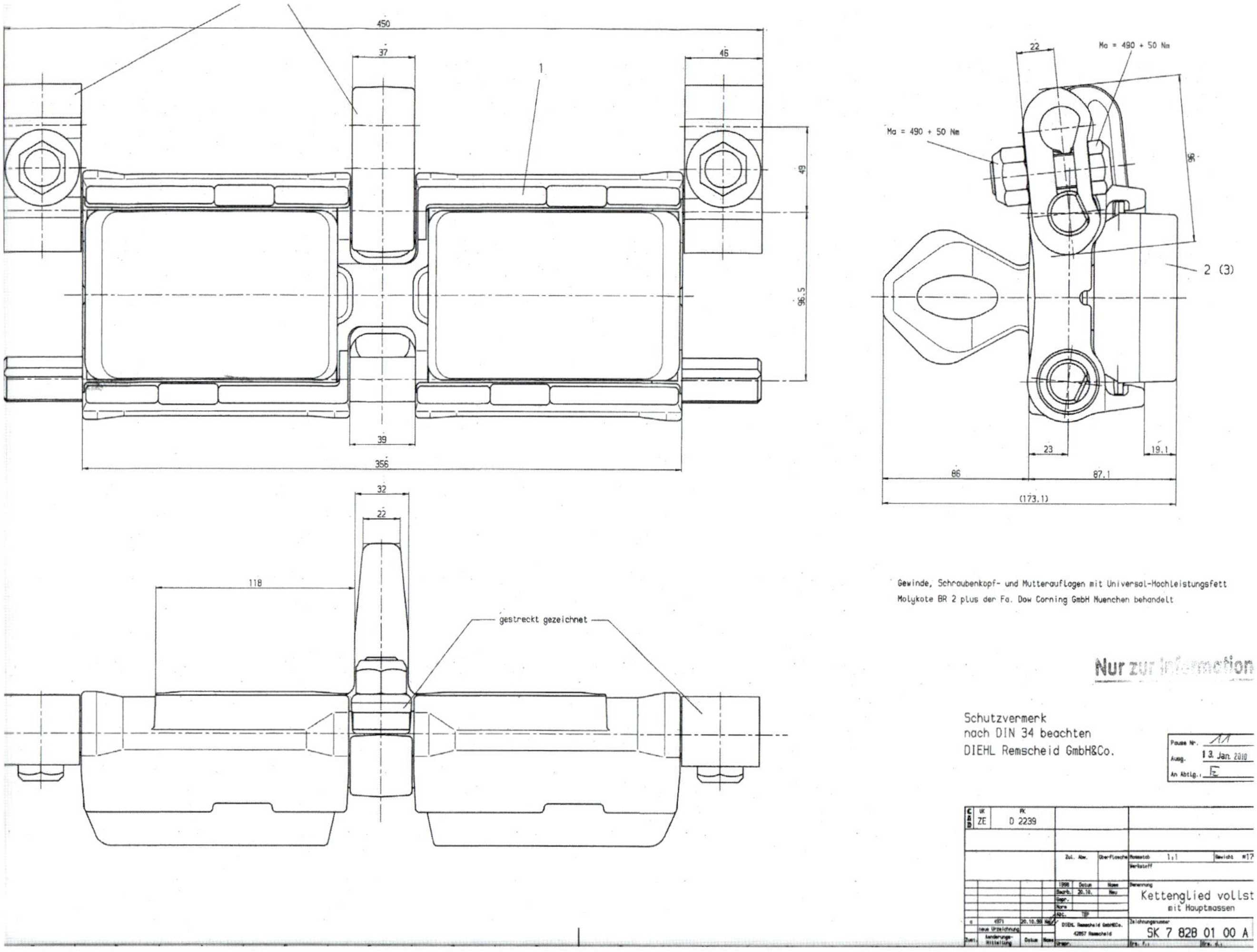

Zeichnung der Diehl-Gleiskette 828 A für den MARDER 1 A3.

trieb zeigte die Kette sowohl bei trockener wie auch bei nasser oder feuchter und verschmutzter Fahrbahn eine gute Haftung. Die Griffigkeit im Gelände erbrachte sogar so gute Ergebnisse, dass nach Entfernen der Gummipolster auf eine spezielle Kampfkette verzichtet werden konnte. Zudem erreichte die Gleiskette auch bei relativ hohen Straßen-Dauergeschwindigkeiten in Verbindung mit hohen Umgebungstemperaturen eine überdurchschnittliche Lebens- und Einsatzdauer.

Der Austausch von verschlissenen Laufpolster oder das Einsetzen der Schneegreifer war unkompliziert und konnte in kürzester Zeit mit Bordmitteln erfolgen. Konstruktiv wurde bei dieser Gleiskette erreicht, dass die einzelnen Kettenkomponenten eine fast gleiche Lebensdauer aufwiesen.

Technische Daten Gleiskette	
Gleiskettenbreite	450 mm
Gleisketteneinteilung	145,5 mm
Gleiskettenauflage	3900 mm
Anzahl der Gleiskettenglieder je Gleiskette	91
Gleiskettenspannvorrichtung	Mechanisch, Nachstellung von Hand
Hersteller	DIEHL, Remscheid
Typ	Verbinderkette mit auswechselbaren Polstern A 828
Gleiskettendurchhang	8–10 mm
Gleiskettenlebensdauer	1000–5000 km (je nach Bodenoberfläche, Wartung und Anteil an höheren Straßengeschwindigkeiten)

4.9 Seitenvorgelege

Beim Seitenvorgelege handelt es sich um ein Umlaufgetriebe mit Vorgelege. Am Bug der Panzerwanne befanden sich die beiden Seitenvorgelege. Sie dienten zur Übertragung der Getriebeausgangsdrehmomente auf die Triebräder.
Das Seitenvorgelege bestand aus Gehäuse, Planetengetriebe mit Zahnraddruckausgleich, Bogenzahnkupplung, Seitenvorgelege mit Schiebemuffe und Führung der Bremsbelagträger. Der Getriebeteil des Seitenvorgeleges war außerhalb der Wanne angebracht und mit dieser verschraubt. Die Kupplung für das Seitenvorgelege mit Kupplungsmuffe lag innerhalb der Wanne.

Die Seitenvorgelege waren, auch untereinander, komplett austauschbar.
Das Seitenvorgelege benötigte für Schmierung und Kühlung zirka 3 l Öl, welches über die Pumpenumlaufschmierung/Tauchschmierung dem Seitenvorgelege zugeführt wurde.
Eingangs- und Ausgangswellen waren an den Wannendurchlässen mit Axial-Gleitdichtringen und vorgesetzten Schmutzabweisringen abgedichtet. Die Übersetzung betrug i = 4,5.

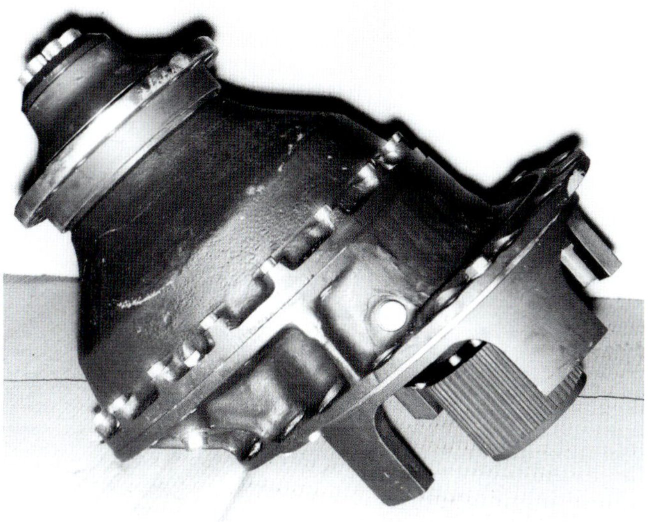

Die beiden Seitenvorgelege rechts und links sind austauschbar.

Ein aus der Wanne ausgebautes Seitenvorgelege beim MARDER Schnittmodell.

4.10 Bremsen und Lenkung

Die Bremsanlage des MARDER bestand aus:
- der Betriebsbremse,
- der Feststellbremse und
- der Strömungsbremse.

Die für die zulässige Gesamtmasse von 29.500 kg erforderliche Bremsanlage war mehr als ausreichend dimensioniert. Die Entscheidung für eine hydraulisch zu betätigende, außenbelüftete Zweischeiben-Bremsanlage mit hohem Wirkungsgrad erwies sich für einen langen Produktionszeitraum als zufriedenstellend.

Betriebsbremse
Diese befand sich jeweils an den beiden Seitenvorgelegen. Die vier Bremszylinder jeder Seite waren mit zusätzlichen Kühlrip-

Die Bremsanlage mit Seitenvorgelege und Bogenzahnkupplung. Rechts ist der Abluftschlauch der Bremse zu erkennen.

pen versehen. Die auftretende, von der Betriebsbremse abgegebene Wärme wurde direkt an der Bremse abgesaugt.
Die Betriebsbremse war sehr wirksam; sie hatte bei Vollbremsung einen mittleren Verzögerungswert von 4,5 m/s^2.

Strömungsbremse

Die Betriebsbremse wurde durch die Strömungsbremse in ihrer Wirkung unterstützt. Das Bremspedal war über ein Gestänge mit der Strömungsbremse verbunden. Bei Betätigung des Bremspedals bis 12 mm Pedalweg wurde nur die Strömungsbremse wirksam.

Feststellbremse

Die Feststellbremse wirkte über die zwei rechts und links vom Fahrer angebrachten Feststellbremshebel mit Hilfe eines Gestänges mechanisch auf die Hebel an den Bremsköpfen der Bremsscheiben.
Als gemeinschaftliche Hersteller der Bremsanlage sind die Firmen Kugelfischer in Ebern(BY) und die Firma BSI in Remscheid (NRW) verzeichnet.

Fahrzeuglenkung

Die Fahrzeuglenkung erfolgte über ein Lenkrad. Der Lenkeinschlag wurde von der Lenkwelle zunächst über eine Zahnstange und dann über ein Gestänge auf den Getriebelenkhebel übertragen. Durch Drehen des Lenkrades war das Fahrzeug über das hydrostatische Lenkgetriebe stufenlos lenkbar.
Bei engen Kurvenradien schaltete das Getriebe automatisch auf den nächst niedrigeren Gang zurück. Bei Volleinschlag des Lenkrades war die 360°-Drehung um die Hochachse in zirka 10–12 Sekunden möglich.

4.11 Heizungsanlage

Das Webasto-Heizgerät im A1.

Bedingt durch die Aufteilung in vorderen Kampfraum (Fahrerplatz und Turm), hinteren Kampfraum und Triebwerkraum waren drei separate Heizungsgeräte erforderlich.
Zunächst ist das Heizgerät-Kühlflüssigkeitsvorwärmgerät zu nennen. Dieses übernahm bei sehr niedrigen Temperaturen die notwendige Vorwärmfunktion für das Triebwerk, also für Motor und Getriebe, über einen Wärmetauscher mit Umwälzpumpe und die Kühlflüssigkeit. Das Heizgerät hatte eine Leistung von 3,8 kW.
Das im hinteren Kampfraum vor den Sitzbänken angebrachte Heizgerät-Luft wurde wie das bereits vorher erwähnte Gerät vom Kraftstofftank 3 versorgt. Hier wurden Zuluft und Abluft über zwei senkrecht stehende, innen hohle Stützsäulen zu- bzw. abgeführt. Dieses 10,9 kW leistende Heizgerät war sowohl für den hinteren Kampfraum wie auch für die Batterievorwärmung zuständig.

Durch die Lage des Fahrerplatzes zwischen linker Bordwand und Triebwerkabtrennung war eine weitere Heizungseinrichtung notwendig. Die elektrisch betriebene Heizungseinrichtung funktionierte allerdings nur bei laufendem Motor. Ihre Leistung lag bei 3,8 kW.

4.12 Belüftungs- und ABC-Schutzanlage

Die wirkungsvolle Reinigung der Luft von Staub und ABC-Kampfstoffen übernahm die auf dem rechten Kettenabdeckblech befindliche Belüftungs- und ABC-Schutzanlage. Die Filterung wurde durch den Grobstaubfilter, den Schwebstoffilter und den Gasfilter übernommen. Die Anlage saugte die Luft durch den Ansaugschacht an, die dann im Filterteil gereinigt und mittels Hauptgebläse in den Kampfraum gedrückt wurde. Der dabei entstehende Überdruck verhinderte das Eindringen von ungefilterter Luft durch evtl. Undichtigkeiten auch bei starkem Wind und hoher Fahrgeschwindigkeit. Der im Turm angebrachte, nach dem Durchflussprinzip arbeitende Raumüberdruckmesser maß den Luftdruck gegenüber der Atmosphäre. Ein ebenfalls im Turm untergebrachtes Raumüberdruckventil öffnete bei einem Überdruck von 2,5 mb. Die Bedienung der Anlage erfolgte über den Kippschalter der Belüftungsanlage am Instrumentenbrett.

4.13 Abgas- und Entlüftungsanlage

Durch die Frontanordnung des Motors wurde eine wirksame Abführung der heißen, schlierenbildenden Abgase zum Heck zwingend erforderlich. Nur dadurch konnten sowohl die Sicht als auch die Kampftätigkeit der Besatzung nach vorne sichergestellt werden.

Die Abgas- und Entlüftungsanlage war mit allen Komponenten auf der rechten Kettenabdeckung untergebracht. Sie erstreckte sich vom Motor durch den Kampfraum bis zum Austritt am Fahrzeugheck.

Die Triebwerkraumentlüftung erfolgte über die oberhalb der Bremsscheiben angebrachten Absaugglocken. Die Absaugung übernahm ein zweistufiges Triebwerkraum-Entlüftungsgebläse, welches sowohl die rechte als auch die linke Motorraumseite bediente. Vor dem Abgasrohr, welches sowohl das Abführen der Abgase im inneren Rohrmantel als auch die Triebwerkraumentlüftung im äußeren Rohrmantel übernahm, befanden sich der Luftleitkasten, das schon erwähnte Triebwerkraum-Entlüftungsgebläse, das Rückschlagventil, die Rückschlagklappe und der Staublufteintritt vom Luftfilter.

Eine wichtige Aufgabe kam der Rückschlagklappe zu. Diese hatte den Abgasen, welche sich bei geschlossener Tiefwatklappe und ausgefallenem Triebwerkraum-Entlüftungsgebläse im Luftmantel der Abgasleitung stauten, den Durchgang zum Triebwerkraum zu versperren. Die weiter hinten in der Anlage befindliche Tiefwatklappe verhinderte bei Motorausfall beim

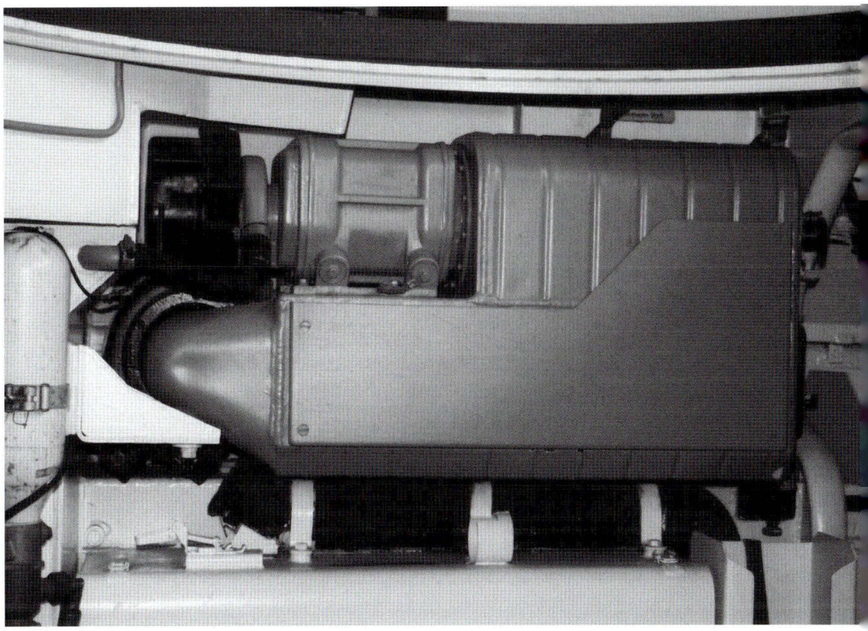

Belüftungs- und ABC-Schutzanlage auf dem rechten Kettenabdeckungsblech montiert.

Tiefwaten das Eindringen von Wasser in die Motorzylinder. Ein eingebauter Kompensator hatte die Aufgabe, sowohl die Wärmeausdehnung als auch evtl. Einbautoleranzen aufzunehmen.

Um sowohl die Abstrahlwärme als auch die Infrarotsignatur möglichst niedrig zu halten, wurde im Doppelrohr eine Durchmischung der Abgase mit der Triebwerkraumabluft vorgenommen. Zusätzlich kam in diesen Bereichen noch eine wirksame Isolierung zum Einbau.

4.14 Kraftstoffanlage

Die Kraftstoffanlage befand sich im Kampfraum des Schützenpanzers. Aus Gründen der Gewichts- und Platzverteilung wurde der Kraftstoff auf drei unterschiedlich große Kraftstoffbehälter verteilt.

Der Behälter 1 fasste 90 l Kraftstoff, war über der linken Kettenabdeckung montiert und hatte gleichzeitig die Funktion des Einfüllbehälters. Behälter 2 war mittig im hinteren Kampfraum zwischen den Sitzen eingebaut und fasste 225 l. Behälter 3 war unter dem Turm eingebaut und hatte ein Fassungsvermögen von 337 l. Im Behälter 3 befanden sich der abgeteilte Fahrbehälter/Entnahmebehälter sowie der Kraftstoffvorratgeber. Der separate Fahrbehälter gewährleistete auch bei niedrigem Kraftstoffvorrat und bei extremer Schräg- und Steiglage eine einwandfreie Kraftstoffzuführung. Die Förderung des Kraftstoffes übernahm eine Tandempumpe mit zwei getrennten Kreisläufen.

Für den Fall eines Versagens der Bordelektrik stand eine im hinteren Kampfraum angebrachte leistungsfähige Handpumpe zur Verfügung.

Die Kraftstoffanlage war selbstentlüftend; Luftblasen wurden über den Kraftstofffilter ausgeschieden.

Der Gesamtkraftstoffvorrat betrug 652 l.

Die Tankentlüfterkonstruktion erlaubte eine Schnellbetankung mit zirka 100 l Kraftstoff pro Minute.

4.15 Kühlanlage

Ähnlich wie bei der Konstruktion der Abgasanlage musste auch die Kühlanlage so konstruiert werden, dass es nicht zu Hitzeschlierenbildung und damit zu Sichteinschränkungen kommen konnte. Es handelte sich um einen geschlossenen, mit Überdruck arbeitenden Kühlkreislauf. Die Anlage übernahm den Abtransport der überschüssigen Wärme vom gesamten Triebwerk, von den beiden vorderen Scheibenbremsen und von weiteren wärmeerzeugenden Medien.

Gefordert wurde eine störungsfreie Kühlleistung bis zu einer Außentemperatur von 48° Celsius. Der eingebaute Kühlflüssigkeitsthermostat schaltete ab 82 °C auf Normalbetrieb und bei 97 °C auf voll geöffnet.

Die Kühleranlage für den flüssigkeitsgekühlten Motor war im Heck angeordnet. Es befanden sich insgesamt 150 l Kühlflüssigkeit im System. Links und rechts der Heckklappe befanden sich die räumlich an die Flächenkühler und an die Lüfter angepassten gepanzerten Kühlerräume. Die beiden hohen Kühlerkästen ließen ausreichend Platz für die breite Hecktür.

Durch die Heckanordnung der Kühlanlage wurde eine weit vorn angeordnete Position des Zwei-Mann-Turmes möglich. Damit reichte der von den Waffen bestrichene Raum bis dicht vor den Bug des Schützenpanzers.

Ein konstruktiv guter Weg war auch die Zusammenfassung der Kühlflüssigkeitsvorlaufleitung, der Kreislaufentlüftungsleitung, der Lecköleitung und der Hydraulikleitungen der Lüfterhydraulik in einen Strang. Dieser war in dem zum Kampfraum abgeschotteten Kanal unter dem Wannendach auf der rechten Fahrzeugseite bzw. am Boden oberhalb der Drehstabtunnel verlegt.

4.16 Feuerwarn- und Löschanlage

Die bordfeste Feuerwarn- und Löschanlage bestand aus
- den beiden Löschmittelbehältern,
- den Sprührohren,
- den Feuerwarnrückschaltern sowie
- den Schaltern und Kontrollleuchten.

Bereits bei einer Triebwerkraumtemperatur von 180 °C erfolgte die automatische Auslösung des ersten Löschvorganges. Die Gesamtbevorratung erlaubte einen zweiten Löschvorgang, welcher über einen gesicherten Kippschalter an der Instrumententafel ausgelöst wurde.
Vier Kontrollleuchten informierten u. a. über Löschvorgang und Löschmittelverbrauch. Die Füllung der beiden Einzelflaschen konnte durch einen Taststift kontrolliert werden.

Im Kampfraum sind die beiden Löschmittelbehälter eingebaut.

4.17 Elektrische Anlage

Der Schützenpanzer MARDER war mit einer ausreichend dimensionierten elektrischen Anlage ausgerüstet. Die Gleichstromanlage arbeitete mit einer Nennspannung von 24 Volt.
Unter den Sitzbänken im hinteren Kampfraum waren sechs Bleibatterien mit je 12 Volt, 100 Ah, eingebaut. Jeweils zwei 12-Volt-Batterien waren in Reihenschaltung verbunden.
Über das Batterierelais wurde bei Batteriehaupt- und Fahrschalterstellung das Batterieminus geschlossen. Bei Ausfall der Batterien war eine Fremdstromzuführung über zwei Steckdosen möglich. Sämtliche Verbindungsleitungen und Kabelbäume im Fahrzeug waren mit Schnellkupplungen ausgestattet.

Im Fahrbetrieb wurde die elektrische Leistung durch einen vom Motor angetriebenen Drehstromgenerator mit nachgeschaltetem Gleichrichter erbracht. Der Generator hatte eine Leistung von 9 kW bei einer Motordrehzahl von 2200 U/min.
Neben der Beleuchtungseinrichtung nach StVZO war im MARDER ein extra geschalteter Tarnkreis installiert.
Die elektrisch arbeitenden Anzeigeninstrumente zur Motorüberwachung waren in der links vom Fahrer befindlichen Instrumententafel eingebaut. Hinter der Instrumententafel befand sich der Kipptastschalter zur Überbrückung der Anlass-Sperre (Notanlassen).

4.18 Motor

Beim Serienmotor des Schützenpanzers MARDER handelte es sich um den Daimler-Benz Dieselmotor vom Typ MB 833 Ea 500. Der im Viertakt-Vorkammerverfahren arbeitende Motor wurde ausgewählt, weil seine besonders gute Drehmomentcharakteristik in Verbindung mit einer in aufwändigen Prüfstandversuchen ermittelten langen Lebensdauer und ein günstiger Betriebstoffverbrauch ihn als besonders geeignet erschienen ließen. Hinzu kam, dass die Außenabmessungen dieses Motors fast konkurrenzlos günstig waren. Die erreichte Raumleistung von 360 PS/m³ wurde in den 70er Jahren bei SPz nur vom Marder erreicht.

Entwickelt wurde der MB 833 Ea aus dem einzelgefertigten MB Baumuster 837, welcher zunächst 380 PS erreichte. Das Baumuster 837 war ein 8-Zylinder-V-Motor. Dieser Motor wurde um zwei Zylinder gekürzt und erhielt die Musternummer 833. Der erste MB 833 Ba hatte eine mechanische Aufladung und brachte es schon auf 450 PS. Mit dem Einsatz der Turbo-Aufladung wurde dann die angestrebte Leistung beim Baumuster 833 Ba von 600 PS erreicht.

Der MB 833 Be war ein unter Anwendung neuester metallurgischer Erkenntnisse konstruierter stehender 6-Zylinder-V-Motor mit einem Zylinderwinkel von 90 °. Die Hauptteile des Motors, so das Ober- und Unterteil des Zylinderkurbelgehäuses, die Zylinderköpfe, die Behälter für Öl und Hydrauliköl sowie der Kühlmittelausgleichsbehälter bestanden aus Leichtmetall. Zur besseren Füllung der Zylinder versorgte je ein Abgasturbolader eine Zylinderreihe mit Verbrennungsluft. Dadurch wurde ein verbesserter Wirkungsgrad des Motors erreicht.

Jeder Zylinderkopf war mit zwei hängenden Einlass- und Auslassventilen bestückt, die über Kipphebel, Stößelstangen und Stößel betätigt wurden. Die Auslassventile waren zur besseren Kühlung mit Natrium gefüllt. Das Zylinderkurbelgehäuse trug sechs nasse Zylinderlaufbuchsen, welche von Kühlflüssigkeit umspült wurden. Im V-Raum des Zylinderkurbelgehäuses waren die Einspritzpumpe sowie die Kühlflüssigkeits- und Ladeluftsammelrohre angebracht.

Werkfoto des MB 833 Ea-500.

Technische Daten MB 833 Ea	
Bauart	90° V-Form
Zylinderzahl	6
Arbeitsweise	Viertakt
Arbeitsverfahren	Diesel-Vorkammer
Ausführung	mit Abgasturboaufladung
Kühlung	Flüssigkeitsumlauf, geschlossen
Hubraum	22.400 cm³
Zylinderbohrung	165 mm
Kolbenhub	175 mm
Verdichtung	1 : 19,5
Leistung n. DIN 70020	600 PS / 441 kW bei 2200 U/min
Max. Drehmoment	2060 Nm bei 1600 U/min
Leerlaufdrehzahl	zirka 850 U/min
Nenndrehzahl	2200 U/min
Höchstdrehzahl (unbelastet)	2700 U/min
Motoröldruck bei 850 U/min	1,2 N/cm²
Motoröldruck bei 2200 U/min	2,5 N/cm²
Motormasse (betriebsfertig)	1990 kg
Mittlerer effektiver Druck	10,9 kg/m²
Kraftstoffverbrauch (Gelände)	zirka 130–400 l / 100 km
Kraftstoffverbrauch (Straße) DIN 70020	zirka 115 l / 100 km

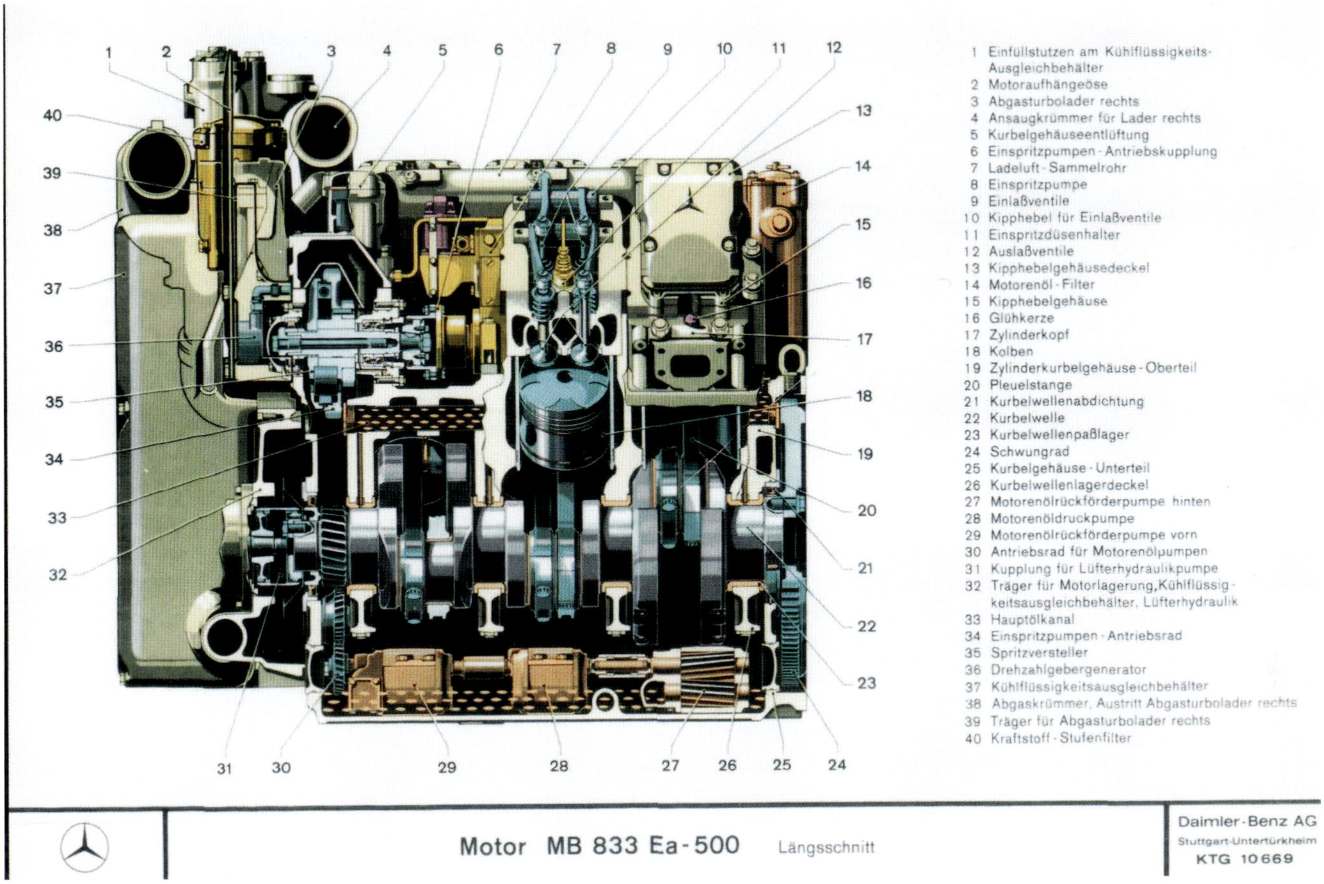

Längsschnittzeichnung mit den wichtigsten Baugruppenbezeichnungen.

Die für den Motor entwickelte Trockensumpf-Umlaufschmierung sorgte selbst bei kurzfristig extremer Schräglage von zirka 30 ° Horizontalneigung und 45 ° Querneigung für einen einwandfreien Umlauf des Motoröls.

Angeflanscht an den Motor waren rechts der 9-kW-Generator und links der Anlasser mit einer Leistung von 15 PS. Der MB 833 Ea benötigte in der Erstbefüllung 58 l Motoröl.

4.19 Getriebe

Nachdem zunächst einige mechanische Getriebe erprobt wurden, sah man in der Verwendung eines 4-Gang-Planetengetriebes die bessere Lösung.

Das von der Augsburger Firma Renk AG entwickelte und produzierte hydromechanische Schalt-, Wende- und Lenkgetriebe vom Typ HSWL 194 mit integrierter hydromechanischer Strömungsbremse (Retarder) lag im vorderen Teil des Triebwerkraums und war zusammen mit dem Motor zu einem kompakten Triebwerkblock verschraubt.

Das Getriebegehäuse, das Wendegetriebe, das Schalt- und Lenkgetriebe und der Drehmomentwandler mit Überbrückungskupplung bildeten die Hauptgruppen des Getriebes. Das HSWL 194 verfügte über vier Gänge für Vorwärts- und für Rückwärtsfahrt. Der 1., 2. und 3. Gang konnten von Hand gewählt werden. Ein automatischer Wählvorgang war für den 2., 3. und 4. Gang über die Schaltautomatik möglich.

Der Wechsel der Fahrtrichtung erfolgte über den rechts vom Lenkrad angebrachten Fahrtrichtungshebel. Nach Wahl der

Das kompakte Renk-Getriebe HSWL 194.

Technische Daten HSWL 194	
Anzahl der Gänge	4 vorwärts, 4 rückwärts
Lenkradien	1. Gang bis 6,50 m
	2. Gang bis 13,50 m
	3. Gang bis 20.00 m
	4. Gang bis 30.00 m
max. übertragbares Drehmoment	1900 Nm
Masse des Getriebes ohne Ölfüllung	zirka 1220 kg

Fahrtrichtung war das Getriebe sofort kraftschlüssig.
Zur Unterstützung der Bremsanlage bei höheren Drehzahlen war im Getriebe eine hydrodynamische, verschleißlose Strömungsbremse (Retarder) eingebaut. Die Bremswirkung des Retarders war unabhängig vom gewählten Gang und nur von der Motordrehzahl abhängig. Die Umschaltung der Fahrtrichtung war bei den Gängen 1 und 3 und in Schaltstellung »A« bei einer Geschwindigkeit bis zu 15 km/h möglich.
Für die Auswahl dieses Renk-Getriebes waren folgende Eigenschaften ausschlaggebend:

- Motorleistung ließ sich über den gesamten Geschwindigkeitsbereich und in allen Gangstufen ohne Drehzahlverlust optimal ausnutzen,
- unter Last schaltbar,
- Anfahren über Drehmomentwandler in jedem Gang möglich,
- volle Manövrierfähigkeit bei Schaltfehlern,
- geringere physische Belastung des Fahrers.

4.20 Waten und Tiefwaten

Eine wichtige Forderung an ein modernes Gefechtsfahrzeug wie den SPz MARDER bestand in der Möglichkeit, Gewässer zu überwinden. Diese Forderung umfasste neben der Schwimmbarmachung (wird weiter unten behandelt) die Fähigkeit zum Waten ohne und zum Tiefwaten nach lediglich geringen Vorbereitungen.
Grundbedingung war eine serienmäßig gute Abdichtung von Fahrgestell und Turm. Diese Voraussetzung erfüllte der MARDER von Anfang an. Waten ist eine Gewässerdurchfahrt mit einer Tiefe von zirka 700 bis maximal 1500 mm. Beim Tiefwaten bis zu einer Gewässertiefe von maximal 2000 mm war vorher der Tiefwatschnorchel aufzusetzen. Folgende weitere Maßnahmen waren vorzunehmen:

- alle Luken schließen, bis auf die Kommandantenluke;
- Heizgeräte ausschalten sowie Luftansaug- und Abgasventil schließen;
- Bodenventile und Wartungsöffnungen auf Verschluss prüfen;
- Tiefwatklappe der Abgasanlage schließen;
- Lenzpumpen einschalten;
- Batterie und Hauptschalter in Stellung 1 bringen;
- Turm auf 12 Uhr und Waffen auf 30 ° Erhöhung bringen.

Um eventuell eindringendes Wasser aus der Wanne zu entfernen, war im Triebwerkraum und im hinteren Kampfraum je eine elektrische Lenzpumpe installiert. Beim Aufleuchten der Anzeigenleuchte auf der Instrumententafel wurden beide Lenzpumpen vom Fahrer eingeschaltet. Die auf dem Wannenboden befestigten Pumpen förderten das eingedrungene Wasser über Lenzleitungen nach außen.
Die Tiefwatklappe wurde über ein Gestänge geschlossen. Sie verschloss die Abgasleitung so, dass sie bei laufendem Motor erst bei einem bestimmten Druck der Abgase öffnete. Bei stehendem Motor schloss die Klappe automatisch.
Das Abstellen des Motors beim Tiefwaten war verboten. Ferner war zu beachten, dass der Auftrieb im Gewässer die Lenkfähigkeit des SPz deutlich verschlechterte. Daher war möglichst nicht zu bremsen, heftige Lenkbewegungen galt es zu vermeiden. Die Höchstgeschwindigkeit im Gewässer betrug 8 km/h.
Gewässer durften nur durchquert werden, wenn die Strömungsgeschwindigkeit nicht höher als 1,5 m/s lag. Bei Eisgang mit Schollenstärke über 20 mm oder bei geschlossener Eisdecke war das Waten/Tiefwaten untersagt.

Während einer Tiefwatübung wird auch das Bergen von Schadfahrzeugen geübt.

Der Tiefwatschnorchel kann mit wenigen Handgriffen aufgesetzt werden.

Tiefwaten (bis 1500 mm) wurde unter allen Bedingungen geübt.

5. Kampfwertsteigerungen

5.1 MARDER 1 A1 – A1A2

Aus logistischen Gründen wurde das z. B. vom KPz LEOPARD her bekannte Unterscheidungssystem für die einzelnen Änderungen auch für den SPz MARDER eingeführt. Danach bedeutet:

A1A2 = zweite Formänderung der Änderung 1
A2 = zweite Formänderung
A3 = dritte Formänderung
A5A1 = fünfte Formänderung mit erster Änderung

Dabei handelt es sich in allen Fällen bei den Formänderungen hinter dem ersten Buchstaben um umfangreiche Änderungen technischer oder taktischer Art.

Die erste Kampfwertsteigerung (1. KWS) des MARDERs war relativ umfangreich und musste aus haushaltstechnischen Gründen zudem zeitlich gestreckt werden. Mit der Umrüstung wurde 1979 begonnen, abgeschlossen wurde sie am 31.12.1982. Der erste MARDER A1 wurde am 27. September 1979 im Beisein

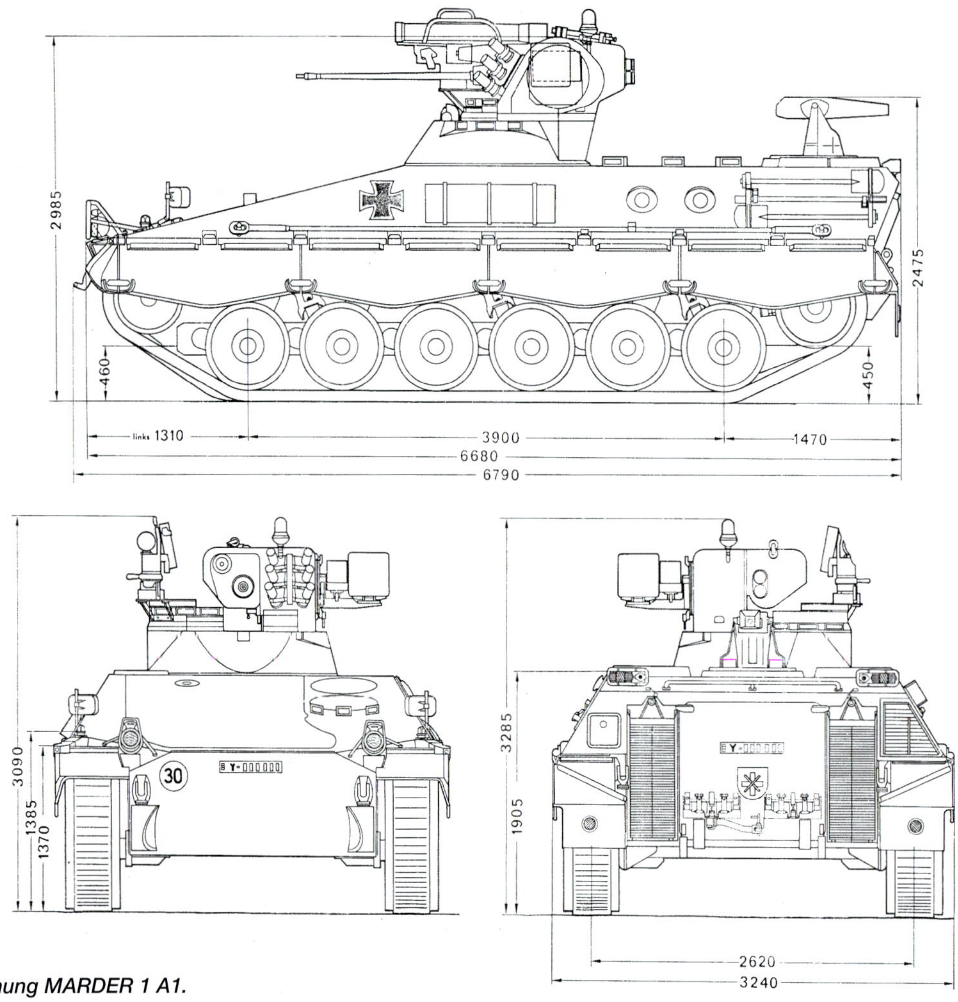

Dreiseitenzeichnung MARDER 1 A1.

des Generals der Kampftruppen, Generalmajor Werner Heyd, vom Vorstandsvorsitzenden der IWK/KUKA, Dr. Hartmut Prellwitz, im Rahmen einer Feierstunde in Augsburg übergeben.
Die Maßnahmen zur Kampfwertsteigerung liefen, schon aus Kostengründen, zusammen mit einer Depot-Instandsetzung. Zum besseren Verständnis wird die nachstehende Übersicht beitragen.

Änderungen innerhalb der Änderung A1

Versorgungsnummer 2350-12-172-2242

A1(+)

674 MARDER wurden mit dem kompletten »Passiven Nachtziel- und Beobachtungsgerät mit Wärmeortungsempfänger (PNZG)«, also mit Wärmeortungsempfänger (WOE) und Bildverstärkergerät (BiV) sowie PERI-Z 59 ausgerüstet; zu erkennen am vergrößerten Ausblickkopf beim Richtschützen. Das Wärmeortungsgerät war rechts neben dem IR-Weißlichtscheinwerfer angebracht. Das Bild wurde ins PERI-Z 59 eingespiegelt und ermöglichte als passives System das schnelle Absuchen des Geländes nach wärmeabstrahlenden Objekten bei Tag und Nacht. Die bisher verwendete aktive Nachtsicht blieb bestehen. Weitere Änderungen:

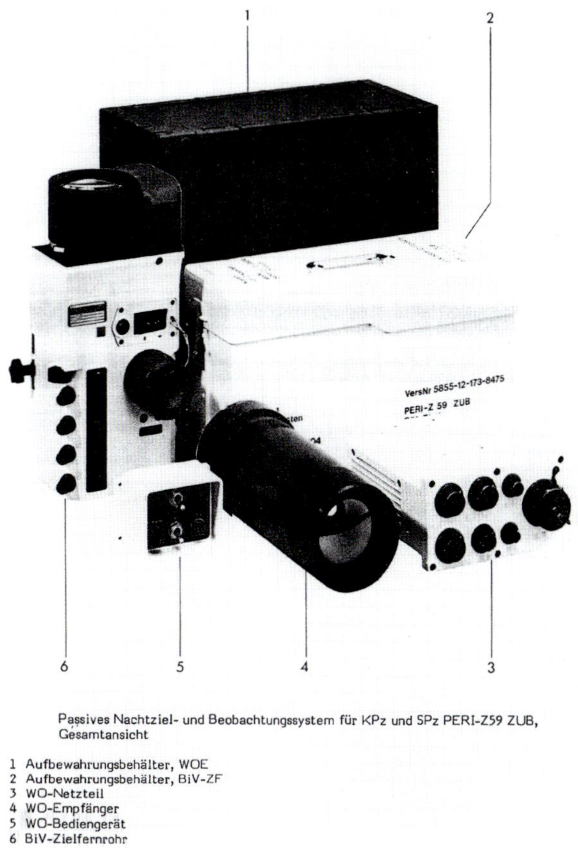

Das PERI-Z 59.

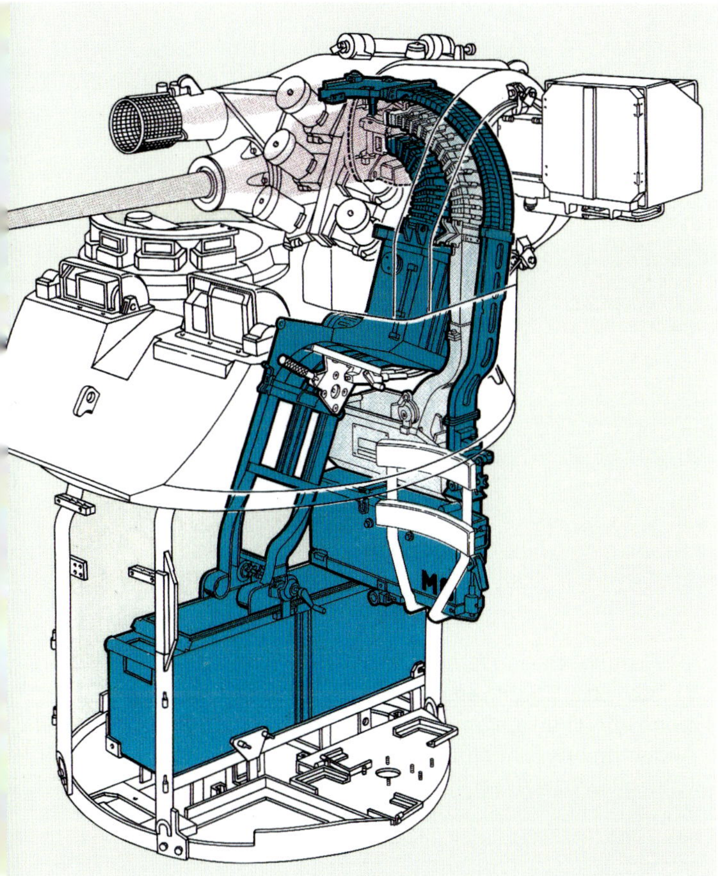

Die Durchblickzeichnung zeigt die neue Munitionszuführung.

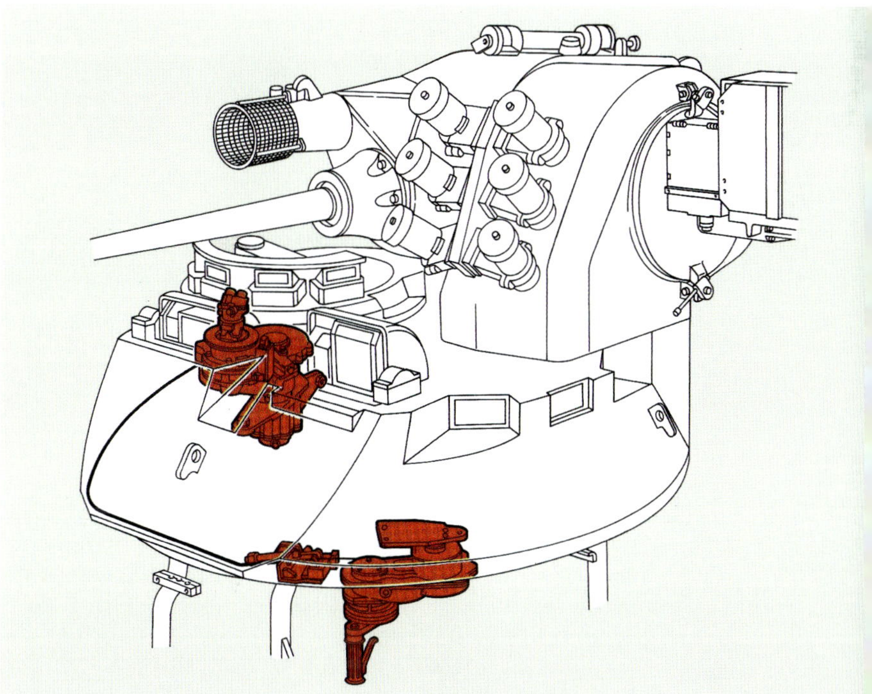

Das verstärkte Seitenrichtgetriebe ist hier rot gekennzeichnet.

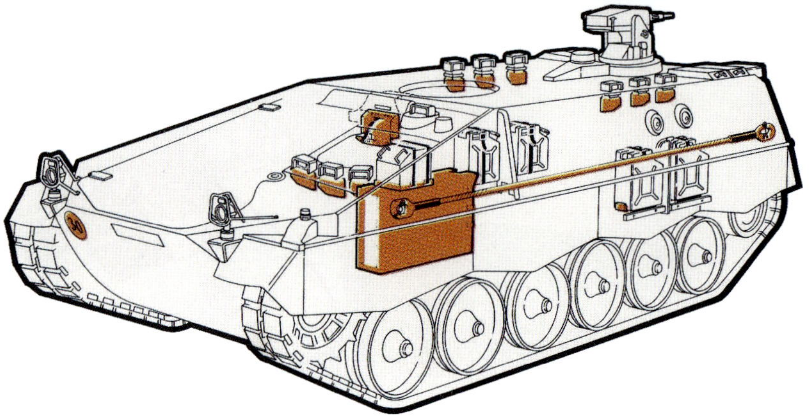

Die farbig markierten Baugruppen zeigen die wichtigsten Änderungen im Wannenbereich.

Die farbig markierten Baugruppen zeigen die wichtigsten Änderungen im Wannenbereich.

- Munitionszuführung zur Doppelgurtzuführung (DGZ) geändert. Somit konnte HE- und AP-Munition verwendet werden.
- Einbringung eines Rahmengestells für 200 Schuss HE und 200 Schuss AP-Munition in Munitionskästen.
- Halterung für Aufnahme des abgebauten IR-Weißlicht-ziel-Scheinwerfers.
- Austausch eines PERI-Z11-Ausblickkopfes gegen PERI-Z16 mit vergrößertem Ausblickkopf.
- Austausch von Bremsschläuchen gegen Bremsrohre.
- Halterung für Schutzmaske, Kommandant.
- Halterungen für vier Wasserkanister.
- Halterung für Zerstörladung.
- Änderung der Halterung für BiV-Gerät.
- Einbau Halterung für drei Stahlhelme.
- Einführung von zwei Abschleppseilen, Länge fünf Meter.
- Anbringung von Winkelspiegelklappen.
- Einbau von verstärkten Seitenrichtgetrieben mit verbesserter Übersetzung. Aufgrund des höheren Turmgewichtes zur Bediensicherheit bei Schräglage erforderlich.

Versorgungsnummer 2350-12-172-2242

A1(-)

350 MARDER erhielten den kompletten Umrüstsatz für den späteren Einbau des PNZG. IR-Einsatzmöglichkeiten blieben erhalten. Die Änderungen an Turm und Fahrgestell wurden wie beim A1(+) eingebracht.

Versorgungsnummer 2350-12-179-8718

A1A

1112 MARDER erhielten die Bezeichnung A1A. Diese Fahrzeuge hatten keine Installation für das PNZG. Es konnte ausschließlich der IR-Betrieb vorgenommen werden. Die Turm- und Fahrgestelländerungen wurden vollumfänglich eingebracht.

Versorgungsnummer 2350-12-196-4393

A1A2

Hierbei handelt es sich um die 487 MARDER 1 A1(+), welche im Jahre 1983 mit weiteren technischen Änderungen versehen wurden und zur besseren Unterscheidung die Bezeichnung A1A2 erhielten.

5.2 MARDER 1 A2

Versorgungsnummer 2350-12-184-6645

Die 80er Jahre waren geprägt vom Ineinandergreifen zweier Kampfwertsteigerungen. Nachdem 1982 die 1. KWS abgeschlossen war, begann im Juni 1984 die 2. KWS, welche bis in das Jahr 1991 dauerte, wobei sie sich noch mit der 3. KWS überschnitt. MARDER mit der zweiten Kampfwertsteigerung waren nun auch äußerlich sofort zu erkennen: MG-Hecklafette und IR-Weißlichtzielscheinwerfer einschließlich Tragarm waren entfallen. Die weiteren Änderungen im Rahmen der 2. KWS waren:

- Umrüstung auf ein Wärmebildgerät (WBG) bei A1A und A1(-).
- Einbau einer Strahlwasserreinigungsanlage für den MKF.
- Umrüstung Funkgeräte auf SEM 80/90.
- Änderung des Kraftstoffrücklaufsystems.
- Einbau Schlammsieb in Tank 3.
- Änderung Hydraulikspeicher.
- Einbaulage für Bordsprechbediengerät geändert.
- Geänderter Höhengeber/Konturenbegrenzer.
- Reinigungsöffnungen im Kühlerkasten.

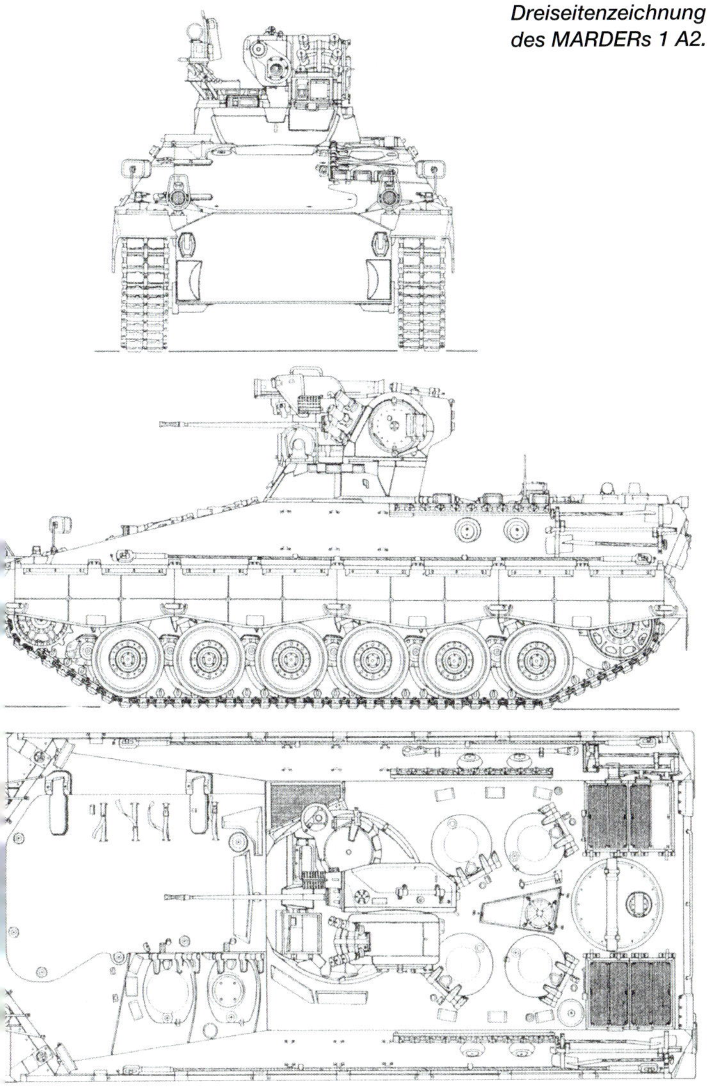

Dreiseitenzeichnung des MARDERs 1 A2.

Ansicht der Fahrer- und der Beobachterluke.

Die Ansicht des Panzerdecks zeigt die vorgenommenen Änderungen wie z. B. die fehlende MG-Hecklafette.

Dieser MARDER trägt noch das WOE, die Hecklafette ist aber schon gegen den Lukendeckel ausgetauscht.

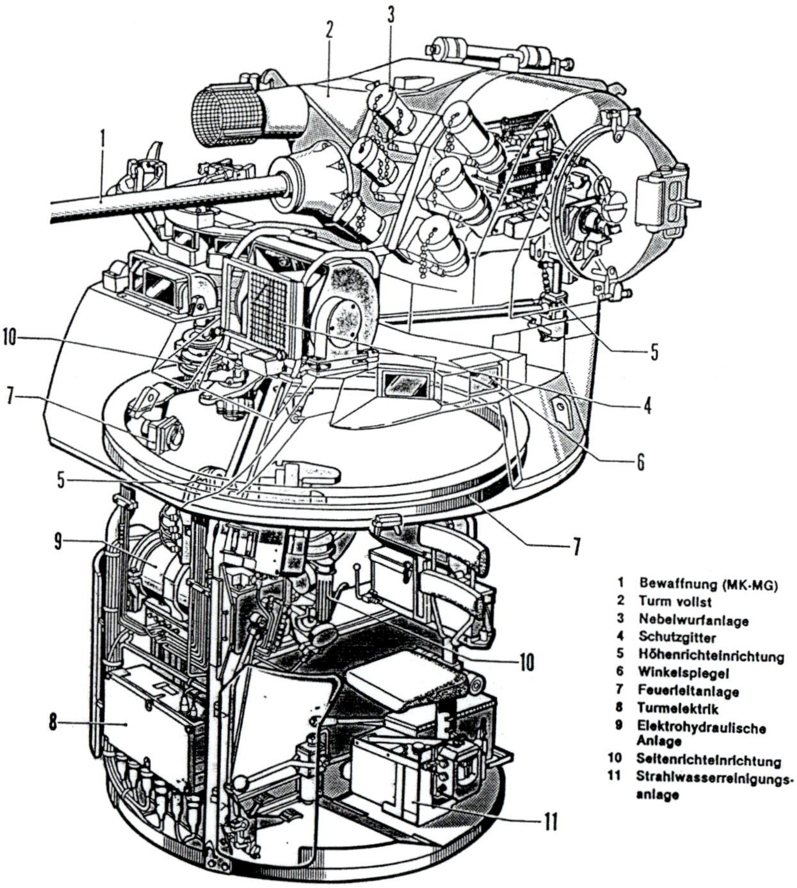

Turm SPz Marder 1 A2, Ansicht von links.

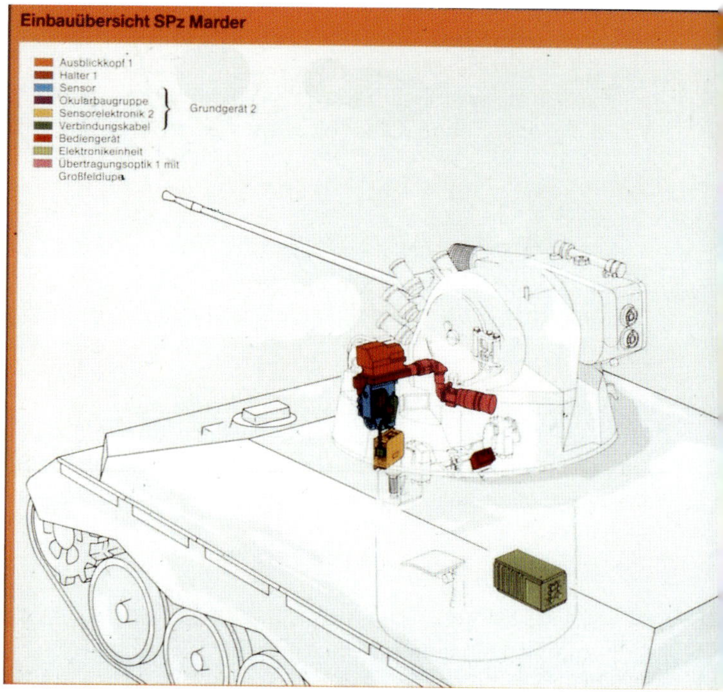

Auf dem Carl-Zeiss-Werksfoto sind die Einbauorte der einzelnen WBG-Module erkennbar.

- Anbringung einer Außenentriegelung für die Kommandantenluke.
- Verbesserte Lager für die Laufradschwingen.
- Nachrüstung mit MIRA (Milan Infra-Rot-Adapter)

Die Einführung des Wärmebildgerätes (WBG) stellte eine erhebliche Kampfwertsteigerung für den SPz MARDER dar. Das Grundgerät fand, abgesehen von Unterschieden bei bauartbedingten Übertragungsteilen, auch beim LEOPARD 1 und beim LUCHS Verwendung. Das ursprünglich von der amerikanischen Firma Texas Instruments entwickelte Gerät wurde von dem deutschen Optikunternehmen Carl Zeiss weiterentwickelt und produziert. Das WBG bestand aus sechs Baugruppen:

- Ausblickkopf,
- Grundgerät,
- Elektronikeinheit,
- Übertragungsoptik mit Großfeldlupe,
- Bediengerät,
- Halter.

Im Ausblickkopf befand sich zusätzlich ein PERI-Z11 für den Richtschützen. Nach dem Einschalten des WBG wurde Einsatzbereitschaft nach 10–20 Minuten erreicht. Die Bedienung und

Sowohl das Hauptbediengerät wie auch das Bediengerät WBG sind vom Kommandanten und vom Richtschützen gleichermaßen gut zu bedienen.

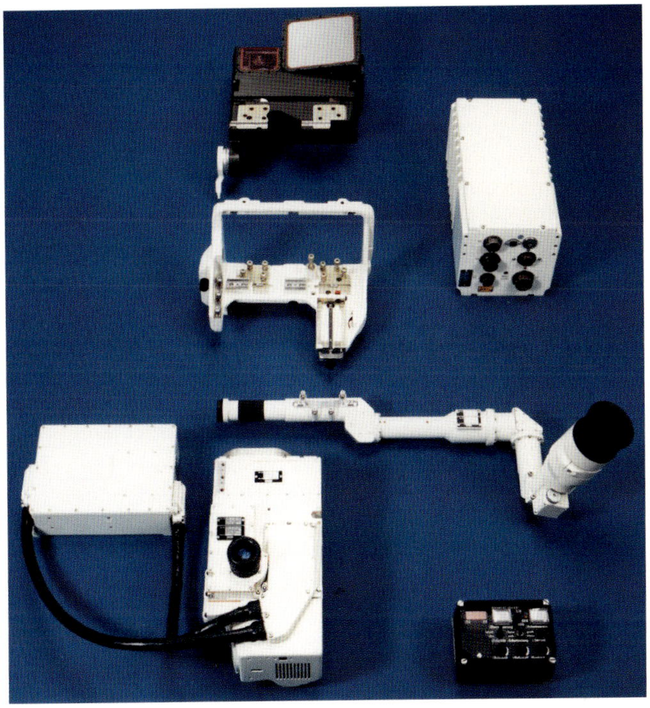

Diese WBG-Module wurden von der Firma Carl Zeiss geliefert.

Überwachung erfolgte über das übersichtlich gestaltete Bediengerät. An der Übertragungsoptik war die Großfeldlupe angebracht. Mit dieser war eine beidäugige Beobachtung und Betrachtung des Wärmebildes bei einem Abstand von zirka 60 mm möglich. Auf dem Panzerturm vor dem Richtschützenplatz befand sich der Ausblickkopf für das WBG. Der Ausblickkopf war in ein Tageslichtfenster und ein Wärmebildfenster unterteilt. Nachstehend einige Daten zum WBG:

- Leistungsaufnahme 180 Watt,
- Temperatursicherheit zwischen -35° und +63°,
- Masse des Grundgerätes 18 kg,
- Masse der Stromversorgung 13 kg.

Mit der Nachrüstung des MIRA in den Jahren 1980–81 wurde das MILAN-System nacht- und allwetterkampffähig. MIRA war sehr leistungsfähig und wurde als zusätzliches Wärmebildgerät in der Truppe genutzt. Während die Briten, Franzosen und auch andere Nutzerstaaten zur Kühlung der Sensorik Stickstoff-Kühlpatronen verwendeten, wurde in der Bundeswehr für diesen Zweck ein geräuscherzeugender kleiner Kompressor eingesetzt. Eine Nachrüstung aller MILAN-Systeme mit der EMV-Schutzhülle (Elektromagnetische Verträglichkeit) erfolgte erst später.

Unabhängig von der KWS wurde bei allen Schützenpanzern im Rahmen einer Sonderaktion die Heizung modifiziert.

Die KWS zum MARDER 1 A2 wurde bei 1462 Schützenpanzern durchgeführt. 674 MARDER 1 A1(+) mit PNZBG waren für die zeitlich letzte Umrüstungsphase vorgesehen. In diesen Zeitraum, ab April 1984, fiel auch die Umstellung von der einfarbigen Lackierung RAL 6014 Gelboliv in die dreifarbige Lackierung mit den Flecktarnfarben RAL 9021 Teerschwarz, 8027 Lederbraun und RAL 6031 Bronzegrün.

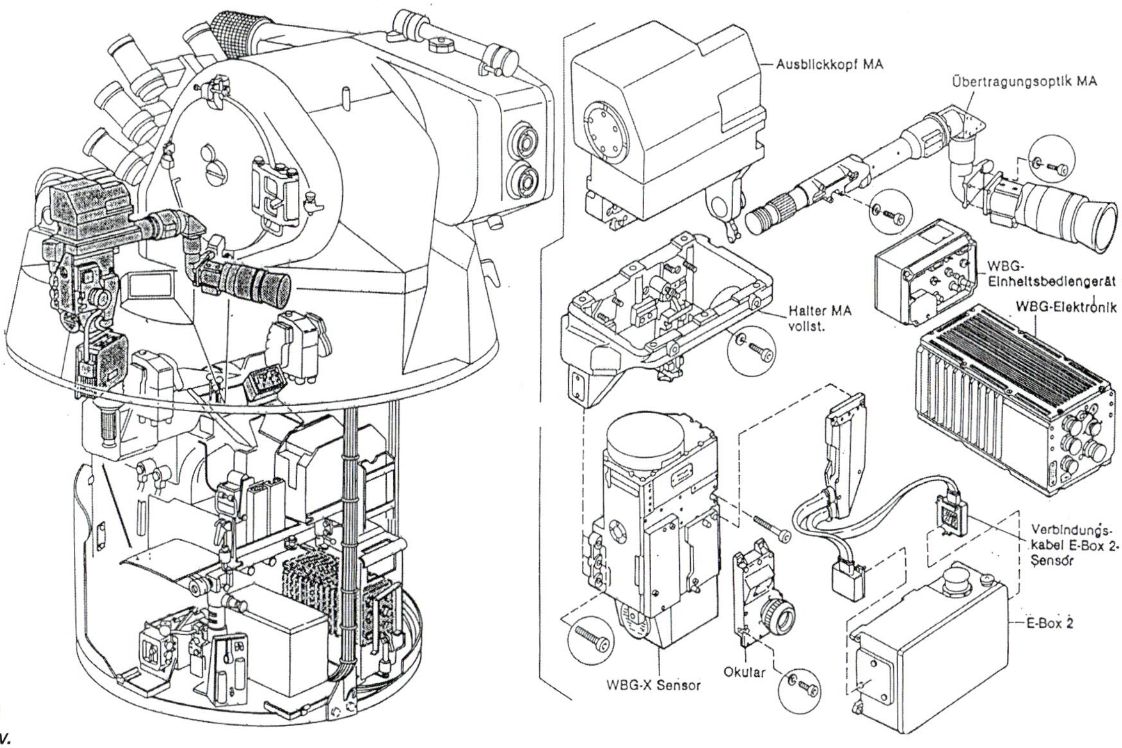

Zwei Zeichnungen aus einer alten TDv.

5.3 MARDER 1 A3

Versorgungsnummer 2350-12-311-9525

Aufgrund einer vorgenommenen Bedrohungsanalyse Anfang der 80er Jahre und der taktischen Forderung von 1983 sowie der Militärisch-Technischen Wissenschaftlichen Forderung (MTWF) wurde die dritte Kampfwertsteigerung des SPz Marder eingeleitet. Nachdem ursprünglich die Absicht bestand, den Marder 1 mit einer 25-mm-Maschinenkanone auszurüsten, wurde diese aus Kostengründen und wegen der in vielen Versuchen festgestellten zu geringen Steigerung der Feuerkraft aufgegeben. Gemessen an den beiden vorherigen Kampfwertsteigerungen war die dritte KWS sehr umfangreich. Zudem waren fast alle Baugruppen von der dritten KWS betroffen. Das von der Bundeswehr vorgelegte Lastenheft vom 21.05.1986 beinhaltete gravierende Änderungen zum Vorgängermodell Marder 1 A2.

Angesichts der Tatsache, dass sich die Grundkonzeption des MARDERs 1 in der langjährigen Nutzung bestens bewährt hatte, wurde einer weiteren KWS zugestimmt. Ursprünglich war eine Nutzung nur bis 1990 vorgesehen. Die KWS umfasste das Gesamtsystem, besonders aber die Baugruppen Turm und Fahrgestell. Die geforderte Zusatzpanzerung für das Gesamtsystem musste voll umfänglich der TaF SchtzKw (Taktische Forderung Schützenkampfwagen) entsprechen.

Um die vorgenommenen Entwicklungsaktivitäten deutlich zu machen, folgt nachstehend ein zeitlicher, wenn auch unvollständiger Abriss der Arbeiten.

- Bekanntgabe der TaF Januar 1983
- Konzeptvorstellung Dezember 1983
- Einsatz von drei Versuchsträgern (VT 1–3) 1985–1986; Hierbei wurde gleichzeitig an einer Realisierung des Einbaus ei-

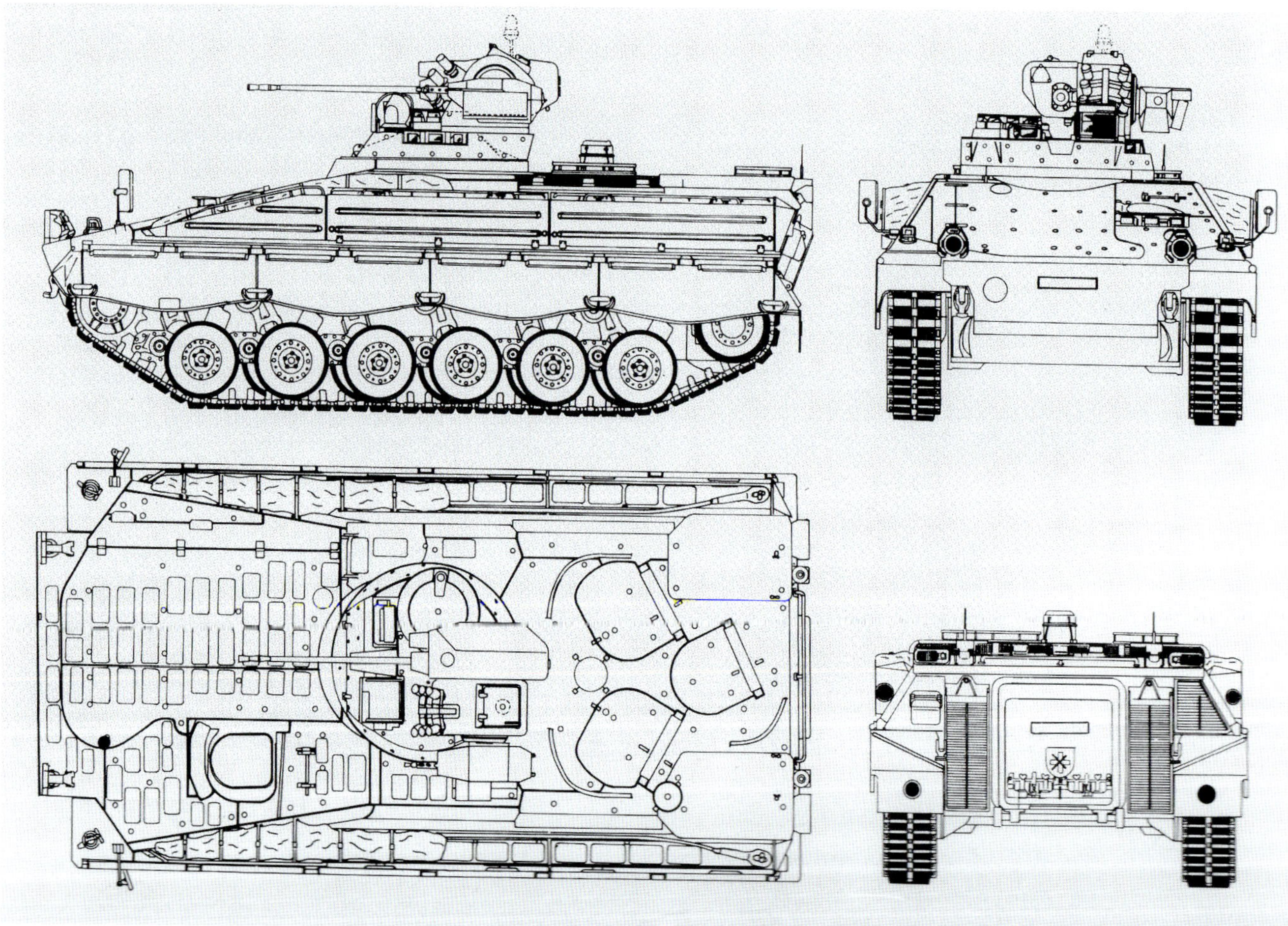

Dreiseitenansicht des MARDERs 1 A3.

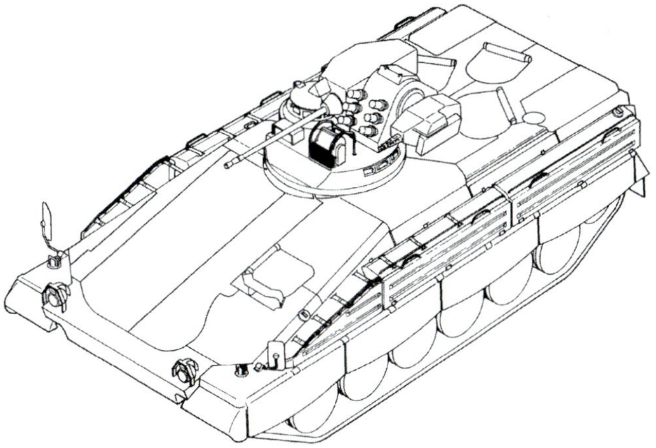

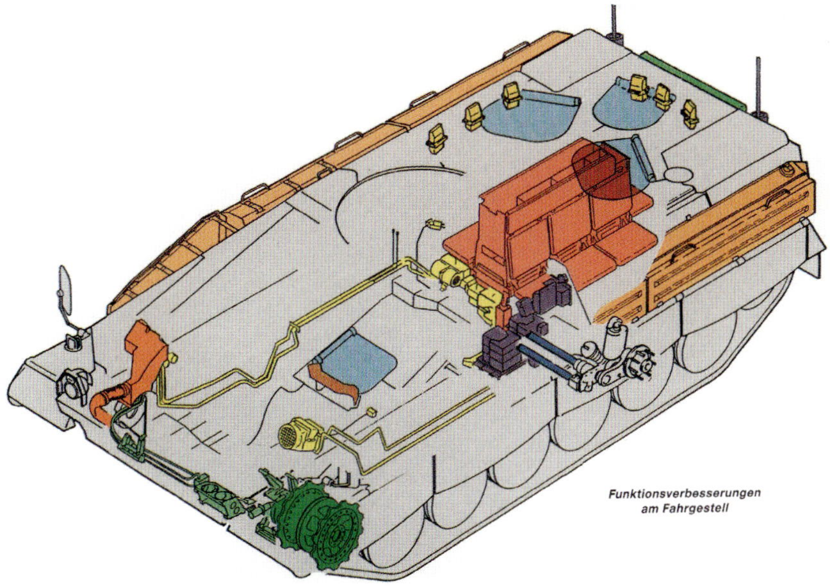

Wichtige Änderungen und Verbesserungen am Fahrgestell sind farbig markiert.

ner 25-mm-MK gearbeitet
- Vergleichsschießen 20-mm-/25-mm-MK April 1986
- Entscheidung Entfall 25-mm-MK Mai 1986
- Erstellung eines Lastenheftes Mai 1986
- Auftragserteilung für vier Erprobungsträger Juni 1986
- Beschussversuche für Zusatzpanzerung Dezember 1986
- Erklärung der Truppenverwendbarkeit 28.09.1987
- Einführungsgenehmigung 02.01.1988
- Vorserienfertigung von 6 SPz von September 1987 bis Juni 1988. Diese Fahrzeuge wurden später im Gesamtbestand vereinnahmt.
- Werksversuche von Februar 1987 bis April 1988
- Technische Erprobung im gleichen Zeitraum
- Truppenversuch, taktisch, KTS 2 (Kampftruppenschule) Juni–September 1987
- Truppenversuch, logistisch, STTR/FSHT 1 (Schule Technische Truppe), Juni–September 1987
- Nachuntersuchung/Truppenversuch, KTS 2, Juni–November 1988
- Technische Erprobung WTD 91 (Wehrtechnische Dienstelle 91)

Änderungen am Fahrgestell
- Verbesserung der Bremsanlage. Hier wurde eine neue hydraulische Zweikreisbremsanlage mit einer Erhöhung des Betriebsdrucks konstruiert und eingebaut, außerdem wurden neue, asbestfreie Bremsbeläge verwendet.
- Aufgrund des höheren Gewichtes durch die Zusatzpanzerung war der Einbau von verstärkten Drehstäben mit einem Durchmesser von 56 mm an allen Anlenkpunkten erforderlich geworden.
- Veränderung der Übersetzung des Endantriebes zur Kompensierung des Leistungsverlustes im Bereich Beweglichkeit, Lenkbarkeit und Beschleunigungsverhalten von 4,5 auf 5,16.
- Verbreiterte Vorgelege-Stirnradstufe mit eigener Ölpumpe und optimierten Lagern.

Die hochgeklappte Kettenschürze gibt den Blick auf einige Details des Laufwerks frei.

Änderungen am Panzerturm
- Verlagerung des achsparallelen Turm-MGs auf die linke Seite des Lagerständers. Elevation von -15° bis +59°.
- Verlagerung des mittleren HE-Munitionskastens.
- Neues abklappbares Hauptbediengerät mit Zusatzfunktionen.
- Neu konzipierte Turmbühne.

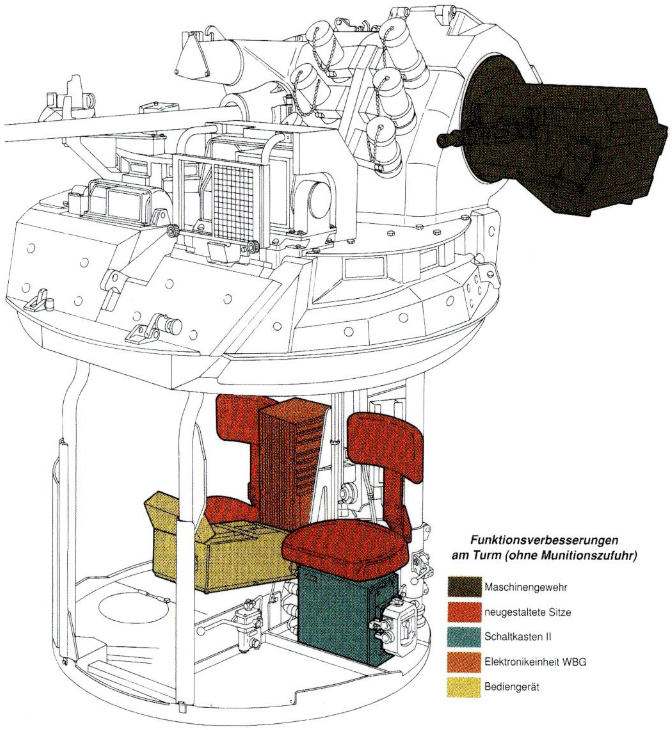

Funktionsverbesserungen am Turm.

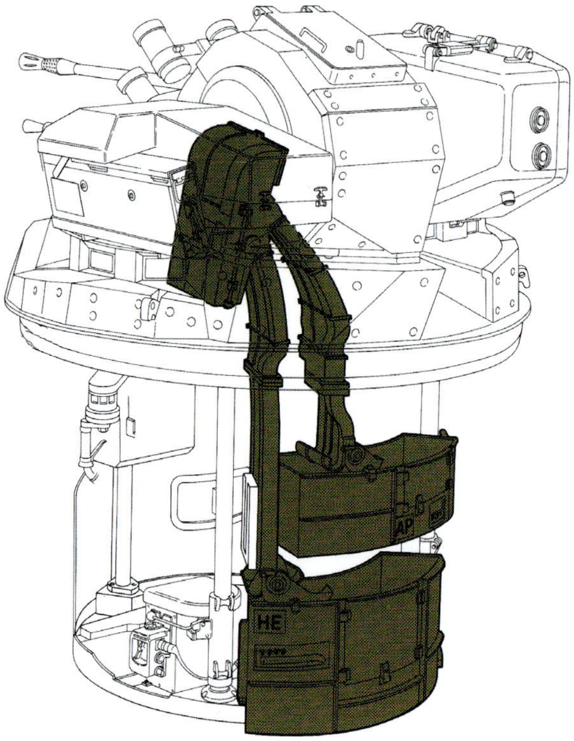

Die Munitionszuführung im A3-Panzerturm.

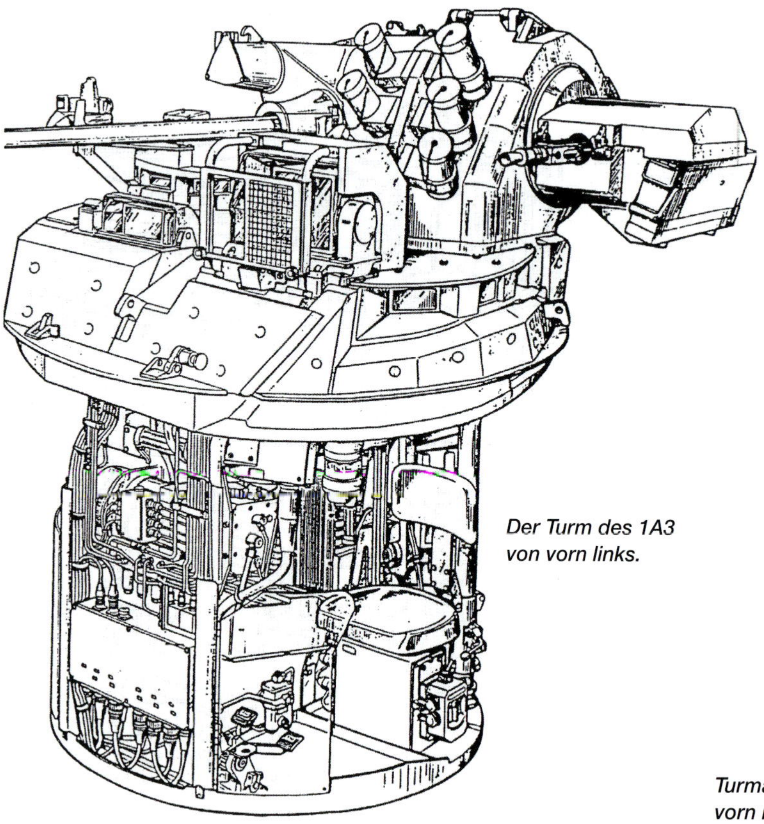

Der Turm des 1A3 von vorn links.

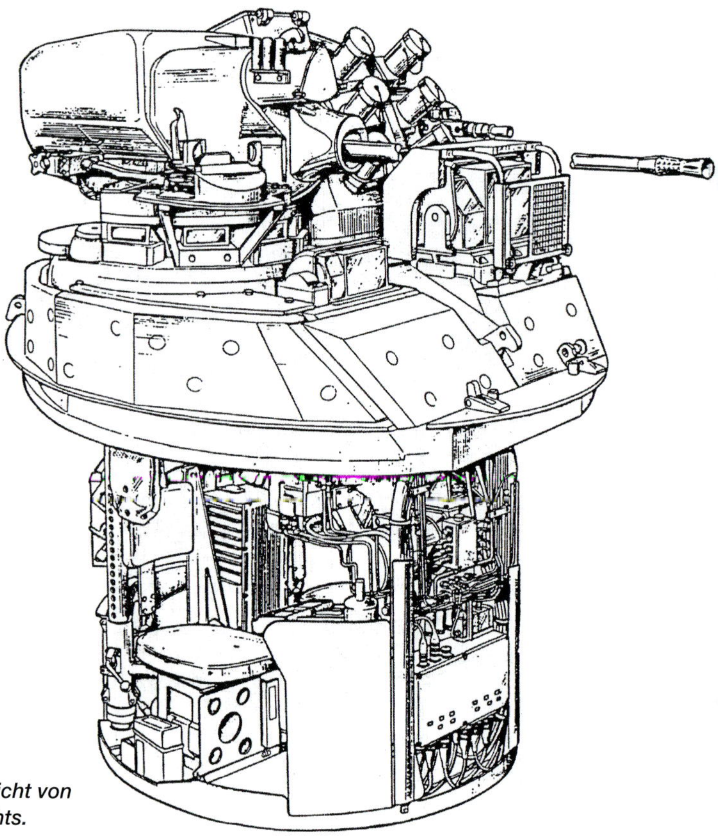

Turmansicht von vorn rechts.

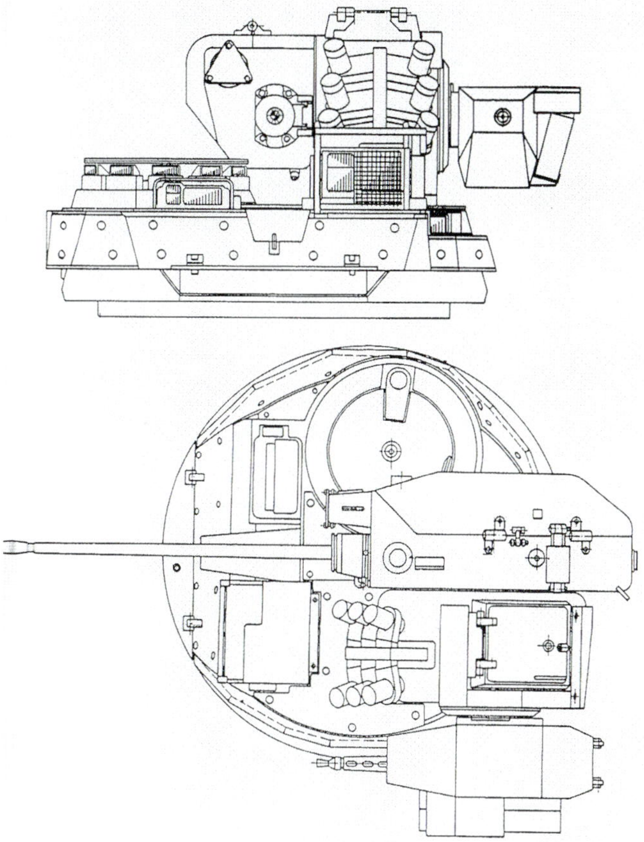

Diese Zeichnung zeigt detailliert den neuen Turm des A3.

Das Wärmebildgerät mit Schutzgitter, Panzerhaube geschlossen.

- Geänderte Führung der Hydraulikleitungen.
- Neue, schalenförmige Sitze für Kommandant und Richtschütze.
- Verbesserungen am Bedienkonzept.
- Neugestaltung der MG-Munitionszuführung und -lagerung. Optimierung der Funktionssicherheit durch kürzere Zuführung.
- Verbesserung der ABC-Abdichtungen.
- Verbesserung der Ergonomie im Panzerturm.
- Änderungen am Öffnungsmechanismus des Waffenträger-Deckels.

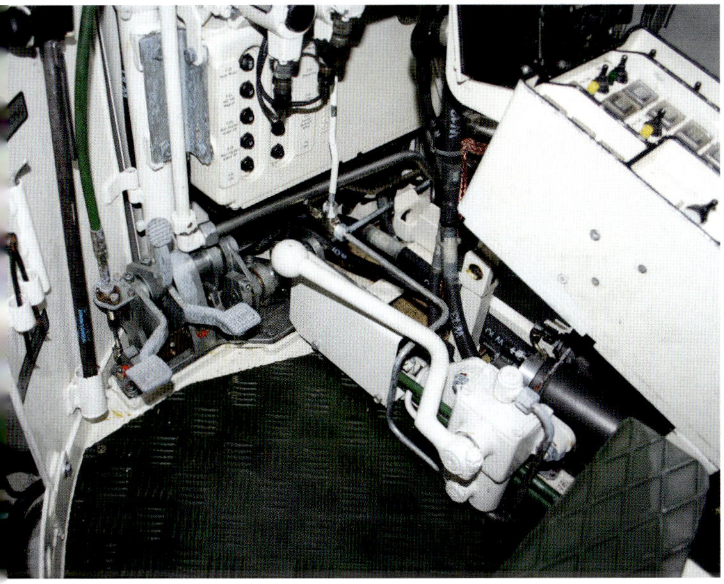

Am Richtschützenplatz ist rechts das Hauptbediengerät und unten links die Abfeuerungseinrichtung zu erkennen.

Turmansicht des A3 mit WBG, MG, Nebelmittelwurfanlage und Teilen der Zusatzpanzerung.

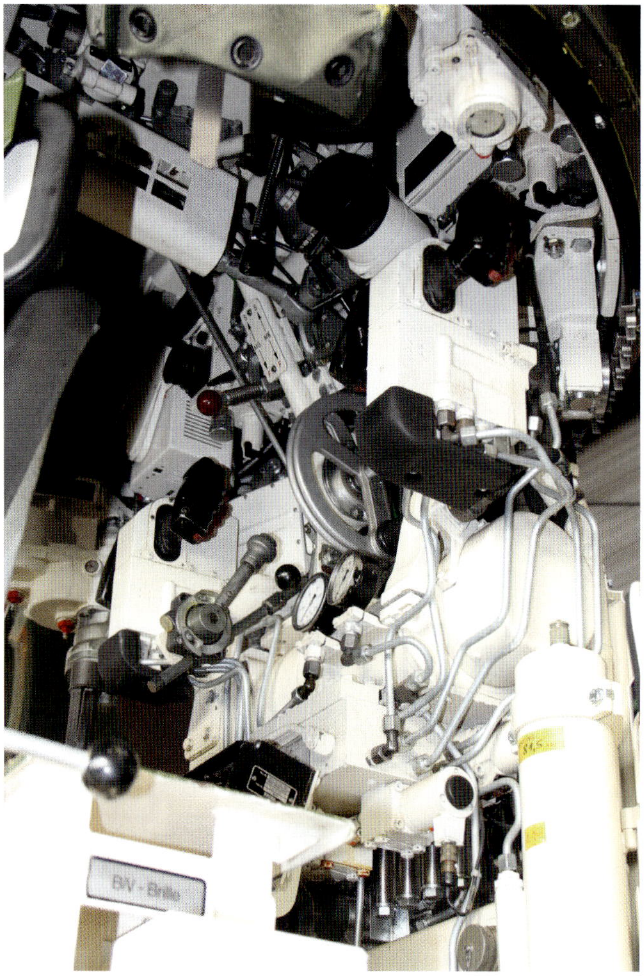

Schrägeinblick in den Turm. Oberhalb des Steuerblocks ist die Großfeldlupe des WBGs zu erkennen.

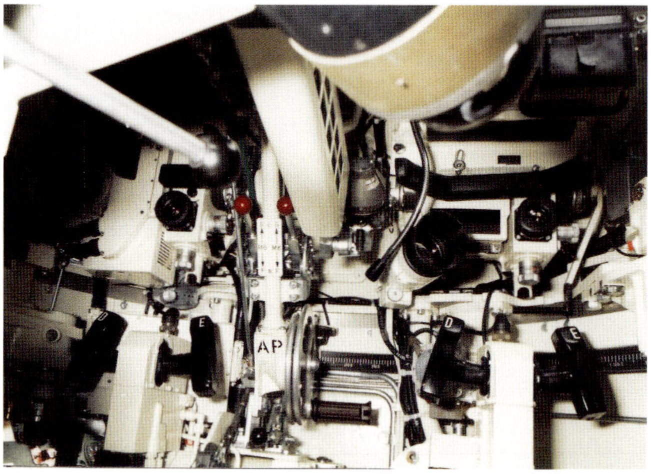

Fotografischer Blick in den engen Panzerturm.

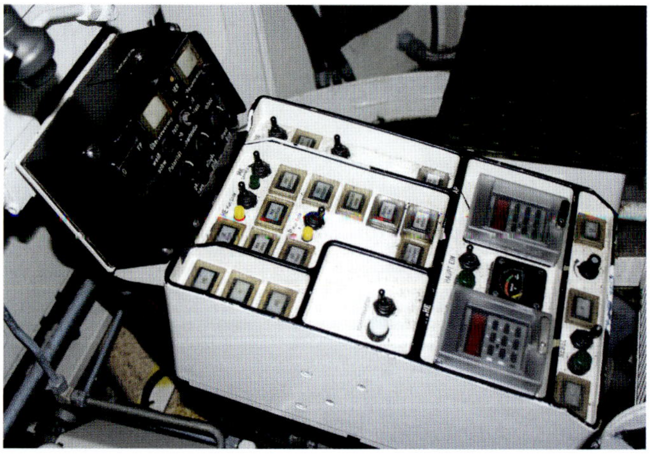

Das aufklappbare Hauptbediengerät. Das WBG-Bediengerät ist oberhalb montiert.

Platz des Kommandanten von oben gesehen. Die Sitzfläche ist hochgestellt. Links die beiden Bediengeräte.

Der Ummantelungsdeckel ist aufgeklappt und lässt die Einbaulage des MG3 erkennen.

Im geöffneten Waffenträgergehäuse sind hier der Wiegenkörper und die Rh 202 gut zu sehen.

Zielperiskop PERI-Z 11A1 rechts, links ist der WBG-Sensor eingebaut.

Änderungen an der Wanne

- Optimierung des Kampfraums und bessere Innenausstattung.
- Verbesserung der Heizungsanlage durch Einbau einer Warmwasser-Heizanlage, gekoppelt mit dem Motorkühlkreislauf; dadurch teilweise neue Kraftstoffleitungsführung notwendig.
- Neue Heckklappe mit größerem Ladevolumen.
- Entfall der Kugelblenden und Verschweißen der Blendenöffnungen.
- Außen an der Wanne befestigte, große Staukästen.
- Auf dem Wannendach wurden statt der bisherigen vier jetzt drei größere Luken eingebaut.
- Fahrerluke wurde nach hinten versetzt und vergrößert, dadurch Entfall der Beobachterluke.
- Sichtmittel unter Panzerschutz durch Einbau von starren Winkelspiegeln.
- Größere Rückspiegel.

Die seitlichen Staukästen werden genau nach Beladeplan für Ausrüstung und Zubehör genutzt.

Die Aufnahme zeigt den hinteren Kampfraum mit Durchgang zum Fahrerplatz bei geöffneter Heckklappe.

Die rechte Seite des hinteren Kampfraums. Der vordere Sitz ist hochgeklappt, um das schnelle Aufsitzen zu erleichtern.

Durchgang zum Fahrer. Der Platz für die Funkgeräte ist leer, die Geräte sind ausgebaut.

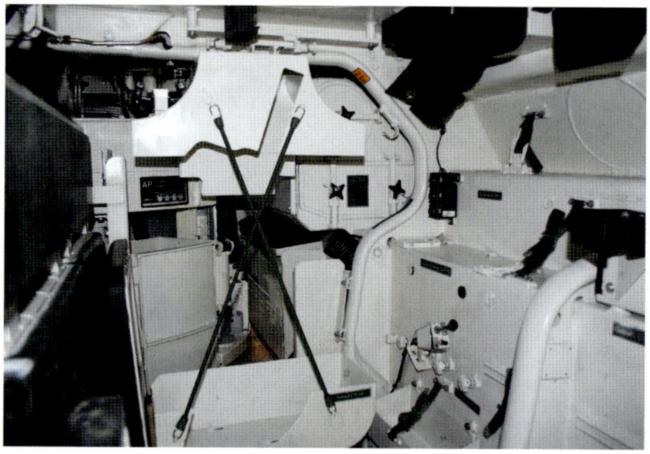

Durchblick zum Turm. Hier ist der Platz für die Transporthalterung der MILAN. Zu beachten sind rechts an der Wannenseite die zugeschweißten Öffnungen für die Kugelblenden.

Das glatte Panzerdeck mit den unterschiedlich großen Luken.

Der Fahrerplatz im MARDER 1 A3 von oben und von hinten gesehen.

Sonstige Änderungen

- neue, leistungsfähigere Funkausstattung mit den Geräten SEM 80/90.
- Änderungen Schalterausführung am Instrumentenbrett.
- Geänderter Tiefwatschnorchel.
- Entfall der Stützsäulen im hinteren Kampfraum.

Ausrüstung mit einer Zusatzpanzerung (ZP)

Im Rahmen der vorgesehenen Kampfwertsteigerung wurde besonderer Wert auf die Zusatzpanzerung des SPz Marder 1 A3 gelegt. Die Forderungen gründeten sich auf die Wirksamkeit der ZP gegen Beschuss mit der leistungsfähigen 30-x-172-Munition sowie der 14,5-x-114-AP, mit welcher die SPW-40P2, SPW-60 und -70 ausgerüstet waren. Splitterschutz

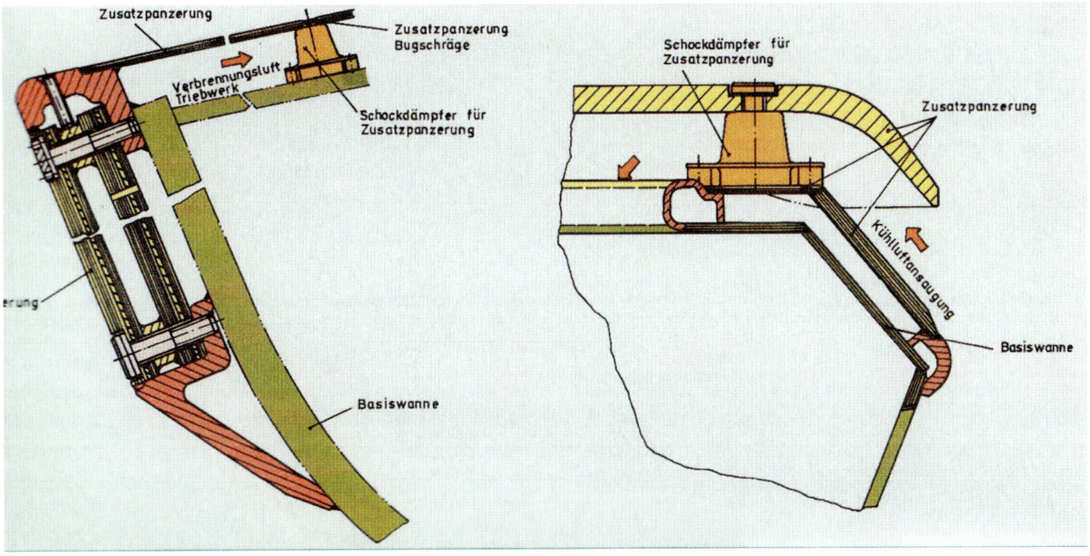

Schematische Darstellung der Zusatz-Panzerung im Front- und Heckbereich.

Die Zusatzpanzerung im Bereich der Triebwerkklappe.

Auf diesem Foto wurde die Zusatzpanzerung demontiert. Gut zu sehen sind die schockdämpfenden Aufnahmen für die Zusatz-Panzerung.

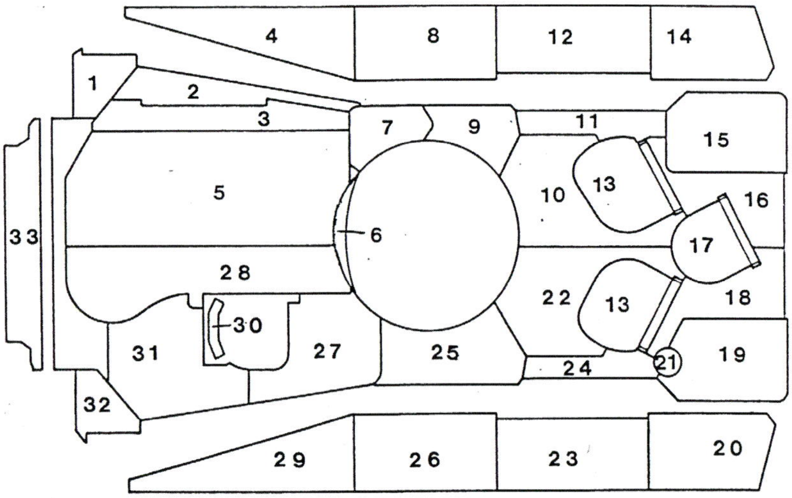

1 Gleiskettenabdeckung vorn rechts (42 kg)
2 Gleiskettenabdeckung vorn rechts (29 kg)
3 Triebwerkraum (31 kg)
4 Seitenschräge vorn rechts (132 kg)
5 Triebwerkraumklappe (129 kg)
6 Schußabweiser (41 kg)
7 Luftansaugschacht (39 kg)
8 Seitenschräge mitte rechts (139 kg)
9 Dachblech (29 kg)
10 Dachblech (50 kg)
11 Dachblech (32 kg)
12 Seitenschräge mitte rechts (137 kg)
13 Lukendeckel (32 kg)
14 Seitenschräge hinten rechts (110 kg)
15 Lüfterabdeckung rechts (152 kg)
16 Dachblech (42 kg)
17 Lukendeckel (23 kg)
18 Dachblech (45 kg)
19 Lüfterabdeckung links (147 kg)
20 Seitenschräge hinten links (110 kg)
21 Tankdeckel (5 kg)
22 Dachblech (55 kg)
23 Seitenschräge mitte links (137 kg)
24 Dachblech (44 kg)
25 Dachblech (53 kg)
26 Seitenschräge mitte links (139 kg)
27 Fahrerraum (44 kg)
28 Triebwerkraumklappe (68 kg)
29 Seitenschräge vorn links (132 kg)
30 Winkelspiegelabdeckung Fahrer (22 kg)
31 Fahrerraum (39 kg)
32 Gleiskettenabdeckung vorn links (42 kg)
33 Fahrzeugbug (282 kg)

Elemente der Zusatzpanzerung.

bei Artilleriegranaten wurde ebenfalls gefordert. Die Nachrüstung erforderte eine ganze Reihe von konstruktiven Maßnahmen. So war nicht nur die gewünschte Schutzwirkung zu beachten, sondern auch noch die uneingeschränkte Möglichkeit von Wartungs- und Reparaturarbeiten. Der Panzerschutz im unteren Bugbereich wurde in einem fest angeschweißten, aber austauschbaren stabilen Profilrahmen angeordnet. Der Panzerschutz des Wannendaches war in geschotteter Ausführung mit zusätzlicher Panzerung ausgeführt. Es kamen Zusatzpanzerungselemente in unterschiedlicher Stärke zur Verwendung. Die ZP-Elemente wurden entweder fest angeschweißt oder auf sogenannte Schockmounts aufgeschraubt. Diese reduzierten die Wirkung eines möglichen Treffers. Insgesamt wurden über 300 Halterungen angebracht. Die Umsetzung der militärischen Forderungen war den beiden beteiligten Firmen Thyssen-Henschel und KUKA hervorragend gelungen. Im November 1988 wurde das erste komplette Vorserienfahrzeug MARDER 1 A3 auf der WTD 91 in Meppen beschossen. Zusätzlich erfolgten verschiedene Ansprengversuche. Die Versuche ergaben insgesamt hervorragende Ergebnisse bezüglich der Schutzwirkung. So durchschlug die 30-mm-Munition zwar die Front-Zusatzpanzerung des A3, ergab aber auf der Grundpanzerung nur eine leichte Beule. Die 14,5-mm-AP-Munition durchschlug die Kettenabdeckung, markierte aber ebenfalls nur das seitliche Panzerblech der Wanne. Auch die Zusatzpanzerung des Turms erwies sich als sehr widerstandsfähig und erfüllte alle geforderten Schutzforderungen. Zusätzlich führte die Anbringung der ZP durch die Hinterlüftung auch zu einer besseren Infrarot-Signatur des Fahrzeuges.

Ein Segment der Zusatzpanzerung von der Rückseite des Turms.

Taktische Erprobung

Die taktische Erprobung durch die Kampftruppenschule 2, SpezialStab ATV/Grp Takt (PzGren), PzGrenLehrBtl 92, erwies sich als sehr intensiv und wertvoll und führte zu mannigfaltigen Änderungen und Verbesserungen. Für die Truppenerprobung stand als Vergleichsfahrzeug auch ein MARDER 1 A2 zur Verfügung. Die Versuche liefen sowohl im Standort MUNSTER als auch auf dem TrÜbPl MUNSTER-NORD. Das Schießen mit Turmwaffen im oberen Winkelbereich wurde auf dem TrÜbPl PUTLOS durchgeführt. Der Truppenversuch wurde zusätzlich von Personal der Industrie begleitet. Stellvertretend für die vorgeschlagenen Verbesserungen am A3 seien hier nur einige

Der MARDER 1 A3 von vorn rechts gesehen.

Das Fahrzeugheck des 1 A3.

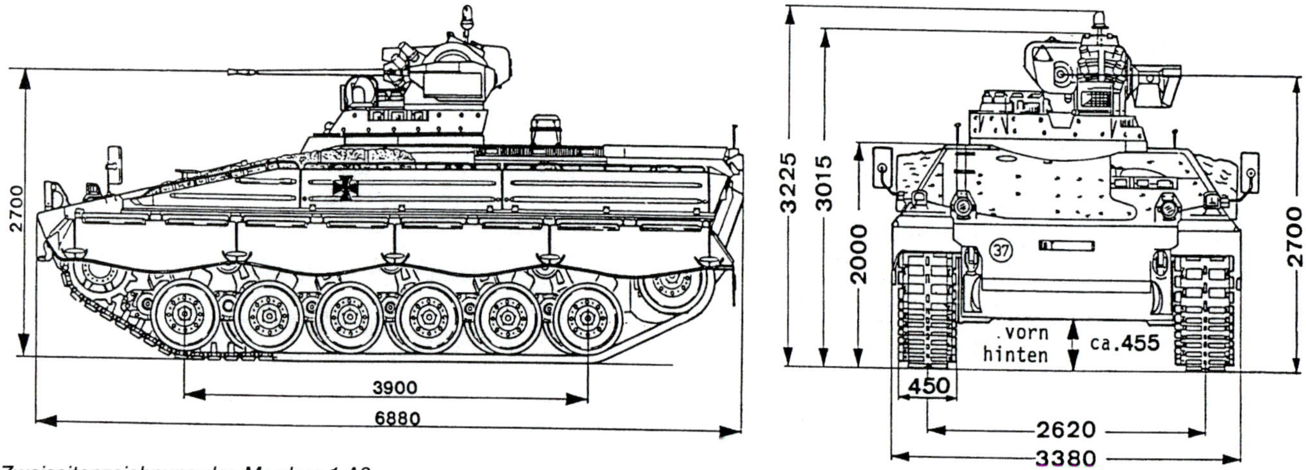

Zweiseitenzeichnung des Marders 1 A3.

Erkenntnisse aufgeführt:
- Bedienbarkeit am Turm-MG,
- Schalteränderungen am Bediengerät,
- Verbesserung der Bedienelemente an der Heizung,
- Heckklappenbedienung,
- Leistungssteigerung an der Bremse,
- Änderung der Notabfeuerung,
- Änderung der Schusszählung,
- Sicherung des Abfeuermagneten MG,
- Verbesserung Rohr- und Verschlusswechsel,
- Verbesserung der Befestigung MIRA,
- Verstärkung der Drehstäbe an den Luken,
- Änderungen an den Kettenblenden.

Im Rahmen diese Truppenversuches wurden u. a. auch Anschlagversuche mit dem G3, dem MG3, dem G11 und der Pz-Fst 3 durchgeführt. Bei der geforderten Nachuntersuchung in MUNSTER und auf den TrÜbPl PUTLOS, GRAFENWÖHR und HOHENFELS konnten im Zeitraum Juni–Dezember 1988 wei-

Technische Daten Marder 1 A3	
Fahrzeugbezeichnung	Schützenpanzer MARDER 1 A3 (SPz MARDER 1 A3)
Versorgungs-Artikelbezeichnung	Panzer, Schützen; Vollkette A3
Versorgungsnummer	2350-12-311-9525
Abmessungen und Gewichte	
Länge	6880 mm
Breite	3380 mm
Höhe bis Oberkante Wanne	-
Höhe bis Oberkante Turm	3015 mm
Bodenfreiheit	455 mm
Spurweite	2620 mm
Böschungswinkel, vorne	-
Böschungswinkel, hinten	-
Kettenbreite	450 mm
Kettenauflage	3900 mm
Gefechtsgewicht	3350 kg
Leistungsdaten	
Grabenüberschreitfähigkeit	max. 2500 mm
Stufenüberschreitfähigkeit	max. 2500 mm
Steigfähigkeit	60°
Fahrgeschwindigkeit vorwärts/rückwärts	65 km/h
Betriebsfähigkeit	
Kraftstoffverbrauch, Straße (DIN)	-
Kraftstoffverbrauch, Gelände	-
Fahrbereich, Straße	-
Fahrbereich, Gelände	-
Watfähigkeit ohne Zusatzausrüstung	-
Watfähigkeit mit Zusatzausrüstung	-
Elektrische Anlage	24 Volt
Motor	
Hersteller	MTU
Typ	833-Ea 500
Bauart	90°-V-Form
Arbeitsweise	Viertakt-Diesel
Arbeitsverfahren	Direkteinspritzung Diesel-Vorkammer mit Abgasturboaufladung
Kühlung	Flüssigkeit/Umlauf
Zylinderzahl	6
Zylinderbohrung	165 mm
Kolbenhub	175 mm
Hubraum	22.400 cm3
Verdichtungsverhältnis	1 : 19,5
Nutzleistung nach DIN 70020	600 PS bei n = 2200 U/min
Max. Drehmoment	2060 Nm bei 1600 U/min
Leerlaufdrehzahl	850 U/min
Volllast-Höchstdrehzahl	2200 U/min
Höchstzulässige Drehzahl	2350 U/min
Getriebe	
Hersteller	Renk GmbH
Typ	HSWL 194, hydromechanisches Schalt-, Wende- und Lenkgetriebe mit 4 Vorwärts- und 4 Rückwärtsgängen
Feststellbremse	mechanisch
Bewaffnung	
Maschinenkanone	
Hersteller	Rheinmetall
Typ	MK 20 mm Rh 202
Wirksame Schussentfernung	bis max. 2000 m
Feuergeschwindigkeit	max. 1100 Schuss/min
Waffenwirkung	Bekämpfung von Luft- und ungepanzerten Erdzielen
Munitionsarten	Sprengbrand (HEI)
	Hartkern (AP)
	Hartkern mit Treibspiegel (APDS)
Kampfbeladung	1250 Schuss
Maschinengewehr	
Hersteller	Rheinmetall
Typ	MG3, Kaliber 7.62 mm x 51
Wirksame Schussentfernung	bis 1200 m

tere wichtige Erkenntnisse gewonnen werden. Abschließend wurde nochmals auf die Notwendigkeit der Wiederherstellung der vollen Beweglichkeit des SPz 1 A3 hingewiesen.
Die Übergabe des ersten MARDERs 1 A3 erfolgte am 17. November 1989 bei der Firma KUKA in Augsburg durch den Präsidenten des BWB, Herrn Dr. H. Gläser, an den Amtschef des Heeresamtes, Herrn Generalleutnant W. Odenthal. Die ersten Serienpanzer erhielt das PzGrenLehrBtl 92 in MUNSTER.
Die Umrüstung auf die dritte KWS erfolgte, nicht zuletzt auch aus Kostengründen, zusammen mit einer fälligen Depotinstandsetzung. So wurden im gleichen Zuge fast 60 technische Änderungen an Turm und Fahrgestell vorgenommen. Der komplette Umrüstungssatz für jeden einzelnen Schützenpanzer umfasste mehr als 5000 Einzelteile.

Ein komplett ausgerüsteter MARDER 1 A3 aus dem Truppenversuch. Interessant sind hier die geraden Kettenschürzen und die kürzeren Staukästen.

MARDER 1 A3 von vorn links.

Der gleiche Panzer von vorn rechts.

Angesetzt war die 3. KWS aus haushaltstechnischen Gründen auf einen Zeitraum von zehn Jahren. Ein erstes Los von 848 SPz wurde vom Haushaltsauschuss im Februar 1989 gebilligt. Insgesamt sah die Planung die Umrüstung von 2100 MARDER-SPz vor. 36 Fahrzeuge wurden als Fahrschulpanzer ausgestattet. Aus dem Gesamtbestand befanden sich ständig 25 SPz auf dem TrÜbPl SHILO/Kanada.

Als Umrüstungspartner erhielten die Firmen Thyssen-Henschel, KUKA-Wehrtechnik, IWS und die FFG in Flensburg langfristige Verträge.

Marder 1 A3 komplett mit aufgesetzter MILAN.

Das Herz des MARDERs 1 A3: Triebwerk mit Motor und Getriebe.

Eher selten zu sehen: ein Foto der blitzsauberen Bremse an einem überholten MARDER aus der Industrieinstandsetzung.

Auch für die Zielbeobachtung beim Nachtschießen kann die MILAN mit MIRA eingesetzt werden.

Neben der Kommandantenluke ist die Schießhalterung für die MILAN angebracht.

Während des Transports wird die Panzerfaust 3 neben der Hecklappe befestigt.

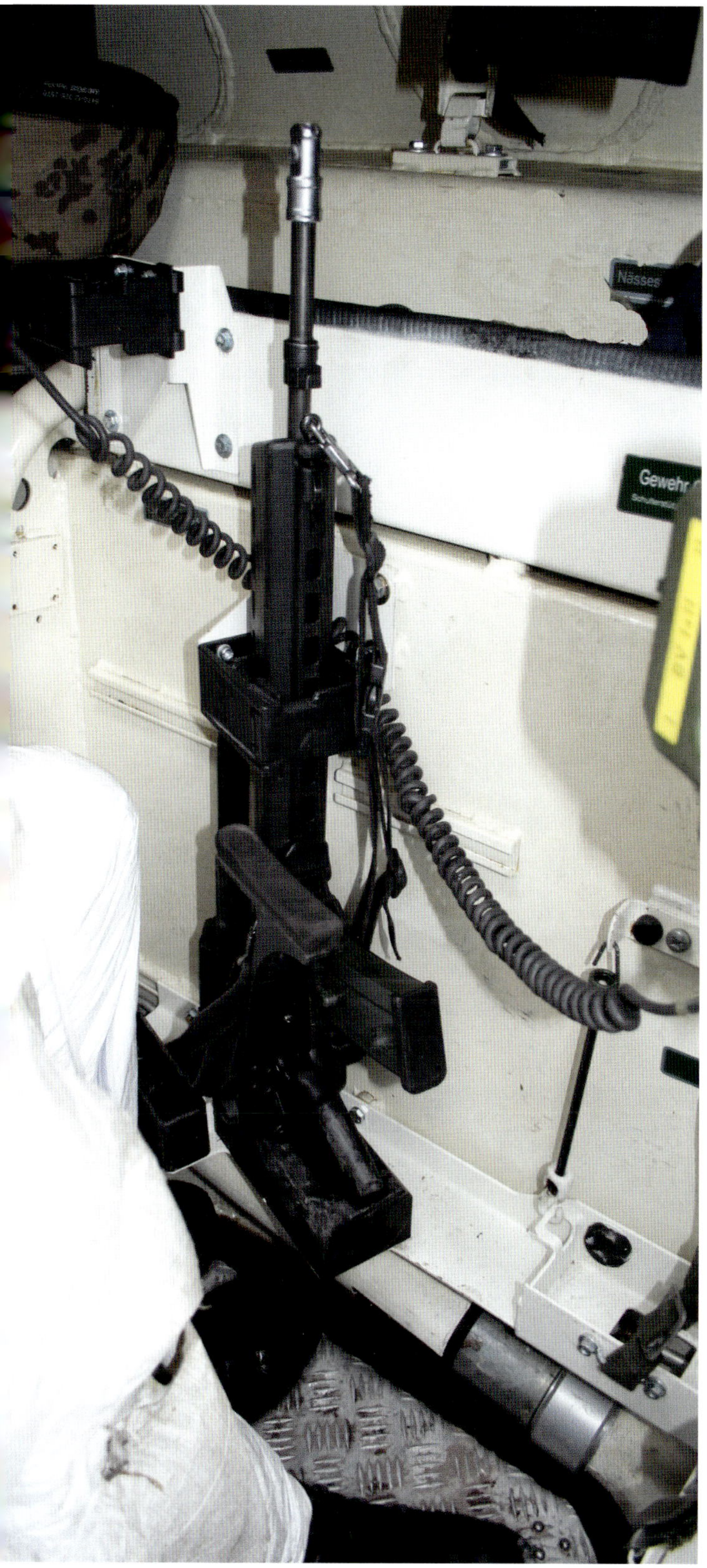

Neben der Kommandantenluke ist die Schießhalterung für die MILAN angebracht.

Während des Transports wird die Panzerfaust 3 neben der Hecklappe befestigt.

5.4 MARDER 1 A3 VB Trp PzMrs

Versorgungsnummer 2350-12-360-9170
68 MARDER 1A3 SPz wurden ab 2000 mittels eines Einbausatzes zum VB Trp PzMrs (Vorgeschobener Beobachter, Panzermörser) umgebaut. Die A3 VB erhielten an Stelle des MILAN/MIRA-Einbausatzes eine spezielle Halterung an der Kommandantenluke für das Zielortungsgerät (TZG 90) sowie eine dazugehörige Verkabelung. Das TZG 90 konnte sowohl am Panzerturm als auch abgesetzt vom Fahrzeug – was meistens praktiziert wurde – betrieben werden. Nachdem die Panzermörserkompanie aus den Grenadierbataillonen herausgenommen wurde, entfiel der Bedarf und es erfolgte eine Umrüstung von 48 Fahrzeugen zum MARDER 1 A3 ArtBeob.

5.5 MARDER 1 A3 ArtBeob

Versorgungsnummer 2350-12-375-4325
Der MARDER 1 A3 ArtBeob (Artilleriebeobachter) war ausgestattet mit fest installiertem PLGR 95 und MRT 86 (MRT = Militarisierter Rechner, tragbar).

MARDER 1 A3 VB Trp PzMrs mit dem Turmzielortungsgerät 90. Dieses Gerät ist anstelle der MILAN-Halterung neben dem Kommandantenplatz angebracht.

Der Militärisierte Rechner, tragbar, wird nur im 1 A3 ArtBeob und im 1 A5 eingesetzt.

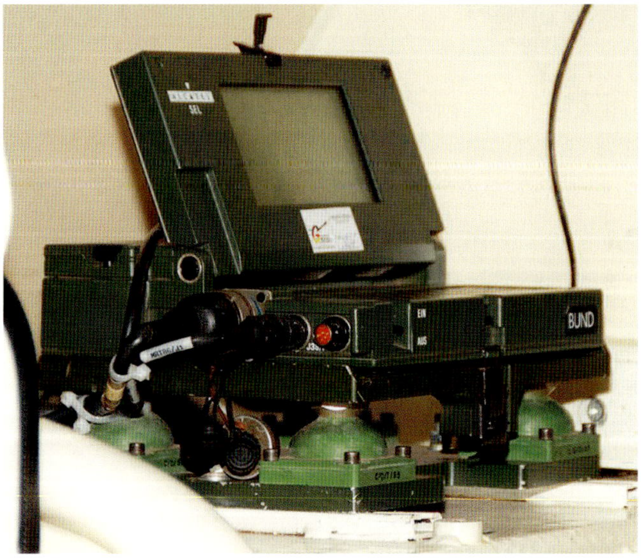

Das TZG 90 ist am Turm montiert.

5.6 MARDER 1 A4

Versorgungsnummer 2350-12-343-8079
Der MARDER 1 A4, ähnlich wie die beiden vorgenannten Varianten äußerlich praktisch nicht vom MARDER 1 A3 zu unterscheiden, wurde als »Bewegliche Befehlsstelle« des Bataillonskommandeurs eingesetzt. Als zusätzliche Ausstattung erhielt der A4 das moderne und sehr leistungsfähige Funkgerät SEM 93. Der Betrieb des SEM 93 unterlag besonderen funktechnischen Sicherheitsauflagen. Hierbei handelte es sich um das von der Firma Thales hergestellte Fahrzeug-Funkgerät mit integrierter Verschlüsselung und Frequenz-Sprung-Verfahren. Für dieses Funkgerät wurde ein besonderer, an den Fahrzeugtyp angepasster Einrüstsatz benötigt. Über eine kabelgebundene Fernbedienung konnte das Gerät auch abgesetzt vom Fahrzeug genutzt werden. Das SEM 93 war mit allen Bundeswehr-VHF-Geräten kompatibel. Insgesamt waren 27 Fahrzeuge in der Nutzung.

5.7 MARDER 1 A5

Versorgungsnummer 2350-12-353-5167
Als Zielsetzung für die Führung von friedenserhaltenden Einsätzen und aus den Erfahrungen der bisherigen Einsätze wurde im Juni 1999 eine Taktisch-Technische Forderung (TTF) für die Minenschutzausstattung des SPz MARDER 1 A3 – aus dem später folgerichtig der MARDER 1 A5 wurde – erstellt. Als Mitprüfung der TTF erfolgte eine Forderung für die Eignung des MARDERs 1 A3 im gesamten Aufgabenspektrum der Bundeswehr. Diese bezog sich auf den Einsatz, die Lager- und Transportfähigkeit sowie auf den Seetransport in verschiedene Klimakategorien gemäß STANAG 2895. Gefordert wurde die Eignung für die Kategorien:
- A 1 = Extrem Hot Dry (+ 32° bis + 49°)
- A 2 = Hot Dry (+30° bis + 44°)
- A 3 = Intermediate (+ 28° bis + 39°)
- B 1 = Wet Warm (+ 23° bis + 32°)
- B 2 = Wet Hot (+ 26° bis + 35°)
- C 0 = Mild Cold (-19° bis -6°)
- C 1 = Intermediate Cold (-32° bis -21°)

Die erweiterte Forderung deutete bereits auf eventuell mögliche zukünftige Einsatzgebiete hin.
Nach einer internationalen Studie muss zukünftig mit einer weitaus stärkeren Minenbedrohung gerechnet werden. Die Anteile der eingesetzten Panzerabwehrminen wurden wie folgt eingeschätzt:

bis 5 kg	15%
bis 8 kg	70%
bis 10 kg	10%

Da der MARDER 1 A3 über keinen bedrohungsgerechten Minenschutz und über keinen Sekundärsplitterschutz verfügte, wurde eine Nachrüstung in diesem Bereich gefordert. Gefährdungen durch Minendetonationen entstehen besonders im Bereich des Wannenbodens durch starke elastische/plastische Verformungen, welche zu schweren Verletzungen der Besatzung führen, zur Zerstörung des Turmtanks mit weiteren Schäden am Turmkorb, sowie durch eine Sekundärgeschossbildung mit letaler Wirkung auf die Besatzung durch die am Wannenboden ungeschützt angebrachten Ausrüstungsgegenstände. Auch die Zerstörung des Notausstiegs, der Bodenventile und der Schweißnähte an den Drehstabtunneln sind wahrscheinlich. Für die Umrüstung beziehungsweise für die Kampfwertsteigerung des 1 A3 waren 1999 zunächst nur 63 SPz vorgesehen. Der Bedarf stieg bis 2002 auf 74 SPz. Die Umrüstung des MARDERs 1 A3 zum 1 A5 war umfangreich und gründlich und stellte die größte Schutznachrüstung dar, die je nachträglich in ein existierendes Bundeswehrfahrzeug eingebaut wurde. Mit fast 50 an der KWS beteiligten Firmen

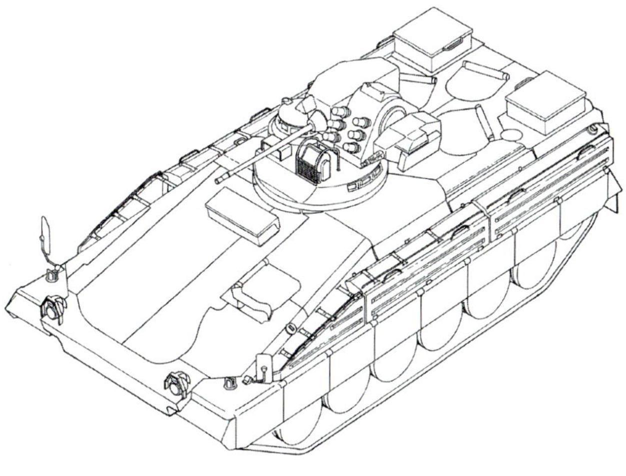

Draufsicht MARDER 1 A5.

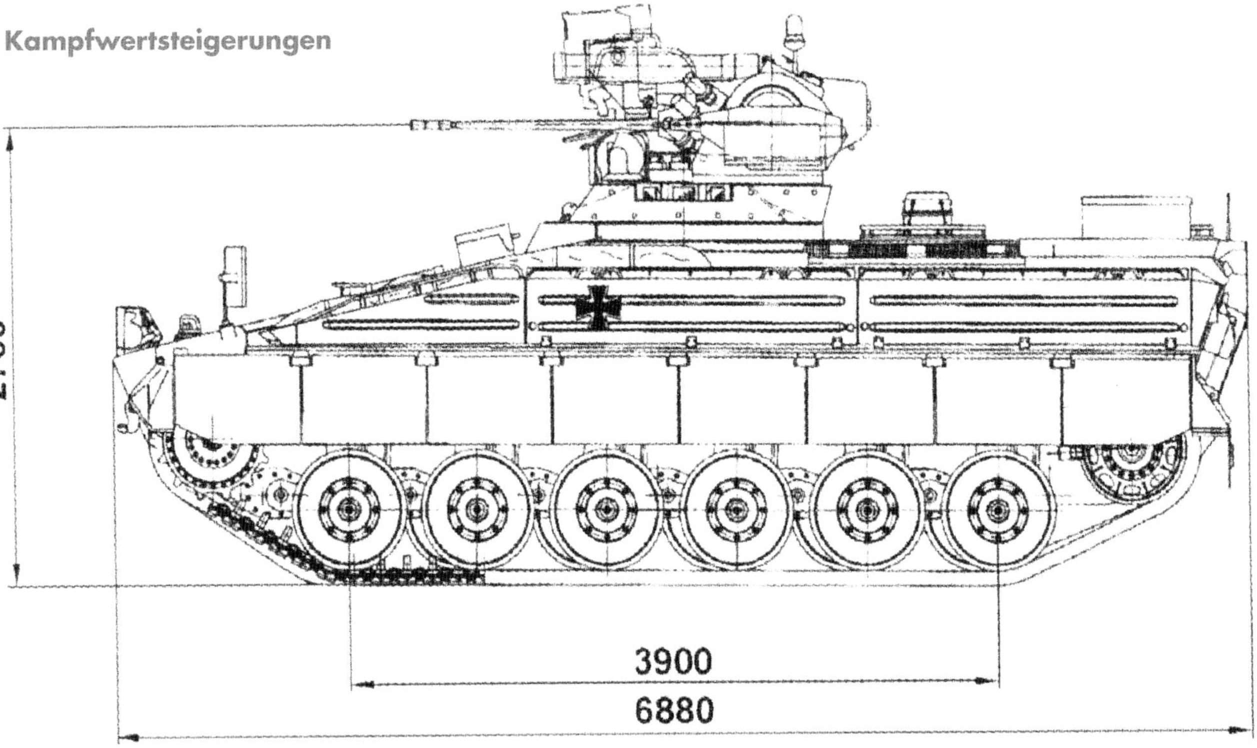

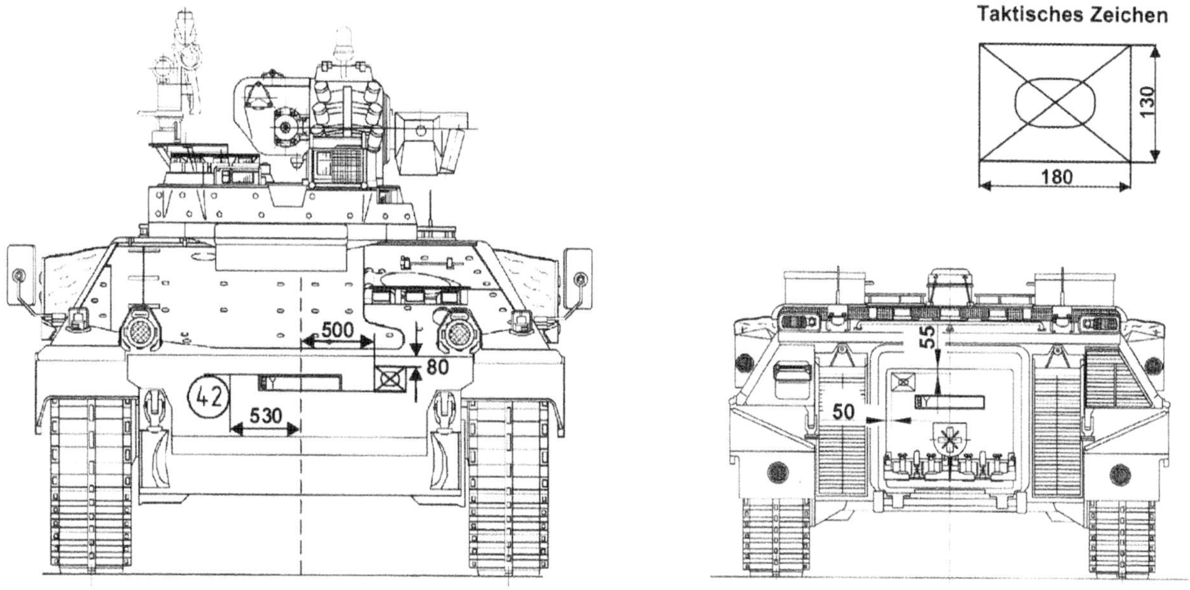

Dreiseitenansicht 1 A5.

und 3450 neuen Bauteilen war es eine ähnlich umfangreiche Nachrüstung wie seinerzeit beim 1 A3. Nachstehend ein Überblick über die im Zuge dieser Umrüstung erfolgten Schritte:

Frühjahr 1996
Erste Untersuchungen bei Henschel zum Minenschutz SPz MARDER

Juli 1996 – Dezember 1999
Auftragsentwicklung durch die Henschel-Werke.

Dezember 1999
Abschluss der Entwicklung gegen Minen bis 5 kg

Juni 2000 – August 2001
Vertrag BWB/Henschel-Werke für einen erweiterten Minenschutz gegen höhere Sprengwirkung (Blastminen)

März 2001 – Juli 2002
Entwicklung von Schutzkomponenten gegen projektilbildende und schwere Blastminen.

In diesem Zeitraum fanden insgesamt sechs Ansprengungen gegen komplett ausgestattete Schützenpanzer MARDER statt. Nach einer letzten Untersuchung bei der WTD 91 wurde der Nachweis der amtlichen Eignung Anfang Juli 2002 erteilt. Der Vertragsabschluss für die Gesamtlieferung von 74 MARDERn 1 A5 erfolgte am 31. Juli 2002. Zwei weitere 1-A5-Vorserienfahrzeuge, welche fast genau den späteren Serienfahrzeugen entsprachen, gingen an die Schule der Technischen Truppen. In einer ungewöhnlich schnellen Produktionszeit von nur fünf Monaten konnte der erste 1 A5 am 18. Dezember gleichen Jahres in Kassel durch den Vorsitzenden der Geschäftsführung Rheinmetall Landsysteme GmbH, Gert Winkler, an Ministerialdirektor Dr. Hans-Heinrich Weise vom Bundesverteidigungsministerium übergeben werden. Generalleutnant Manfred Dietrich und Brigadegeneral Wolf Langheld übergaben die ersten MARDER 1 A5 an das PzGrenBtl 52 in Rotenburg/Fulda. 14 weitere Serienfahrzeuge erhielt das 7. KFOR-Kontingent im Kosovo dann im ersten Halbjahr 2003. In der zweiten Jahreshälfte 2005 wurde der letzte 1 A5 ausgeliefert.

Folgende Änderungen wurden an den SPz im Rahmen der 4. KWS vorgenommen:

Panzerturm
Neben Änderungen an Bedienelementen ist besonders der neue, leistungsfähigere Schleifringübertrager zu nennen. Des Weiteren wurde der von Rockwell Collins hergestellte PLGR 95 (Precision Lightweight GPS Receiver) zusammen mit einer auf dem Turmdach angebrachten Flachkappenantenne fest installiert.

Blick in den Turm des 1 A5.

Die gesamte Turmkonstruktion wurde vom Fahrzeugboden entkoppelt und verstärkt.

Fahrgestell und Wanne
Die weitaus größeren und sehr umfangreichen Änderungen sind im Fahrgestell/Wannenbereich zu finden:
- leistungsgesteigerte Lüfterpumpen für die Motorkühlung
- Einbau der sogenannten 40-Tonnen-Bremse mit insgesamt vier Speichern; dabei wurde sowohl die Betriebs- wie auch die Feststellbremse hydraulisch betätigt
- Einbauvorbereitung für Funkgerät SEM 93
- neue schwere Kettenschürze aus homogenem Panzerstahl
- Stützrollen verstärkt und an der Wanne versetzt
- breitere Kette
- geänderte Schwingarme
- Kegelstumpffedern durch Hydraulikanschlagfedern ersetzt
- Anbringung von drei auf dem Wannendach vorn und hinten montierten Staukästen, welche die aus dem Kampfraum entfernten Ausrüstungsgegenstände aufnahmen
- Schneegreifer Metall durch Hartgummimaterial ersetzt
- abgekoppelte Tankanordnung; so wurde der Turmtank Nr. 3 in der Form geändert und entsprechend der Beulkontur des Wannebodens höher gesetzt

- Minenschutzgerechter Umbau der Inneneinrichtung des hinteren Kampfraumes. Hier wurde der ursprünglich unter dem Sitzgestell eingebaute Kraftstofftank verlegt. Das komplette Sitzgestell wurde vom Boden entkoppelt; ausreichend Freiraum unter den Füßen durch am Sitzgestell angebrachte, abklappbare Fußstützen geschaffen. Alle Sitze waren mit Haltegurten versehen. Änderung der Waffenhalterungen
- Kraftstofftanks mit Explosionsschutz ausgestattet
- Auskleidung des Fahrzeuginneren mit Linern zum Schutz gegen Sekundärsplitter

Der Wannenboden wurde strukturell komplett umgestaltet. Er bestand beim 1 A5 aus einer Panzerstahl-Grundpanzerung unterschiedlicher Stärke und einer im gesamten Wannenboden angebrachten modulierten Schichtpanzerung, die in erhöhtem Maße gegen projektilbildende Minen wirksam war . Der Wannenboden war zudem an der extrem stabilen Mäanderschweißung zu erkennen. Die Wanne wurde durch einen rundum verschweißten Obergurt verstärkt und mit zusätzlichen Eckversteifungen versehen. Der Entwicklungsauftrag beinhaltete den bestmöglichen Schutz in dieser Gewichtsklasse gegen die Wirkung von Blast- und projektilbildenden Minen. Diese Schutzforderung konnte nur durch die Entwicklung neuartiger Minenschutzmodule erreicht werden. Daraus ergaben sich vielfältige systemtechnische Anpassungen wie z. B. die schon beschriebene Neugestaltung des Kampfraumes und durch das in der Folge zwangsläufig gestiegene Gewicht auch umfangreiche Verbesserungen am Fahrgestell. Hier konnte sogar eine bessere Gewichtsverteilung des 1 A5 gegenüber dem 1 A3 erreicht werden.

Durchgang zum Fahrerplatz. Die Fußstützen sind gerade noch zu sehen.

Hinter dem Hebel ist die Struktur des im Panzer verklebten Liners (Splitterschutz) gut zu erkennen.

Eine der wichtigsten Änderungen: hier sind die abgekoppelten Sitze und die abklappbaren Fußstützen sowie der verstärkte Wannenboden zu sehen.

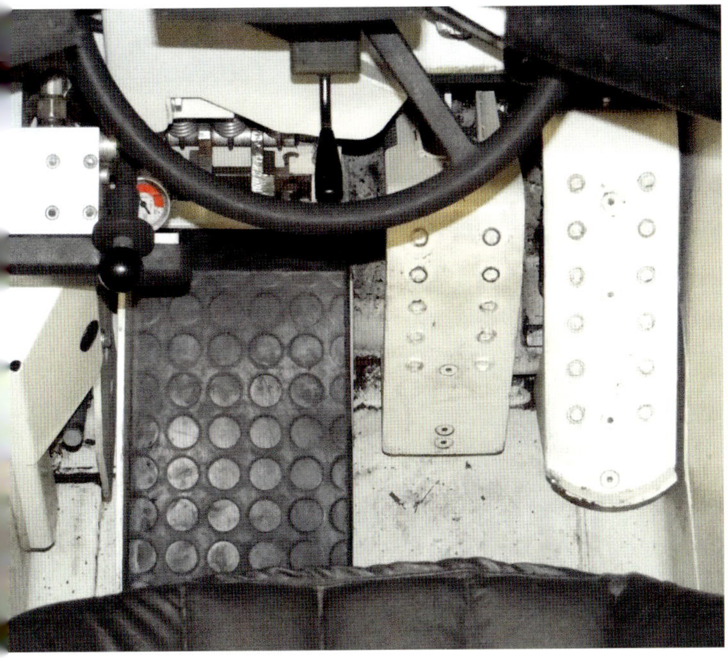

Auch der Fahrerplatz erfuhr einige Verbesserungen.

Nach längeren Versuchsreihen bekam der A5 neue, aus homogenem Panzerstahl bestehende Kettenschürzen.

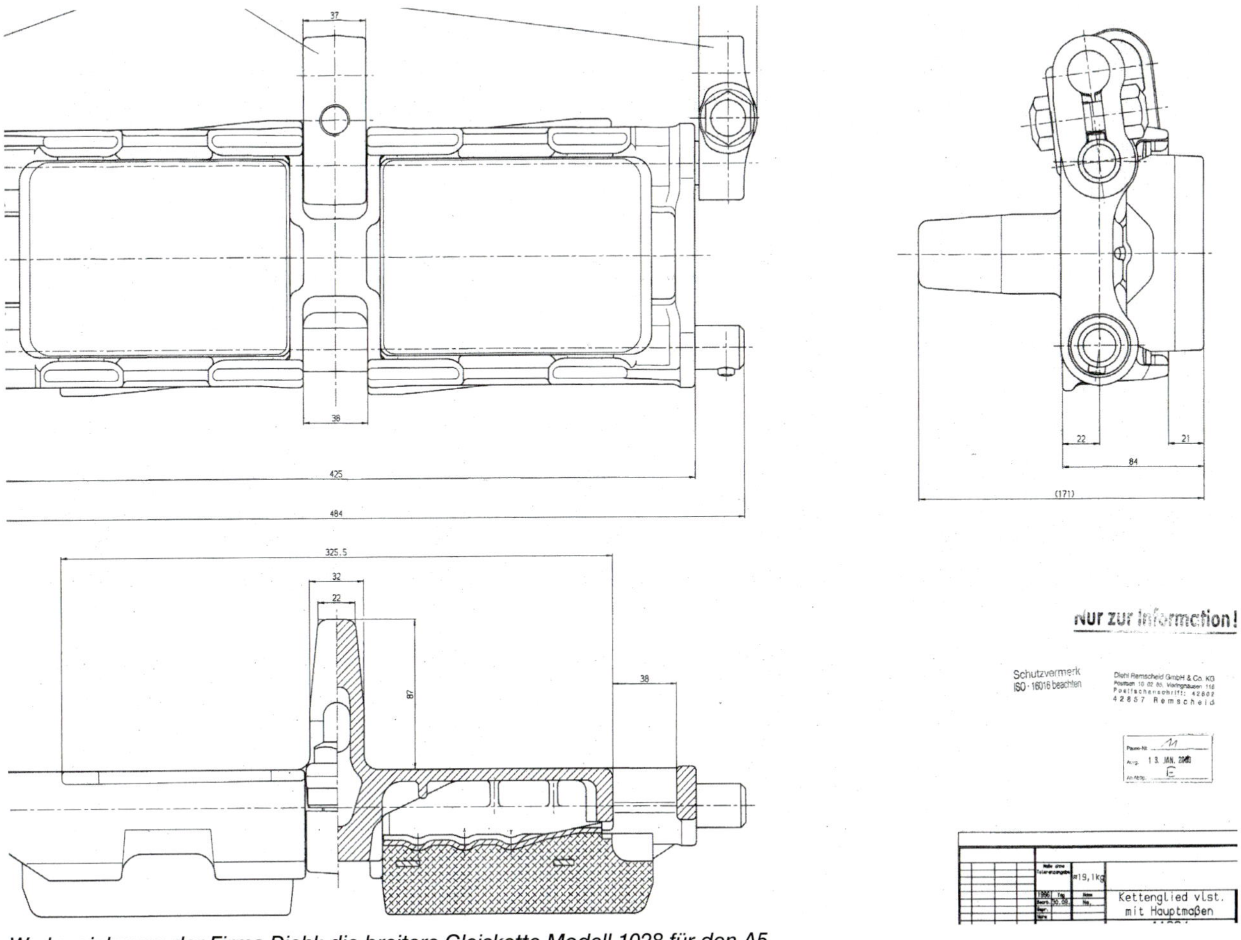

Werkszeichnung der Firma Diehl: die breitere Gleiskette Modell 1028 für den A5.

Triebrad des A5 nach einer Laufleistung von ca. 3000 km.

Die neue Kette bekam auch neue Schneegreifer aus speziellem Gummi.

Das Fahrwerk wurde erheblich verstärkt. Die Stützrollen waren neu platziert. Neue Anschlagdämpfer wurden eingeführt.

Links A5, rechts A3.

Der neu konstruierte, minensichere Wannenboden.

Marder 1 A5 von vorne gesehen.

Marder 1 A5 von schräg vorne gesehen.

Seitenansicht des 1 A5.

Heckansicht des 1 A5.

Das Foto zeigt einen MARDER 1 A5 im Vorder- und einen 1 A3 im Hintergrund. Gut zu erkennen sind die unterschiedlichen Kettenschürzen.

5.8 MARDER 1 A5A1

Versorgungsnummer 2350-12-383-5014

Über mehrere Jahre arbeitete die Firma Rheinmetall an der Entwicklung einer Klimaanlage für den SPz MARDER. Die Entwicklungen wurden von Rheinmetall eigeninitiativ ohne Bundeswehrauftrag vorgenommen. Die Hoffnung, dass die Bundeswehr sich an einer Klimaanlagennachrüstung iteressiert zeigen würde, erfüllte sich zu diesem Zeitpunkt nicht. 1999 wurde die Entwicklung eingestellt. Im Jahre 2000 lief die Erprobungsübung GADTE in den USA. Unter Bezugnahme auf die dort herrschenden Klimabedingungen wurde im Erfahrungsbericht nachdrücklich eine leistungsfähige Klimaanlage gefordert. Einen weiteren Vorstoß in Sachen Klimatisierung unternahm die MaK Wehrtechnik Land im Jahre 1985. Im Rahmen einer Studie wurde ein MARDER 1 (SPz MARDER APU) mit einer Kombianlage »Kleingasturbine-Klimagerät-ABC-Anlage« eingerüstet und zunächst bei der Erprobungsstelle 41 in Trier und einige Zeit später auch bei der Kampftruppenschule 2 in Munster erprobt. Bei der in diesem Fahrzeug eingebauten Klimaanlage handelte es sich um eine Hamilton R 79-3WR (USA) mit einer Leistung von 5 kW, die bis zu einer Temperatur von 44° Celsius bei einer Maximalhöhe von 2000 m funktionieren sollte. Die Firma Rheinmetall führte Ende 2002 die Arbeiten an der Klimaanlage weiter. Der erste Einsatz des MARDERs 1 A5 in Afghanistan zeigte dann die dringende Notwendigkeit einer Kampfraum- und Turmkühlung. Bis zu 80 °C im Inneren des Panzers führten die gesamte Besatzung sehr schnell an ihre Leistungsgrenze. Der Ruf nach einer Klimaanlage wurde lauter und lauter. Über einen Einsatzsofortbedarf (ESB) wurde die Beschaffung im Oktober 2009 von zunächst 10 und etwas später 35 MARDERn 1 A5 mit »Raumkühlanlage« beschlossen. Auf eine mehr oder weniger provisorische Zwischenlösung, z. B. durch den Einsatz einer Omnibus-Klimaanlage, hatte man aus mehreren Gründen verzichtet. Anfang Dezember 2010 begann die Auslieferung der nun als MARDER 1 A5A1 bezeichneten SPz von Kassel aus in ein Bundeswehr-Depot und von dort aus direkt in das Einsatzland. Die Raumkühlanlage des A5A1 wurde von dem Rosenheimer Spezialbetrieb ELMIC für den MARDER entwickelt und gefertigt. ELMIC fertigt seit Jahren spezielle Kühlanlagen für Militärfahrzeuge im gesamten NATO-Bereich. Die Anlage wurde ausgiebig sowohl beim Hersteller wie auch bei der Erprobungsstelle 41 getestet.

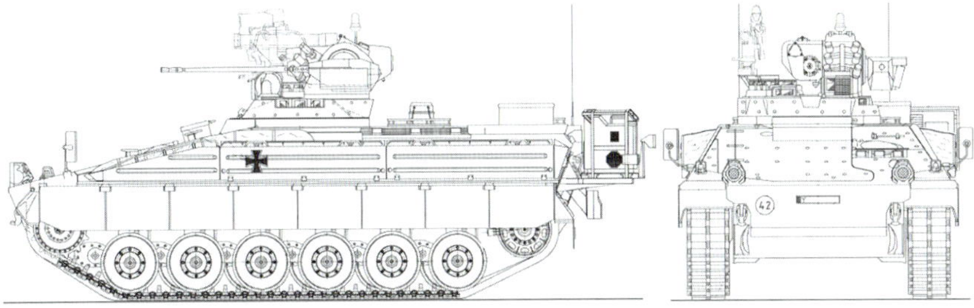

Zeichnung MARDER 1 A5A1.

Für die SPz MARDER 1 A5 und 1 A5A1 entwickelt: die Mobile Multispektrale Tarnausstattung (MMT).

Technische Daten Raumkühlanlage	
Bestandteile	am Heck angebrachtes Leistungsteil, Innenteil im Kampfraum und Bedienteil
Funktionssicherheit	bis 49 °C Außentemperatur bei 15 % Luftfeuchtigkeit
Leistung	6,5 kW
Masse der Gesamtanlage	zirka 345 kg
Besonderheiten	Einbaumöglichkeit für elektronische Schutzkomponenten gegen IED
	Ausstattung mit »Mobiler Multispektraler Tarnausstattung (MMT)«

Nicht schön, aber zweckmäßig und schon seit Jahren von den Soldaten gefordert: MARDER mit Raumkühlanlage vor der Auslieferung.

Die Funktion und Betriebssicherheit der Raumkühlanlage wurde auch im Gelände mit Erfolg erprobt.

Spezielle Abdeckhaube für die Raumkühlanllage.

5.9 MARDER Fahrschulpanzer

Fahrzeugbezeichnung Panzer, Schulung A2:
Versorgungsnummer 2350-12-309-5314
Fahrzeugbezeichnung Panzer, Schulung A3:
Versorgungsnummer 2350-12-361-7290

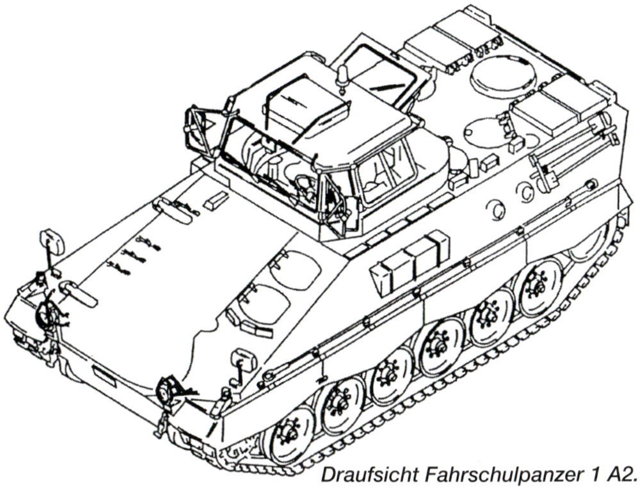

Draufsicht Fahrschulpanzer 1 A2.

Der Fahrschulbetrieb mit dem MARDER erfolgte zunächst mit dem Typ 1 A2. Bei diesem wurde der komplette Panzerturm entfernt. Einige dieser Türme wurden dadurch für die Ausbildung am Turm frei und entweder mit einer hölzernen Abdeckung oder mit der in den Bataillonen vorhandenen glasfaserverstärkten (GFK) Abdeckhaube versehen. Für den Fahrlehrer wurde zunächst der Beobachterplatz hinter dem Fahrer als Arbeitsplatz mit der entsprechenden Ausstattung eingerichtet.

Dem 1 A2 wurde später auf dem gleichen Fahrgestell eine erste, von Krauss-Maffei Wegmann entwickelte Fahrschulkabine aufgesetzt. Diese Einrichtung stellte eine erhebliche Erleichterung für den Fahrschulbetrieb und für die MKF-Ausbildung dar. Dem 1 A2 folgten Fahrgestelle des MARDER 1 A3 mit der gleichen aufgesetzten Kabine. Hier war Platz für den Fahrlehrer und einen mitfahrenden Fahrschüler. Die Kabine verfügte über eine Kühlanlage. Zwei weitere Fahrschüler konnten im hinteren Kampfraum mitfahren. Die Fahrschulanlage war so konzipiert, dass das Gesamtgewicht und das Fahrverhalten des Fahrschulpanzers gegenüber dem SPz Marder 1 A3 unverändert war. Die Fahrschulanlage mit den Doppelbedieneinrichtungen lagerte auf elastischen Elementen. Ein Ballastring schaffte den Gewichtsausgleich für den Panzerturm des SPz. Ein Rückbau des Fahrschulpanzers in einen SPz war ohne Schwierigkeiten möglich. Im Herbst 2010 gab es im Heer noch 23 Fahrschulpanzer 1 A3 und drei Reservefahrzeuge. Sechs Fahrschulpanzer stehen heute im Dienst der chilenischen Armee.

Technische Daten	
Masse (1A3)	33.105 kg
Fahrschulanlage	2400 kg
Ballastring	1500 kg

Fahrschulpanzer 1 A3.

Fahrschulpanzer 1 A2.

5.10 MARDER-Schnittmodell

Mit dem Zulauf der neuen Spz MARDER erhielt die Kampftruppenschule in Munster ein Schnittmodell als Ausbildungshilfe. Dieses sorgfältig hergestellte Modell hat sich im Laufe der vielen Jahre als eine wertvolle Hilfe bei der Ausbildung erwiesen. Der Panzerturm war abgesetzt und wurde in der Turmausbildung genutzt. Die Fotos zeigen, wie die einzelnen Baugruppen »sichtbar« gemacht wurden und damit technische Zusammenhänge schnell erkennen ließen. Leider ist nicht bekannt, wie viele tausend Panzergrenadiere hier die eindrucksvolle Technik des seinerzeit modernsten Schützenpanzers der Welt kennen lernen durften. Das Schnittmodell kann im Panzermuseum Munster auch von Nicht-Panzergrenadieren bestaunt werden.

Das berühmte MARDER-Schnittmodell. Das Foto wurde schon ca. 1972 nach der Aufstellung gemacht.

Auch der Schwingarm mit Lagerung und Drehstabfederung verdeutlicht die Konstruktion und Wirkungsweise.

Der Ansaugtrakt des MARDERs. Die Blechstärken der seitlichen Wannenpanzerung sind gut sichtbar.

Hier ist das Innenleben der Kettenspannvorrichtung und der Radlager sehr gut zu sehen.

6. Die MARDER-Instandsetzung

6.1 Industrieinstandsetzung

Eine Nutzungsdauer von 40 Jahren, wie sie der SPz MARDER nunmehr aufweist, ist nur durch ein ausgeklügeltes Materialerhaltungssystem zu erreichen. Die Bundeswehr hat ihr System im Laufe der Zeit ständig verbessert und zu einer hohen Effektivität ausgebaut. In diesem Kapitel werden erstmals die hauptsächlichen Schritte einer Bedarfsinstandsetzung im Detail beschrieben. Instandsetzungen in diesem Umfang können von

a) Instandsetzungsdepots des Bundes,
b) der Heeresinstandsetzungslogistik GmbH (HIL) oder
c) einer zivilen, ISO-zertifizierten Instandsetzungsfirma

vorgenommen werden. Nachfolgend der Instandsetzungsweg in einer der zivilen Einrichtungen. Aus gegebenen Anlass wurde das im Jahre 1872 als Schiffswerft gegründete und Anfang 1960 als Instandsetzungs- und Ausrüstungspartner der Bundeswehr etablierte Unternehmen Flensburger Fahrzeugbau

Rege Betriebsamkeit in der Demontagehalle. Im Hintergrund M48-Panzer.

Gesellschaft mbH (FFG) ausgewählt. FFG arbeitet neben der Instandsetzung und Ausrüstung für die Bundeswehr auch für die australische Armee (Projekt WARAN), für Norwegen und Dänemark (M 113), Belgien und Chile (Bergepanzer) sowie für weitere 36 Staaten. Auszugsweise wird der Ablauf einer Bedarfsinstandsetzung für den MARDER 1 A3 dargestellt. Zunächst durchlaufen alle überstellten Pz die folgenden Stationen:

- Eingangskontrolle,
- Erfassung,
- Reinigung,
- Demontage,
- Prüfung und Erfassung von wiederverwendbaren Teilen.

Durch die Befundung im Flensburger Werk wird der eigentliche Instandsetzungsumfang jedes einzelnen Panzers festgelegt und die Einstufung nach Genehmigung – entweder durch das Heeresamt oder durch die HIL – vorgenommen. Als Grundlagen dienen die TDven und die Leistungsbeschreibung Instandsetzung (LB/(Inst)). Die Qualitätssicherung und Prüfung wird durch die Güteprüfstelle (GPS) der Bundeswehr sichergestellt. Von der Station Eingang des Fahrzeuges mit Eingangsprüfung kommen wir zur Eingangsbefundung. Diese umfasst zum Beispiel:

- Erfassung des Schadenumfanges (gemeldete Schäden),
- Eingangsbefundung, Fahrgestell/Turm/Triebwerk,
- Prüfung auf Vollzähligkeit der Baugruppen,
- Durchführung Bauzustandskontrolle,
- Probefahrt.

Danach erfolgt eine Kostenschätzung nach Vorgabe Befundung durch die FFG-Prüfer in Abstimmung mit der Güteprüfstelle der Bundeswehr. Die Baugruppenprüfung ergibt entweder »in Ordnung« = kein Ausbau oder Demontage der Baugruppen oder »nicht in Ordnung« = weiterer Ausbau und Zerlegung. Der letztgenannte Zustand löst folgende Sicht- und Funktionsprüfungen aus:

- Hydraulik, Kühlanlage, Kraftstoffversorgungsanlage
- Elektrik (+ Elektrik Getriebe)
- Antriebsachse, Seitenvorgelege, Verteilergetriebe
- Laufwerk, Kette, Fahrwerk
- Bremsanlage, Federung, Dämpfung
- Wanne, Lenkung (Wannenvermessung nur bei Unfallschäden)
- Feuerwarn- und Löschanlage, Heizung, ABC-Schutz
- Tiefwateinrichtung
- Einbausatz PzAbwWa Milan
- BV-Anlage
- Hinweisschilder
- Zusatzpanzerung
- Hydraulik Waffe, Turmhydraulik, Optik, WBG, Druckbehälter

Als nächster Schritt erfolgt die befundsabhängige Demontage und Zerlegung der defekten Baugruppen und Teile. An dieser

Der hochmoderne Kontrollraum für die Motorenprüfung.

Ein MARDER-Motor auf dem Motorenprüfstand in Flensburg.

Endmontage eines A3-Panzerturms.

Hier sind die Details des Prüfstandes besonders gut zu erkennen.

Ablaufstelle wird eine zweite Kostenschätzung in Abstimmung mit der GPS eingeschoben. Erst danach beginnt die Fehlerbeseitigung bei den einzelnen Baugruppen, die Absteuerung von nicht mehr rentabel zu reparierenden Teilen an ein Bundeswehr-Depot oder die Aussonderung. Im zehnten Schritt wird mit der Remontage von Fahrgestell, Triebwerk und Turm begonnen. Schritt elf sieht im Rahmen einer Zwischenprüfung den Abnahmelauf von Motor und Getriebe (Triebwerk) sowie aller einzelnen Baugruppen vor. Instandgesetzte Teile – unabhängig von den Baugruppen – werden vor dem Einbau von der GPS geprüft. Interessant ist an dieser Stelle die Betrachtung eines Prüf- und Abnahmelaufes des Triebwerks.

Nach Erfassung der Motor- und Getriebe-Betriebsstunden werden sämtliche Funktionen wie z. B. Startverhalten, Anlassen des Motors mit und ohne Vorglühen, Funktion der Kontrollleuchten, Funktion Bremspumpe, Funktion Motorabstellung geprüft. Zunächst wird der Motor bei 1400 U/min auf 70 °C Kühlmitteltemperatur gebracht, danach Abstellen und Ölstandskontrolle. Weitere Funktionsprüfungen in verschiedenen Schalthebelstellungen und bei unterschiedlichen Drehzahlen. Druckprüfung von Ölpumpe und Lüfterpumpe sowie die automatische Motorabstellung bei maximal 110 °C. Neben den Belastungsprüfungen bei Volllast werden noch weitere 40 Funktionsprüfungen durchgeführt und die Prüfwerte dokumentiert. Für den Leistungslauf muss das Triebwerk auf dem Prüfstand aufgerüstet, verkabelt und angeschlossen werden. Auf dem speziellen Prüfstand können u. a.

- der Schmierölverbrauch,
- die Verdichtung,
- die Öldrücke,
- die Ventileinstellung und
- die Leistung

des Aggregates genau ermittelt werden. Bei Erreichung der Sollwerte gilt das Triebwerk als abgenommen.

Als Bestandteil der Qualitätssicherung wird eine Fahr- und Bremsprüfung vorgenommen. Zum nächsten Schritt gehören eine Ausgangsprobefahrt, die Durchführung Präzisionsbeschuss, Reinigung des Fahrzeuges, Lackierung des Fahrzeuges. Die eingeschlossene Technische Materialprüfung (TMP) umfasst das Fahrgestell, den Panzerturm, die Waffen und die Prüfung der ABC-Dichtigkeit. Die Fahrzeugdokumentation schließt den Schritt ab. Die im 13. Schritt vorgesehene Endabnahme bei der GPS umfasst auch die eventuelle. Durchführung von Fahrzeugänderungen und die Prüfung von Langzeitlagerungsmaßnahmen (LZL). Ein Instandsetzungsdurchlauf im vorstehend beschriebenen Umfang erstreckt sich in der Regel über 75 Arbeitstage. Nach einem solchen Durchlauf kann man ohne Einschränkungen von einem neuwertigen SPz MARDER ausgehen. Nach Abschluss der Versandvorbereitungen kann das Fahrzeug verladen werden.

Auch die komplette Neulackierung gehört zum Instandsetzungs-umfang.

Prüfarbeiten am Turm für die Endmontage.

Letzte Sichtkontrolle nach der Fertigstellung.

Die 20-mm-Kanone wird auf dem Schießplatz Todendorf eingeschossen.

Wie neu: Ein MARDER 1 A3 wartet auf den Abtransport. Im Hintergrund die Flensburger Förde.

6.2 Instandsetzung in der HIL GmbH

Seit 2005 ist die Heeresinstandsetzungslogistik GmbH (HIL) Partner der Bundeswehr. An dieser Gesellschaft sind die HIL Industrie-Holding und das Bundesministerium für Verteidigung beteiligt. In drei Werken, acht Niederlassungen und über 50 Stützpunkten ist die HIL verantwortlich für die Sicherstellung und Instandsetzung von Waffensystemen und Gerät. Nur die MatErhaltungsstufe 1 wird noch von der Truppe selbst durchgeführt. Für die MatErhaltungsstufen 2 bis 4 sowie für Depotinstandsetzungen ist die HIL zuständig. Der umfangreiche Leistungsvertrag zwischen der Gesellschaft und der Bundeswehr sichert die Verfügbarkeit von Waffen und Systemen unter strengen wirtschaftlichen Gesichtspunkten. Ein wichtiger Punkt des Vertrages ist die Sicherstellung einer täglichen Verfügbarkeit von 70 % des Gerätes. Ein Vorteil gegenüber der alten Instandsetzungsstruktur der Bundeswehr dürfte die ständige Verfügbarkeit von qualifizierten Fachkräften sein. In der alten Struktur, die unter einem kontinuierlich stattfindenden Wechsel ausgebildeter Soldaten litt, kam es dagegen häufiger zu Verzögerungen oder Qualitätseinbußen. Dieser Strukturmangel ist aber nicht etwa damaligen Instandsetzungssoldaten anzulasten.

Die Fotos zeigen typische Arbeiten am SPz MARDER wie zum Beispiel Triebwerkwechsel, Gleiskettenreparatur und Panzerturminstandsetzung.

In den Lastenheften von LEOPARD, LUCHS und MARDER waren die technischen Voraussetzungen für einen schnellen Triebwerkwechsel – auch unter feldmäßigen Bedingungen – gefordert.

Der große, über den Triebwerkraum reichende Deckel, gute Zugänglichkeit zu allen Befestigungen und die Ausrüstung mit Schnelltrennkupplungen lassen bei MARDER einen kompletten Triebwerkwechsel innerhalb von 20 bis 35 Minuten zu. Die wichtigsten Schritte beim Triebwerkwechsel sind:

- Trennen der Schlauchleitungen folgender Systeme: Kühlflüssigkeit, Kraftstoff, Bremssystem, Lüfterhydraulik an den Schnelltrennkupplungen,
- Trennen der Abgasanlage,
- Trennen der Bowdenzüge an der Gasbetätigung und Lüfterschaltung,
- Trennen der elektrischen Anschlüsse,
- Trennen von Lenkgestänge, Gestänge Getriebebremse und Not-Schaltung,
- Bremsdruck am Steuerblock ablassen,
- Ausrücken der Bogenzahnkupplungen der Antriebe links und rechts,
- Lösen der Befestigungsbügel links und rechts der vorderen Triebwerkbefestigung,
- Lösen der Befestigungsschrauben der hinteren Triebwerkbefestigung am Wannenboden,
- Ausheben des Triebwerkblocks mit Lastengeschirr.

Der Einbau erfolgt in umgekehrter Reihenfolge.

Das komplette Triebwerk wird bei der HIL ausgebaut und vor dem Panzer abgesetzt.

Hier hägt das Austauschgetriebe noch am Kran

...die Millimeterarbeit kann beginnen

Fast geschafft! In wenigen Minuten kann der komplette Triebwerksblock wieder eingebaut werden.

Das abgesetzte Triebwerk wird zum Testlauf angeschlossen.

Reparatur am Laufrollenschwingarm.

Ein Blick von schräg unten in den gezogenen Panzerturm.

Der Turm ist gezogen und gibt den Blick auf den Betriebsstofftank Nr. 3 frei.

Aufgebockter A3. Hier werden neue Gleisketten aufgelegt.

7. Der MARDER im Fokus

7.1 Der MARDER in der Truppe

Als 1971/72 die ersten SPz MARDER den einzelnen Panzergrenadierbataillonen zuliefen, wurde die Einführung mit Freude und mit einer großen Erwartungshaltung gesehen. Die lange und sorgfältig durchgeführte Erprobung in der Truppe war vielversprechend und ließ auf einen ausgereiften Schützenpanzer hoffen. »Es lagen sowohl in der Zuverlässigkeit wie auch in allen Leistungsbreichen Welten zwischen dem MARDER und dem HS 30«, erinnert sich auch heute noch Hauptmann a. D. Hinrich Hilker, über lange Zeit mit der Truppenerprobung in Munster beschäftigt.
Ein erster Wermutstropfen waren Störungen an der Maschinenkanone, die bei den ausgelieferten SPz auftraten. Rheinmetall besserte innerhalb kurzer Zeit die Abzugsgruppe nach. Als sehr ärgerlich erwies sich wenige Monate später ein Motorendefekt. Der Motor pumpte aus zunächst unerklärlichen Gründen große Mengen von Motoröl in das Getriebe. Das BWB und die Industrie gerieten sich in die Haare, und der Inspekteur des Heeres sprach zu diesem Mangel sehr deutliche Worte. Als Fehlerquelle wurde eine mangelhafte Labyrinthdichtung ausgemacht.
Nach der Umstellung von der Dreiwegezuführung der Kanone auf den Doppelgurtzuführer gab es erneut Probleme beim Schießbetrieb in der Truppe. Auch dieser Mangel wurde durch eine konstruktive Nachbesserung abgestellt.
Der Wunsch nach einer höheren Motorleistung begleitete den MARDER schon wenige Jahre nach der Einführung. Besonders laut wurde der Wunsch nach mehr PS nach jeder Kampfwertsteigerung, die im Regelfall von einem Mehrgewicht des Fahrzeuges begleitet wurde. Schon bald kam auch die Forderung nach einer kaliberstärkeren Kanone auf. Um die taktischen Möglichkeiten des MARDERs noch besser nutzen zu können, schien eine Stabilisierungsanlage für die Kanone notwendig zu sein. Die Erfüllung dieser Wünsche scheiterte jedoch u. a. an den Platzverhältnissen im Turm, in erster Linie aber an den entsprechenden hohen Kosten. Allerdings wurde eine hydraulische Waffenrichtanlage mit Waffenstabilisierung der Firmen AEG-FWM-Honywell (ASA) für den MARDER und den LUCHS erprobt, sie wurde aber nicht für eine Einführung vorgesehen. In knapp 150 Interviews mit Fahrern, Richtschützen, Kommandanten und Instandsetzern vom Brigadegeneral (mit eigener langjähriger MARDER-Erfahrung) bis zum Obergefreiten wurde nach Stärken und Schwachpunkten gefragt. Vorweggenommen muss festgestellt werden: der MARDER gab über den gesamten langen Zeitraum von bis dato über 30

Eines der ersten Fotos von einem Schießen in Munster. Interessanterweise erschien dieses Foto auch in einer Militärzeitschrift der NVA.

Jahren ein ausgesprochen gutes Bild ab! Was wurde an Stärken genannt? Die Bedienfreundlichkeit des Fahrzeuges auch für Wehrpflichtige wurde als großer Vorteil gesehen. Seine Zuverlässigkeit, der relativ geringe Wartungsaufwand, seine Absitzstärke, seine zuverlässige Bewaffnung, seine Wendigkeit und Schnelligkeit im Vergleich zu anderen ähnlichen Fahrzeugen der NATO (Ausnahme LEO 2) fanden bei der Mehrzahl der Befragten Anerkennung. Die Mängelliste ist für ein Kettenfahrzeug als eher gering einzustufen. Genannt wurden hier:

- unzureichende Bremsen beim MARDER 1 A2,
- fehlerhafte Motordichtungen,
- undichte Kühlanlagen und Schlauchverbindungen,
- Schmutzansammlungen in der Hohlkammer (Kühler) führten zu einem hohen Luftdurchsatz; dadurch hohe Beanspruchungen der Ventilatoren,
- Undichtigkeiten als Standschäden; auch bei LZL,
- MK-Rohr mit höherem Verschleiß (nur bei einem der beiden Hersteller),
- verschmutze Feuerlöschanlagen (Sensoren),
- Verschleiß an den Antriebskränzen (fehlerhafte Legierung),
- gebrochene Kegelstumpffedern (fehlerhafte Herstellung),
- Splinte an der MK gingen häufig verloren (bis 1975).

Interessant ist hier eine Untersuchung bei den von verschiedenen Truppen genutzten MARDERn in SHILO. Diese wiesen stärkere Verschleißerscheinungen an Kette und Antriebskränzen auf. Trotzdem war der Allgemeinzustand gut, auch nach häufigen Benutzerwechseln. Die Überprüfung zeigte hauptsächlich Mängel, welche auf oberflächliche Wartung schließen ließen. So konnten dem MARDER Rost an den Drehstabdurchlässen oder defekte Schaugläser in den Schwingen bzw. abgerissene Schläuche nicht als fahrzeugspezifisch angelastet werden. Der Kettenverschleiß, übrigens weniger häufig genannt, war stark von den Bodenverhältnissen anhängig. Schon bei der Nutzung in der Oberlausitz oder in der Senne waren Verschleißunterschiede erkennbar.

Generell ist festzustellen, dass sich der SPz MARDER in nunmehr 40 Jahren Truppengebrauch als ein recht problemloser, robuster und zuverlässiger Schützenpanzer erwiesen hat. Was ein MARDER im Einsatz wert ist, zeigt sein erfolgreicher Einsatz in Afghanistan deutlich. Wie kein anderes gepanzertes Fahrzeug in der Bundeswehr über die Jahre immer wieder totgesagt und geschrieben, leistet er von KWS zu KWS immer noch gute Dienste. Mit dem Bekanntwerden des Projektes MARDER 2 war die Diskussion zeitweilig beendet. Im Dezember 2010 sind die beiden ersten PUMA aus den Kasseler Werkshallen gerollt, und zeitgleich rollte aus einem anderen Tor des Werkes die neueste KWS des MARDERs mit Raumkühlanlage.

Marder sind bekanntlich zäh ...

Da ging es auch für den MARDER nicht mehr weiter. Die Panzertruppe leistet Bergehilfe.

Marsch auf dem Übungsplatz. Die MARDER haben noch nicht die neuen Kettenschürzen.

Gemeinsames Übersetzen. Rechts ein A5, links ein A3.

Volle Konzentration beim Kommandanten und beim Fahrer.

Ein MARDER 1 A5 in voller Fahrt.

Voll »aufgerödelt« . Man beachte die MILAN am Turm.

Lehrvorführung zusammen mit Hubschraubern Bo-105 in Munster.

Perfekt getarnt in Thüringens Wäldern.

MARDER brechen durch. Heiße Phase auf dem Übungsplatz Munster-Nord.

Ein MARDER 1 A3 mit montiertem Duellsimulator.

Auf diesem Foto ist der »Ausbildungs- und Duellsimulator MARDER (AGDUS)« besonders gut zu erkennen. Am Turm links die Messeinheit, vorn in der Mitte die beiden Referenzmodule.

Gehört dazu: kurze Einweisung während der Gefechtsausbildung.

Ein MARDER 1 A3 überwindet im Sprung deckungsloses Gelände.

Fahrerausbildung im mittleren Gelände.

Zwei MARDER-Generationen vereint im Gelände. Vorn ein A3, dahinter ein A5.

Beobachtungshalt, angelehnt an ein Birkenwäldchen.

Abgesessene Panzergrenadiere werden wieder von ihrem MARDER aufgenommen.

MARDER rückt vor.

Feuerstoß aus der 20-mm-Kanone. Eine Hülse ist noch im Flug zu erkennen.

Die besondere Art der Wasserverdrängung.

Die Grenadierkompanie macht sich fertig zum Schießen.

Wintertarnung.

Etwas Warmes braucht auch die MARDER-Besatzung.

Marsch auf glatten Straßen. Auf der Kanone vorne ist der Mündungsfeuerdämpfer montiert.

Die feste Straße ist erreicht. Demontage der Schneegreifer beim A3.

Ein gut getarnter MARDER auf dem Weg in die Feuerstellung.

Hier beseitigt der Kommandant eine Ladehemmung am Turm-MG.

Eine stimmungsvolles Foto vom Truppenübungsplatz Wildflecken.

Vor dem ersten Schuss.

Betriebsstoffübernahme vom Bergepanzer.

Feuerstoß aus der MK 20 mm. Erkennbar ist hier der Leuchtsatz der Patrone.

Hier wird sorgfältig gegurtet.

Arbeiten, die jeder Panzergrenadier zur Genüge kennt …

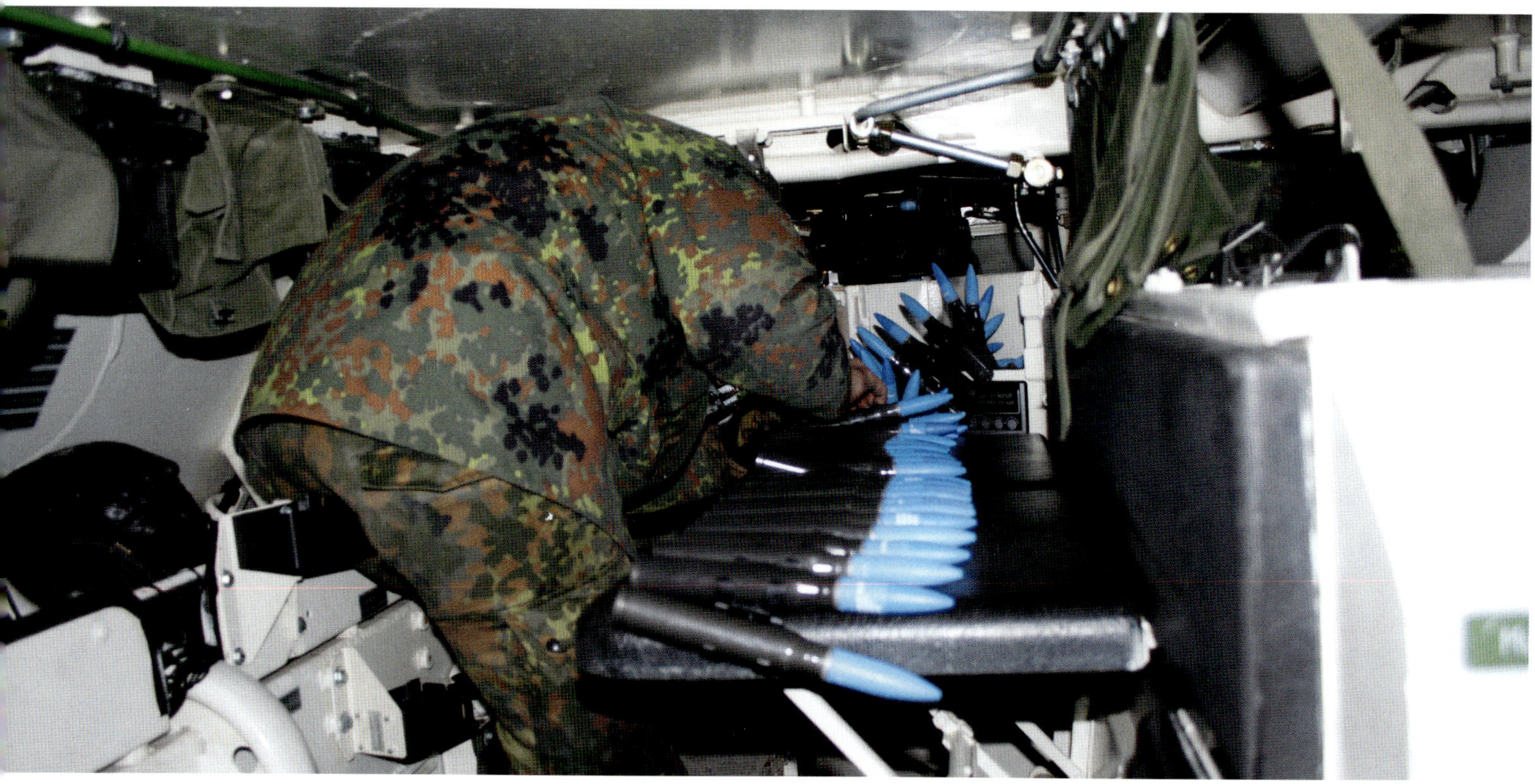

Aufmunitionieren über die Sitze des hinteren Kampfraumes.

Warten im Nebel. Keine Sicht – kein Schuss.

Ein ausreichender Vorrat an gegurteter Übungsmunition liegt bereit.

Ein MARDER nebelt sich ein.

Tiefwatübung des Lehrbataillons. Tiefwatschnorchel ist aufgesetzt.

7.2 Panzerung und Beschuss

Aufgrund der steigenden Bedrohung durch die deutliche Überzahl an Schützenpanzern im Warschauer Pakt und die neben dem BMP-1 zusätzlich eingeführten neuen BMP-2 wurde der Forderung nach einer stärkeren Panzerung des SPz MARDER ab 1987 entsprochen. Den an der Entwicklung einer Zusatzpanzerung beteiligten Dienststellen, Instituten und der Industrie gelang es, den MARDER in einem angemessenen Zeitraum der Bedrohungslage panzerungstechnisch anzupassen. Die Verbesserung des Schutzes wurde schrittweise und in gegenseitiger enger Zusammenarbeit innerhalb von knapp zwei Jahren erreicht. Zu diesem Aufgabenkomplex gehörte auch die Prüfung aller Instandsetzungsverfahren und -möglichkeiten der durch Kampfeinwirkungen beschädigten Fahrzeuge. Grundlagen der Entwicklung waren neben der Theorie in besonderem Maße der Beschuss und die Ansprengungen von Versuchsträgern unter realistischen Bedingungen. Besonders seien hier die Arbeiten des Bundesamtes für Wehrtechnik und Beschaffung und der Firma Thyssen-Henschel AG erwähnt, welche durch vielfältige Versuche zu der jetzt bekannten leistungsfähigen Lösung gekommen sind. Als Beispiel muss hier der aufwändig durchgeführte Beschuss- und Ansprengversuch bei der WTD 91 in Meppen von Dezember 1998 bis Dezember 1999 genannt werden. Hierbei wurden nach den Versuchsreihen eine Reihe von Verbesserungen an der Zusatzpanzerung durchgeführt. Als Ergebnis der damaligen Ansprengversuche wurde eine Stahl-Kettenblende für das Laufwerk empfohlen. Diese Kettenblenden – nochmals verbessert – kamen wohl aus Kostengründen erst beim A5 zum Einsatz. Bei den umfangreichen Versuchen kamen zum Beispiel bei den Ansprengungen bis zu 1,65 kg PEIN zur Anwendung. Beschossen wurde bei den damaligen Versuchen mit Waffen im Kaliber 14,5 x 114 mm AP und 30 mm APDS. Die 30-mm-Munition durchschlug zwar die Kettenschürzen und beschädigte die Wannenseite, konnte allerdings diese nicht durchschlagen und damit das Fahrzeug außer Gefecht setzen. Als sehr wirkungsvoll erwies sich die angebrachte Zusatzpanzerung an Wanne, Fahrgestell und Turm. Der besonders stark gefährdete Fahrzeugbug hielt dem Beschuss ohne Durchschuss stand. Sekundärschäden waren bei einem massiven Beschuss allerdings nicht zu vermeiden. Der sehr gute Schutz gegen die 30-mm-Munition war auf die ballistisch günstige Form im Zusammenhang mit der aus hochwertigem Panzerstahl bestehenden Zusatzpanzerung zurückzuführen. Die vorgenommene Kampfwertsteigerung durch die präzise angepasste Zusatzpanzerung war auch für Schützenpanzer einiger andere Nationen als richtungsweisend. Nicht zuletzt bewies die neueste KWS beim A5 und A5A1 die Qualität der Konstruktion. Spätere Beschussversuche auf den SPz MARDER mit dem BMP-2 auf 400 Meter Entfernung mit 30-mm-AP-Munition zeigten eindrucksvoll den wirkungsvollen Panzerschutz. Die nach wie vor in vielen osteuropäischen, afrikanischen und Nah-Ost Ländern als effektive Fahrzeugbewaffnung eingesetzte 14,5-mm-Munition wurde Anfang 2011 in einem weiteren Beschussversuch beim Bayerischen Beschussamt Mellrichstadt getestet. Das dortige Beschussamt führt seit Jahren ständig Beschussversuche und Versuche mit definierten Granatsplittern an unterschiedlichen gepanzerten Fahrzeugen durch. Beschossen wurde im vorgeschriebenen Winkel eine Kettenschürze/Wannenkonstruktion und ein Element der Zusatzpanzerung. Die Ergebnisse werden durch die Fotos verdeutlicht.

Im Schießkanal des Beschussamtes in Mellrichstadt. Ein AP-Geschoss trifft auf eine Panzerplatte.

Ein zum Beschuss vorbereitetes Panzerblech.

Die beschossene Zusatzpanzerung zeigt sich von der 14,5-mm-AP-Munition unbeeindruckt.

7.3 MARDER-Test von Fritz B. Busch

In allen militärischen Fachzeitschriften der NATO und des Warschauer Paktes wurde über die Entwicklung, Konzeption und Fahrleistung des Schützenpanzer MARDER berichtet. Militärisch korrekt, natürlich.

Der Illustrierten Stern ist es zu verdanken, dass in ihrer Rubrik »Sternmotor« der humorvollste Bericht über den MARDER veröffentlicht wurde. In Heft Nr. 43 von 1969 berichtet Fritz B. Busch, bekannt durch seine fachlich sehr guten und humorvoll unübertroffenen Autotests, über den neuen Schützenpanzer der Bundeswehr. Der Stern widmete dem MARDER unter dem Titel »B. Busch spielt mit dem Marder« sogar ganze vier Seiten! Auszugsweise einige Passagen aus diesem ganz besonderen Panzertest:

»Falls jemand nach mir fragen sollte – ich sitze vorn direkt neben dem Getriebe. Es reicht mir bis zu den Schultern, und wir wollen hoffen, dass es nicht kaputtgeht, denn ein Austauschgetriebe kostet so viel wie ein Haus – knapp hunderttausend Mark. Es ist aber auch ein besonders feines Getriebe, man kann es automatisch arbeiten lassen, aber auch von Hand durchschalten, und es funktioniert so leicht wie der Blinkerhebel an einem Kleinwagen. Für einen Getriebeölwechsel muss man sich allerdings etwas Zeit nehmen. Vielleicht gewinnt man den Tankwart dafür, seinen freien Tag zu opfern. Er muss fünfundneunzig Einliterdosen aufmachen und hineinkippen.

... in sehr schnell gefahrenen Kurven ist kaum Seitenneigung vorhanden, und wenn man die Lenkung etwas überzieht, ohne vom Gas zu gehen, gelingt einem ein sportwagenmäßiger Powerslide wie im Bilderbuch. Weil der Wagen aber Frontantrieb hat, lässt sich das ausbrechende Heck mühelos wieder einfangen. Der ganze Vorgang bietet dem sachverständigen Zuschauer einen erregenden Anblick, den er jedoch nur aus der Deckung heraus genießen sollte. An Stelle von Strohballen empfiehlt sich eine etwa ein Meter dicke und zwei Meter hohe Betonmauer als Zuschauerschutz. Daran mag es wohl auch liegen, dass mit solchen Fahrzeugen, die doch von jungen Leuten bewegt werden und die recht üppig motorisiert sind, noch keine Rennen ausgetragen werden.

... das Motorengeräusch wird auf die Dauer etwas lästig, besonders für den Fahrer, der das rechte Ohr gewissermaßen am dritten Zylinder hat. Und jeder Zylinder hat den Hubraum eines Straßenkreuzers, nämlich 3,8 Liter. Will man sich den dazugehörigen Kolben vorstellen, so ist der Vergleich mit einem in der Mitte durchgesägten Marmeladeneimer wohl nicht unangebracht. Aus den Kolbenringen ließen sich mit einigem Geschick modische Gürtel schmieden.«

8. Der MARDER im Auslandseinsatz

8.1 Der MARDER im Kosovo

Am 11. Juni 1999 stimmte der Deutsche Bundestag dem am Tage zuvor vom UNO-Sicherheitsrat verabschiedeten Einsatz von NATO-Truppen im Kosovo zu. Schon am nächsten Tag rollten gegen 15.00 Uhr auch die ersten Bundeswehr-Einheiten im Kosovo ein. Zusammen mit dem SpähPz LUCHS und dem KPz LEOPARD 2 waren auch die SPz MARDER 1 A3 schon von der ersten Stunde an mit dabei. Der MARDER 1 A3 hatte vor allen Dingen Sicherungsaufgaben, Fahrzeugkonvoi-Begleitung, Check-Point-Absicherung, Erkundungen und ständige Patrouillentätigkeit wahrzunehmen. Es waren im Laufe der Jahre eine Vielzahl von Panzergrenadierbataillonen in diesem Einsatzgebiet erfolgreich tätig. Stellvertretend seien die Bataillone 112 (Regen), 192 (Ahlen), 212 (Augustdorf), 352 (Mellrichstadt)und die 411 aus Viereck genannt. Die MARDER

Ein MARDER, eingesetzt zur Sicherung einer Straßenkreuzung. (Foto: IMZBw)

MARDER im Lager Tetovo/Mazedonien.

Ein MARDER durchquert eine Furt der Nordumgehung Prizren.

waren hauptsächlich in Prizren, Camp Suvar Reka, sowie auch in Mazedonien im Camp Erebino stationiert.

Aufgrund der real existierenden Gefahr durch Minen verschiedener Bauarten erhielten die Panzergrenadiere im Zeitraum April/Mai 2003 die ersten MARDER 1 A5. Dazu eine kurze Übersicht über den Beschaffungsablauf des verbesserten Schützenpanzers.

- Unterzeichnung des Entwicklungsauftrag für den A5 am 31.07.2002
- Übergabe des ersten Serienexemplars schon am 18.12. des Jahres nach nur 5-monatiger Entwicklungs- und Produktionszeit
- Verschiffung der ersten 15 1 A5 im April von Cuxhaven nach Thessaloniki (GR). Von dort Transport in den Kosovo zum 7. Einsatzkontingent

Der Schützenpanzer MARDER 1 hat sowohl in der Version A3 als auch in der Version A5 seine Aufgaben im Krisengebiet zu 100 Prozent erfüllt.

Gab den Soldaten die notwendige Sicherheit gegen Minen: MARDER 1 A5 im Kosovo. (Foto: IMZBw)

Gemeinsam im schweren Gelände: Marder und Leopard 2. (Foto: Strategische Aufklärung Bw)

Endlich bei der Truppe: Der erste MARDER 1 A5 im Kosovo.

8.2 Der MARDER in Polen

Die erste Übung auf einem polnischen Truppenübungsplatz fand vom 21. Januar bis zum 8. März 2000 unter dem Namen »Fire and Ice« statt. Ziel dieser Übung war die Durchführung von Schieß- und Gefechtsausbildung unter besonderen klimatischen Bedingungen bei Niedrigtemperaturen. Als Leitverband fungierte das PzBtl 33 aus Neustadt/Rübenberge. Neben 8 KPz LEOPARD 2 A4 und 2 Überschneefahrzeugen BV 206 D nahm auch ein Zug MARDER 1 A3 vom PzGrenBtl 212 Augustdorf an dieser Übung teil. Diesem Erstvorhaben waren umfangreiche Vorbereitungen von Benutzungsgenehmigungen, Erkundungen bis zur kompletten Logistik vorausgegangen. Der ausgewählte Truppenübungsplatz Bemowo Piskie, Masuren (PL), liegt im östlichen Teil Polens, zirka 100 km von der Weißrussischen Grenze entfernt. Bemowo Piskie wurde bereits 1891 als Truppenübungsplatz für die Kaiserliche Armee unter dem damaligen deutschen Namen Arys errichtet. Der Platz liegt auf einer Höhe von 130 m und weist neben ausgedehnten Waldgebieten hauptsächlich welliges Gelände auf. Der Eisenbahntransport des Verbandes erfolgte von Neustadt/Rbg. nach Orzysz (PL). Zwar herrschten zum Übungsbeginn die gewünschten -17 °C vor und verursachten auch einige Schwierigkeiten wie eingefrorene Bremsanlagen oder paraffinierten Dieselkraftstoff, doch führte einsetzendes Tauwetter für einige Tage zu einer gänzlich anderen Übungslage. Es wurde bei diesem Übungsvorhaben mit der 9. Panzerkavalleriebrigade (PL) und dem 49. Kampfhubschrauberregiment (PL), ausgestattet mit M 24 (HIND-D), mehrfach positiv zusammengearbeitet. Zwar musste man auf die erwarteten Tieftemperaturen weitestgehend verzichten, das Übungsvorhaben konnte aber aufgrund der gesammelten Erfahrungen als erfolgreich bezeichnet werden. Die eingesetzten MARDER 1 A3 erfüllten ihre Aufgaben ohne Störungen und hatten Gelegenheit, im Rahmen der Schieß- und Gefechtsausbildung zirka 2000 Schuss AP- und AT-Munition zu verschießen.

8.3 Der MARDER in den USA

Von Juli bis August 2000 fand unter dem Namen GADTE, German Army Desert Training Exercise, eine Erprobungsübung unter extremen Hitzebedingungen statt. Die breit angelegte Erprobungsübung wurde im Auftrag des Inspekteurs des Heeres, General Willmann, durchgeführt. Für dieses bis dato einmalige Vorhaben wurden die GE Maneuver Areas Fort Bliss, Texas, in direkter Nachbarschaft zum Bundesstaat New Mexico, genutzt. Als Lager der Übungstruppe diente das 1250 m hoch gelegene Dona Ana Range Camp. Der Übungsplatz selbst ist ein Wüstengebiet, teilweise mit steinigen Abschnitten. Ziel dieser aufwändigen, aber auch erfolgreichen Übung war der Einsatz von Mensch und Material unter härtesten Hitzebedingungen, wie sie in Europa nicht vorkommen. Unter Nutzung der US-Army-Schießbahnen wurden Gefechtsschießen bei Tag und Nacht geübt, auch im Wechsel von auf- und abgesessenem Kampf. Die Wüstenbedingungen beanspruchten sowohl die Soldaten wie auch das eingesetzte Material in besonderem Maße. Unter der Führung von OTL R. Buske wurden folgende Panzer eingesetzt:

- 1 Zug Kampfpanzer LEOPARD 2 A5
- 15 Schützenpanzer MARDER 1 A3
- 1 Schützenpanzer MARDER 1 A4

Die SPz MARDER und ihre Besatzungen kamen vom PzGrenBtl 401, Hagenow (M-V). Die Übung führte besonders die Grenadiere sowie die SPz- und KPz-Besatzungen an die Grenzen ihrer Leistungsfähigkeit. Die Spitzen-Außentemperaturen in der Wüste lagen am Tage bei knapp über 50 °C. Die Belastungen in den Fahrzeugen wurden gemessen und dokumentiert. So stellte man die höchsten Temperaturbelastungen bei den Fahrern und bei den Richtschützen fest. Diese lagen zwischen 40 °C und 50 °C, als Spitzentemperaturen wurden kurzzeitig sogar bis zu 62 °C gemessen. Unter diesen Bedingungen konnte ein Einsatz aufgesessen bis maximal 120 Minuten im Fahrzeug und abgesessen bis maximal 30 Minuten verantwortet werden. Wie bewährte sich nun der MARDER 1 A3 im Wüsteneinsatz? Nicht zuletzt dank eines sehr gut funktionierenden Instandsetzungskommandos mit den Fachrichtungen Fahrgestell, Waffe und Funk und eines klugerweise sehr umfangreichen mitgeführten Ersatzteilvorrates kam es zu keinem Totalausfall während der Übung. Neben hitzebedingten Ausfällen (nur am Tage) an einigen wenigen Doppelgurtzuführern und Hydraulikventilen »streikte« auch das eine oder andere GPS-Gerät. Generell kommen bei dieser extremen Hitze auch andere Betriebsflüssigkeiten an ihre Grenze. In diesem Zusammenhang darf bemerkt werden, dass die geforderte Betriebssicherheit im Lastenheft bei 38–40 °C lag! Der harte Wüstensand (Härte 8) sorgte für einen messbar höheren Verschleiß an den Gleisketten, den Kettenpolstern, den Gummibandagen der Laufrollen

Dem MARDER 1 A3 wurde bei der German Army Desert Training Exercise alles abverlangt. Die Übung verlief unter extremen klimatischen Bedingungen.

Marsch durch heißen Wüstensand zur Dona Ana Range.

Nicht nur die Panzer wurden ungewöhnlich hart beansprucht; die Temperaturen bis 40° forderten in besonderem Maße auch die Soldaten und brachten sie an ihre Leistungsgrenze.

und den Antriebskränzen. Diese Beobachtungen konnten gleichermaßen auch am KPz LEOPARD 2 gemacht werden.

10 der insgesamt 16 MARDER 1 A3 beziehungsweise A4 waren bereits mit einem leistungsfähigeren Flächenkühler und verbesserter Kühlflüssigkeit ausgestattet (wurde auch Texas-Kühler genannt). Das Lösen des geklebten Trittschutzes und der Verbandabzeichen sei hier nur der Vollständigkeit halber erwähnt.

Die vielfältigen, den MARDER betreffenden Erfahrungen, die bei dieser Erprobungsübung gemacht werden konnten, wurden unverzüglich an die Gruppe Weiterentwicklung weitergeleitet. An der Spitze der Forderungen stand schon im Jahre 2000 der Einbau einer Klimaanlage. Die hier gemachten Erfahrungen und gewonnenen Erkenntnisse sind in einigen Bereichen beim A3 eingeflossen. Eine Umsetzung ist in vielen Bereichen dann beim MARDER 1 A5 zu erkennen. Und eine Klimaanlage für den MARDER, nun Raumkühlanlage genannt, lief ziemlich genau zehn Jahre später vom Band.

Der Übung vorausgegangen waren umfangreiche logistische Vorbereitungen, verbunden mit bis dahin völlig unbekannten Problemen. Auch auf dieser Schiene wurden wertvolle Erfahrungen gesammelt. Die nachstehende kleine Aufzählung zeigt (unvollständig) den zeitlichen Ablauf.

05.–20. Juli 2000	Verschiffung von Fahrzeugen und Ausrüstung auf der MS Germania in Cuxhaven. Zielhafen: Beaumont (Texas)
22.–24. Juli 2000	Eisenbahntransport von Beaumont nach Biggs AAF (AAF = Army Airfield)
25.–29. Juli 2000	Transfer zum Dona Ana Range Camp
02. August 2000	Übungsbeginn
28. August 2000	Übungsende

Wochen später trafen die nunmehr »wüstenerprobten« MARDER wieder im mecklenburgischen Standort Hagenow ein.

Im Wüstengebiet bei Fort Bliss zeigte der Schützenpanzer nur kleinere Schwächen.

8.4 Der MARDER in Afghanistan

Nachdem ein Sprecher des BMVg bereits im September 2007 eine zeitnahe Entsendung von Kettenfahrzeugen für den Aufbau einer gepanzerten Reserve zum Schutze der dort eingesetzten deutschen Soldaten angekündigt hatte, erfolgte zwischen Weihnachten und Neujahr 2007 die erste Verlegung von vier SPz MARDER nach Afghanistan. Transportiert wurden diese mit einem C-17-Großraumflugzeug der US Air Force von der Ramstein Air Base nach Mazar-e Sharif. Offiziell blieben sie dort zunächst zum Schutz des Lagers Camp Marmal. Erst im Frühjahr 2009 erfolgte die Verlegung der MARDER mittels privater afghanischer SLT zum Provincial Reconstruction Team (PRT) Kunduz. Die Vorbereitungen für die Verlegung sahen eine genaue technische Überprüfung, sowie Beschussversuche mit AP- und HET-Munition auf die landestypischen Compoundmauern vor. Im Rahmen der Vorbereitungen wurden mit jedem SPz annähernd 400 km gefahren, um eventuelle Mängel zu erkennen und abzustellen. Im PRT Kunduz wurde umgehend für alle SPz die Einsatzbereitschaft (FOC, Full Operational Capability) hergestellt. Zum ersten Gefecht kam es am 19. Juli 2009 im Rahmen der Operation OQAB (dt. Operation Adler) an der Loc Banana bei Zar Kharid-i-Sufla. Dazu ein ausschnittsweiser Situationsbericht, Zeitraum 19.–28. Juli, des Zugführers B-Zug 2./QRF, Hauptfeldwebel Jan Hecht:

»Mit dem Auftrag, das im Feuerkampf stehende 1. Kandak der ANA einschließlich deutschem OMLT (Operational Mentor And Liaison Team) im Raum Polizeistation Zar Kharid-i-Sufla zu verstärken, verlegte 2./QRF (Quick Reaction Force) am 19.07. mit PzGrenZg voraus. Zum Zeitpunkt der Verbindungsaufnahme mit den deutschen Kräften des OMLT hatten sich diese aus einem Hinterhalt gelöst, waren auf die Polizeistation ausgewichen und standen mit ihren Spitzen im Feuerkampf bei Baagh-i-Sheerkat. Unmittelbar mit dem Eintreffen der SPz gingen die Soldaten der ANA wieder vor und bezogen Stellung noch vor den SPz. Nachdem der Feuerkampf

Ein MARDER kontrolliert von einem Hügel aus ein größeres Gebiet nahe Kunduz.

Fertig zum Einsatz. Die MARDER behielten ihren speziellen Tarnanstrich.

gegen die Feindstellung vor Baagh-i-Sheerkat geführt war und aus diesem Raum kein Feuer erwidert wurde, machten die ANA-Soldaten lobende und anerkennende Gesten zu den SPz des Zuges. Augenscheinlich war, dass unmittelbar mit dem Eintreffen der MARDER die Moral bei den angegriffenen Kräften stieg. Dies bestätigte später auch das deutsche OMLT. Im weiteren Verlauf der Operation sicherte der Zug mit dem SPz die Polizeistation und überwachte das abgesessene Vorgehen der ANA und deutscher Kräfte mit den BMK. Es hat sich gezeigt, dass der Einsatz der Schützenpanzer die Kampfmoral eigener und verbündeter Kräfte erheblich erhöht hat. Bewegungen im Zuge der Locs konnten ohne Schwierigkeiten durchgeführt werden. Die Felder waren zu der Zeit abgeerntet, Bewässerungsgräben, welche parallel zu den Locs verlaufen, stellen aufgrund der Überschreitfähigkeit des MARDER kein Hindernis dar. Lediglich Reisfelder sind als Panzerhindernis zu bewerten. Kleine Brücken und Culverts (Bachdurchlauf unter der Straße) sind tragfähig genug und schränken den Schützenpanzer nicht ein. Der SPz ist in der Lage, eine Compoundmauer zu durchbrechen und die Straße seitlich zu verlassen. Der Durchbruch konnte von allen anderen Fahrzeugen ebenfalls genutzt werden. Im späteren Verlauf des Einsatzes wurden Furten nutzbar.

Aufgrund der enormen Kampfraumtemperaturen bis zu 80 °C und des Umstandes, dass ein schneller Wechsel der Kampfweise aus dem engen Kampfraum mit IDZ-Ausstattung nicht möglich ist, wurde der Zug mit einem Fahzeugmix mit SPz und DINGO eingesetzt. Der SPz benötigt dringend eine Klimaanlage, um seinen Einsatzwert zu steigern.

Nachdem am 19.07. mit der Bordmaschinenkanone gegen eine erkannte MG- und eine RPG-Stellung gefeuert wurde, war der bis dahin lang anhaltende Feuerkampf sofort beendet. Später kämpften die INS auch nach dem Beziehen einer offenen Stellung weiter aus einer frontalen Stellung gegen die SPz. Es wurden RPG gegen einen SPz gefeuert, die allerdings auf der Straße liegen blieben oder vor der Stellung umsetzten. Parallel zu den Locs bieten sich im ganzen Raum unzählige Stellungsmöglichkeiten für INS, um flankierend auf die Straßen zu wirken. Beim Vorgehen der SPz, aber auch aller anderen Kräfte gilt es, diese Flankenbedrohung ständig zu beurteilen. Bei Anzeichen für einen Angriff oder einen Hinterhalt sowie bei erkanntem Feind, muss frühzeitig die Kampfweise gewechselt und die Flankenbedrohung im Zusammenwirken von auf- und abgesessenen Kräften ausgeschaltet werden.«

Der SPz MARDER hat sich bei seinen Einsätzen in Afghanistan sehr gut bewährt. Die dort gezeigte Einsatzbereitschaft der Soldaten, Besatzungen und der SPz MARDER war in jeder Hinsicht vorbildlich.

Aufklärungsfahrt. (Foto: StFw Vetter)

Dieses Foto vermittelt nichts von der Härte und Gefährlichkeit des Einsatzes der Soldaten.

Drohne KZO nach Absturz geborgen auf Marder Heck, verladen mit Hilfe Seilwinde Dachs. (Foto: StFW Vetter)

Flußdurchfahrt, im Hintergrund Transportpanzer Fuchs mit Eloka. (Foto: StFW Vetter)

Auf diesem Foto ist die Sicherung des Übergangs durch einen zweiten MARDER zu erkennen.

Ein MARDER im Halbschatten eines Baumes. Zu beachten sind die aufgesetzte MILAN und die zusätzlichen Sandsäcke auf dem Heck.

Schützenpanzer der 2./QRF3 durchfahren am 3. September 2009 die Ortschaft Eman Saheb, um bereits im Kampf stehende eigene Kräfte zu unterstützen.

Mehrere MARDER nahe Camp Marmal. Die Schützenpanzer wurden durch die Zieloptik PERI Z11 fotografiert. Alle MARDER wurden hier gründlich auf ihren späteren Einsatz vorbereitet.

Schützenpanzer beim überschlagenden Vorgehen im Zuge der Loc Banana. Während der Erfüllung des Auftrages kamen hier erstmalig die Bordmaschinenkanonen zum Einsatz.

Winter in Afghanistan. (Foto: StFw Vetter)

Der Kraftfahrer bei der Durchführung des »Technischen Dienstes während der Benutzung« in einer Polizeistation in Eman Saheb. Jede Pause wird für die Wartung der Schützenpanzer genutzt.

Der Kommandant eines SPz grüßt einen Outpost der Afghanischen Streitkräfte (ANP) nördlich Taloquan.

Die Schützenpanzer der 1. Gruppe des 2. Zuges der 2./QRF3 im Feuerkampf mit Aufständischen am 3. September 2009. Ein SPz wurde von einer RPG getroffen, blieb aber fahr- und kampffähig. Hinter dem MARDER sind die Optiken von zwei Spähwagen FENNEK zu sehen.

8. Der MARDER im Auslandseinsatz

Interview mit Brigadegeneral Jörg Vollmer und Hauptfeldwebel Jan Hecht

Brigadegeneral Jörg Vollmer war Regionalkommandeur Nord (RC North) in Afghanistan von Januar bis Oktober 2009, Hauptfeldwebel Jan Hecht Zugführer in der 2./QRF.

Der Autor im Gespräch mit Brigadegeneral Jörg Vollmer und Hauptfeldwebel Jan Hecht.

Autor: Herr General Vollmer, Sie sind 1978 in Ahlen/Westfalen zunächst in die Jägertruppe eingetreten. Zu diesem Zeitpunkt befand sich der SPz MARDER bereits einige Jahre im Truppendienst. Genau genommen wurden die ersten MARDER vor neununddreißig Jahren an die Bundeswehr übergeben. Damals ohne jede Frage einer der beiden modernsten und von diesen beiden wiederum der stärkste und schnellste Ketten-Schützenpanzer der Welt. Eine der Hauptforderungen war es, die gleiche Beweglichkeit wie der LEOPARD 1 auf dem Gefechtsfeld zu gewährleisten. Diese Forderung wurde, zumindest in den ersten Jahren, voll erreicht. Wie haben Sie damals den MARDER erlebt?

BG Vollmer: Ich habe auf dem MARDER meine komplette Ausbildung gemacht und kann sagen, das Fahrzeug hat mich fasziniert.

Autor: Gab es zu diesem Zeitpunkt schon Wünsche bezüglich des Fahrzeuges oder seiner Ausstattung?

BG Vollmer: Damals haben wir uns über die Winkelspiegel geärgert, welche sehr schnell beschlugen. Gewünscht haben wir uns damals eine Ausstattung mit leistungsfähigen Nachtsichtgeräten.

Autor: An was können Sie sich spontan erinnern?

BG Vollmer: Da gibt es keine negativen Erinnerungen. Der MARDER war ein zuverlässiges Waffensystem.

Autor: Haben Sie mit dem MARDER auch zusammen mit anderen NATO-Partnern geübt?

BG Vollmer: Ja, relativ häufig mit den Dänen und Briten. Wir sind uns mit dem MARDER dabei wirklich überlegen vorgekommen. Allein schon unsere Absitzstärke hat sich immer als Vorteil erwiesen.

Autor: Herr HFw Hecht, Sie haben die MARDER im ersten Gefecht in Afghanistan geführt. Wie ist unter diesen Bedingungen der MARDER zu beurteilen?

HFw Hecht: Wir hatten uns gut vorbereitet und sind vorher mit jedem Panzer zirka 400 km gefahren. Alle MARDER waren gut gewartet und gepflegt. Jeder Mann der Besatzung kannte seinen Panzer genau. Wir hatten ein gutes Gefühl.

Autor: Ist die MK 20 auch heute noch ausreichend?

HFw Hecht: Für die dort vorkommenden Entfernungen ist sowohl die MK wie auch die Munition voll ausreichend. Die Waffe schießt zuverlässig und präzise.

Autor: Im Oktober 2010 werden die ersten MARDER mit einer Raumkühlanlage zulaufen. Warum so spät?

BG Vollmer: Die Beschaffungswege sind einfach zu lang. Wir haben dadurch zu viel Zeitverlust. So etwas muss schneller gehen.

Autor: Ist der MARDER immer noch ein zuverlässiger Schützenpanzer?

HFw Hecht: Trotz seiner fast vierzig Jahre alten Konstruktion ist er zuverlässig. Bei fach- und sachgerechter Pflege und Wartung zeigte er auch in Afghanistan sehr gute Leistungen. Jeder MARDER ist in dieser Zeit zirka 1500 km ohne Probleme gefahren.

Autor: Waren Sie ein bisschen stolz, als ihre Hauswaffen in Kunduz in den Einsatz gingen?

BG Vollmer: Ja, absolut.

Autor: Wenn man an die Panzergrenadiere denkt, denkt man immer auch an den MARDER. Geht es Ihnen auch so?

BG Vollmer: Natürlich, Panzergrenadiere und MARDER gehören zusammen.

Autor: Meine letzte Frage ist schon sehr persönlich. Wenn man es Ihnen erlaubt hätte, wären Sie gern in Kunduz in einem MARDER dabei gewesen?

BG Vollmer: Ja, aber mein Platz war, wie Sie wissen, an anderer Stelle.

Autor: Herr General Vollmer, Herr Hauptfeldwebel Hecht, ich danke Ihnen für das Gespräch.

Das Interview führte Hans-Peter Lohmann am 21.05.2010 in der Werratal-Kaserne in Bad Salzungen.

8.5 Der MARDER in Chile

Die militärische Zusammenarbeit zwischen der Bundesrepublik und Chile läuft bereits seit vielen Jahren. In Verbindung mit der Aufstellung von neu strukturierten Einheiten im Norden Chiles kam es nach dem Ankauf von LEOPARD-2-A4-Panzern zum Ankauf von weiterem aktuellen Großgerät aus den Beständen der Bundeswehr. Für die Ausrüstung einer Brigade übernahmen die Chilenen am 14. 11. 2007 ihren ersten von 172 Kampfpanzern LEOPARD 2A4 in München. Als nächstes folgte 2008 der Kauf von zunächst 200 SPz MARDER 1 A3. Die meisten dieser Schützenpanzer kamen aus der Langzeitlagerung (LZL) des Depots Siegelbach (R-P). Vertragsgemäß erfolgte bei Rheinmetall eine Überprüfung aller MARDER vor der Verschiffung. Vorab wurden drei MARDER 1 A3 auf Wunsch der chilenischen Armee für eine technische Erprobung nach Chile verschifft und dort von Experten unter den besonderen klimatischen Verhältnissen im Norden des Landes erprobt. Begleitet wurde die Erprobung von Technikern der Firma Rheinmetall, welche mit diesem Panzertyp langjährige Erfahrung hatten. Von diesen drei Erprobungsfahrzeugen fungierte MARDER Nr. 1 als Messfahrzeug mit eingerüsteter Leistungsbegrenzung, MARDER Nr. 2 als Referenzfahrzeug gem. BW-Standard. MARDER Nr. 3 diente als Ersatzteilträger.

Die Erprobung fand im Zeitraum 16. bis 23. Februar 2009 statt. Der auftragsgemäße Schwerpunkt lag bei der Höhenerprobung im Großraum Solar de Huasco. Hier wurden Fahrerprobungen bis zu einer Höhe von 4300 m vorgenommen. Die Leistungsfähigkeit des MARDERs bei Teillast und Volllast, die Wirksamkeit und Standfestigkeit der Bremsanlage bei der Überwindung von Andenpässen und das Temperaturverhalten der unterschiedlich konfigurierten Motoren unter besonderen Belastungen in großen Höhen wurden getestet. Motorenseitig werden in diesen extremen Höhen generell Maßnahmen zur Leistungsreduzierung notwendig. Für den MARDER genügte eine manuelle Einstellung des Füllhebels an der Einspritzpumpe. Mit Hilfe dieser mechanischen Einrichtung ist eine schnelle Verstellung für die Höhenbereiche bis 1600 m, bis 3000 m und über 3000 m Höhe möglich. Gerade hier lagen bis zu diesem Zeitpunkt keine Erfahrungen vor. Die Frage war, bis zu welchen Höhen der Schützenpanzer ohne spezielle Abänderungen voll einsatzfähig ist.
Der zweite, nicht minder wichtige Teil der Erprobung wurde in der durchschnittlich 1100 m hoch liegenden Atacama-Wüste durchgeführt. Hier, in der fast vegetationslosen und trockensten Wüste der Welt, herrschen absolut außergewöhnliche Bedingungen für eine Fahrzeugerprobung.

Die Eignung des MARDERs für die chilenische Armee wurde zunächst mit drei Testfahrzeugen genauestens geprüft.

Die Außentemperaturen von tagsüber bis fast 40 °C können in der Nacht bis auf -15 °C sinken. Doch die größte Herausforderung an die Technik stellte die enorme Staubbelastung in der Wüste dar. Sobald sich das Fahrzeug in Bewegung setzte, wirbelte es eine große Staubwolke auf, welche es ständig umhüllte. Diese extremen Bedingungen hatte der Marder außer bei einer einzigen anderen Erprobung in den USA noch nicht erlebt. Besondere Beachtung galt der Kühlanlage des Panzers. An insgesamt 32 Messstellen wurden laufend die Funktionen überprüft (z. B. der Kühl- und Luftfilteranlage, des Motors, des Getriebes und der Bremsanlage), alle Daten wurden erfasst und dokumentiert. Ein weiterer Punkt war in der Wüste Atacama mit dem einzigartigen, feinen Wüstensand (Chusca) natürlich der Verschleiß von Ketten, Antriebskränzen und allen Gummielementen wie Kettenpolstern und Gummibandagen auf Lauf- und Stützrollen. Wegen der ständigen enormen Staubentwicklung wurden auch Messungen bezüglich des Staubanfalls im Turm, im vorderen und im hinteren Kampfraum durchgeführt.

Die Erprobung sah Fahrten mit hoher Geschwindigkeit auf ebenen Wüstenpisten genauso vor wie das Überwinden von Sanddünen, das Durchfahren von Senken und Geröllstrecken und das Überwinden von Erdspalten. Der aufmerksamen Wartung des Schützenpanzers, besonders im Bereich der Filter, kam unter diesen Bedingungen höchste Bedeutung zu. Die Lastenhefte der 60er und 70er Jahre hatten weder eine so enorme Staubentwicklung noch eine derart hohe Kettenbelastung oder einen Einsatz in Höhen über 2000 m vorgesehen. Die technische Erprobung indes war ein voller Erfolg, der »alte« Marder hatte sich einmal mehr von seiner besten Seite gezeigt.

Insgesamt umfasste die Lieferung 200 SPz MARDER 1 A3, 7 Fahrschulpanzer und 30 MARDER 1 A3 als Ersatzteilträger. Eine weitere Lieferung von 30 MARDERn als Ersatzteilträgern war für 2011 vorgesehen.

Auch die bisher durchgeführte Schießausbildung auf der Wüsten-Schießbahn Pampa Chaca zeigte beste Ergebnisse. So wurden im Zeitraum von Januar bis Dezember 2010 mehrere tausend Schuss 20 mm AP und HE verschossen. Die hier vorhandenen Möglichkeiten, auf größere Entfernungen auch auf Hartziele zu schießen, zeigte die Leistung der 20-mm-Munition sowohl in der Wirkung als auch in der Treffergenauigkeit. Waffenstörungen waren trotz des ungewöhnlich hohen Staubanfalls selten.

Das Deutsch-Chilenische Kooperationsmodell läuft seit 2008. Hier arbeiten u. a. die deutschen Unternehmen Rheinmetall Landsysteme (RLS)und die Logistik-System-Betreuungs-GmbH (LOG) eng mit dem staatlichen chilenischen Rüstungsunternehmen FAMAE zusammen. Als Schwerpunkte wurden

- Waffen- und Waffensystemausbildung,
- Taktik und Operationsführung sowie
- Logistik

in das Kooperationsmodell aufgenommen. Unterstützung erhält die chilenische Armee im Rahmen des Modernisierungsprogramms für den Einsatz des MARDERs speziell bei der Ausbildung von Fahrern und Besatzungen, einschließlich Schießlehrer-Ausbildung und Taktik der Waffenführer. Wichtig erscheint neben der vereinbarten Beratung beim Aufbau der Logistik besonders die Hilfe beim Aufbau der in Chile neuen Truppengattung »Panzergrenadier« in Verbindung mit der Ausbildung im Gefecht der verbundenen Waffen auf Brigadeebene.

Scharfschießen in der Wüste. Schießbahnen nach deutschen Maßstäben gibt es nicht. Das Wüstengebiet ist praktisch menschenleer.

Das erste Kontingent der MARDER-Schützenpanzer ist auf dem Trainingsgelände eingetroffen.

Wie sich die Bilder gleichen: Feuerstoß aus der 20-mm-Kanone in der Wüste. Das Foto im Kapitel 7 zeigt die ähnliche Situation bei Schnee im 12.300 km entfernten Wildflecken.

Ein typisches Schießgelände der chilenischen Armee. Geschossen wird auf Sherman-Panzer, die als Hartziele herhalten müssen.

Der feine, staubige Sand ist überall. Auf dem Triebwerk sind die grünen Leitungen mit den Temperaturfühlern zu erkennen.

Die Erprobung in Chile wurde von erfahrenen deutschen Technikern begleitet.

... und sie schießt doch! Die Rh 202 hat sich auch unter den Extrembedingungen bestens bewährt.

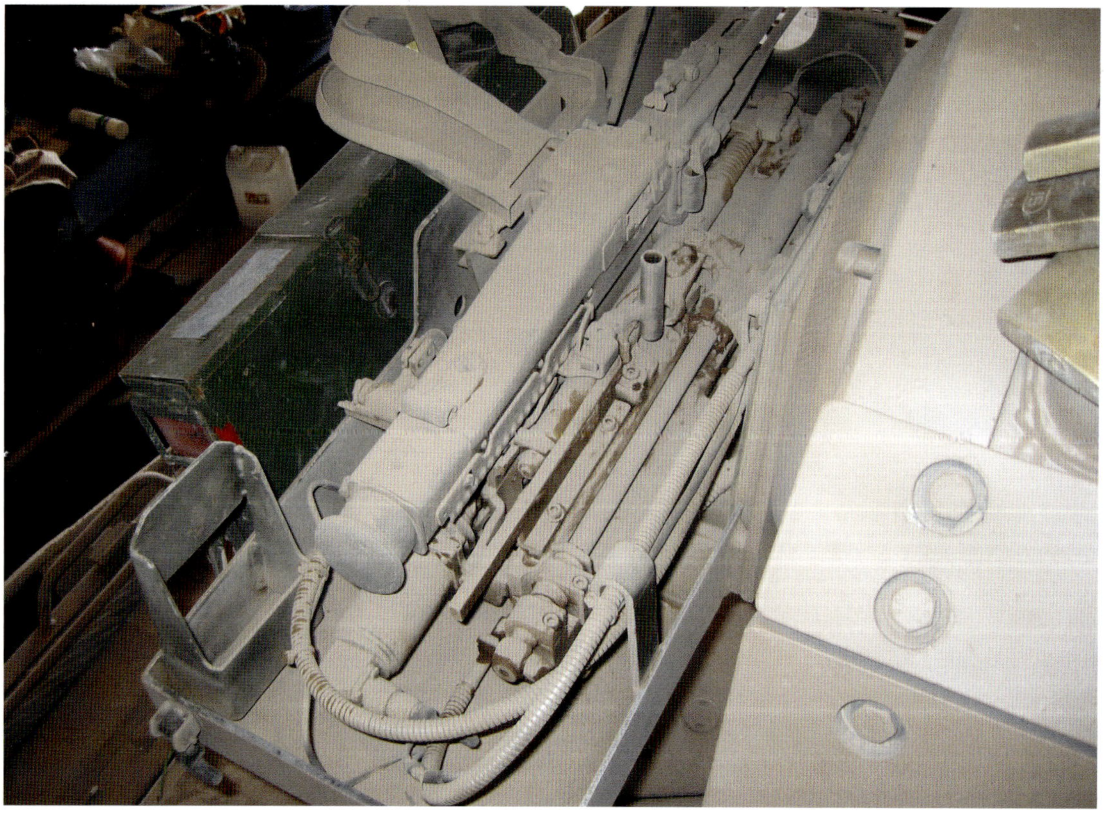

Es wurden die unterschiedlichsten Belastungstests sowohl mit dem Panzer als auch mit der Bewaffnung vorgenommen.

Die Zuverlässigkeit des MG3 auch unter diesen klimatischen Widrigkeiten konnte eigentlich nicht überraschen.

8.6 Der Marder in Indonesien

Die Präsidialrepublik Indonesien ist ein Inselstaat mit 274 Millionen Einwohnern und unterhält eine Armee von fast 404.000 Soldaten in drei Teilstreitkräften...
Das Heer verfügt über annähernd 800 gepanzerte Fahrzeuge (Kette und Rad). Während der Verhandlungen mit der Bundesrepublik Deutschland über den Ankauf von SPz Marder und Kampfpanzer Leopard in den Jahren 2010/2011 verfügte das indonesische Heer größtenteils über russische Technik, ergänzt durch ältere britische und französische Modelle. Auf der Wunschliste der Indonesier standen neben 104 Leopard A auch 25 SPz Marder 1. Nach dem damals politischen Hin und Her erhielt Rheinmetall 2013 den Zuschlag, 42 Marder A2/A3 zu liefern. Vorab gingen 2012 vier Marder1 zur Erprobung per Schiff nach Indonesien. Die Gesamtlieferung lief von 2014 bis 2016.

MARDER1A3 bei der ersten Parade in Indonesien.

Gesperrte Hauptstraße für das Militär.

Schulmäßige Flußüberquerung.

8.7 Der Marder in Jordanien

Das haschemitische Königreich Jordanien mit 12 Millionen Einwohnern und einer Armee von 105.000 aktiven Soldaten gilt als eine der am besten ausgerüsteten und ausgebildeten Armeen in Nahen Osten. Schon zu Beginn der 2000er Jahre fragte die Jordanische Regierung offiziell bei der Bundesrepublik an und bat um Lieferung von ca. 100 Schützenpanzer Marder1A3. 2015 wurde im Rahmen der „Ertüchtigungsiniative" eine Ausfuhrgenehmigung von zunächst 50 SPz Marder1A3, ergänzt durch 2 Fahrschulpanzer, erteilt. Die Firma Rheinmetall wurde mit der gesamten Abwicklung vertraglich betraut und lieferte im Dezember 2016 zur Einweisung und Erprobung die ersten 16 Schützenpanzer. Bei allen Marder SPz handelte es sich um generalüberholte Fahrzeuge. Die Gesamtlieferung von 75 Schützenpanzer Marder wurde im Jahre 2021 abeschlossen.

Zum Lieferumfang gehörte ein größerer Posten neuer Ersatzteile und eine umfassende Betreuung durch Rheinmetall Techniker. Die Ausbildung auf dem Marder wurde von Rheinmetall durch ehemalige Bundeswehrsoldaten sichergestellt. Diese umfaßte sowohl den technischen Bereich als auch die taktische Ebene. Die Schießausbildung wurde offiziell durch die Bundeswehr durchgeführt. Dem Vernehmen nach kamen die Jordanier auf allen Gebieten sehr schnell mit dem Marder1A3 zurecht.

Ideales Wüsten- Übungsgelände für Schützenpanzer und Panzer.

8.8 Der Marder in Griechenland

Der damalige Ankauf der 501 BMP-1A1-Ost erfolgte in den Jahren 1993/94 zu einem sehr günstigen Stückpreis von 50.000 D-Mark. Die Fahrzeuge waren sämtlich im ehemaligen DDR Reparaturwerk Neubrandenburg überholt und nach Bw Sicherheitsvorgaben umgebaut worden. Es erfolgte die Umrüstung auf StVo, asbestfreie Brems- und Kupplungsbeläge, Sperren des 5. Gangs, Ausschäumen der vorher als Dieseltanks benutzten Hecktüren,das Anbringen einer Aufstiegsleiter usw. Ein bereits umgerüsteter BMP-1A1-Ost ging 1992 vorab nach Griechenland zur Erprobung. Der Großteil der ausgelieferten Schützenpanzer wurden von der griechischen Armee auf die östlichen Inseln nahe dem türkischen Festland verbracht.

Mit Genehmigung der Bundesrepublik verkaufte Griechenland 2016 101 BMP-1A1-Ost an Ägypten. Mit Beginn des russischen Krieges gegen die Ukraine rückte der Marder1A3 wieder - was niemand nach den großen Verschrottungsaktionen geahnt hatte -in den Fokus. Nach einem langen politischen Hin und Her hieß das Zauberwort „Ringtausch". Auch Griechenland geriet ins Visier der deutschen Regierung und war schnell mit einem – für Griechenland sehr vorteilhaften Tausch – einverstanden. 40 BMP-1A1-Ost gegen 40 Marder1A3. War doch der Marder1A3 ungleich begehrter und die BMP-1A1-Ost schon nahe am Ende ihres militärischen Lebens angekommen.

Das erstaunliche Ergebnis des Ringtausches zeigte zumindestens die Händlerbegabung der Griechen mehr als deutlich! Die

Die Ankunft der ersten 6 Marder1A3 in Griechenland.

40 BMP-1A1-Ost gingen unverzüglich in die Ukraine, die Lieferung der Marder1A3 aus den Beständen der Bundeswehr dauerte etwas länger. Eine industriemäßige Instandsetzung durch Rheinmetall in Unterlüß, ein umfangreiches Ersatzteilpaket, Munition und eine fachmännische Einweisung gehörten dazu. Diese Aufgabe übernahmen die Ausbilder vom Marienberger PzGrenBtl 371. Dieses Bataillon ist eines der ältesten – seit 1993 – und letzten, welche mit dem Marder1 ausgerüstet sind. Anläßlich des griechischen Nationalfeiertages am 28. Oktober 2022 wurden die ersten 6 Marder1A3 in Thessaloniki gezeigt. Diese Marder werden, lt. Aussage des griechischen Verteidigungsministeriums, an den nordgriechischen Grenzfluß Evros verbracht. Der Evros markiert auf über 189 km die Grenze zur Türkei. Nun gibt es seit 2023 doch noch 40 Marder1A3 in Griechenland. Wer hätte das gedacht!

Deutsche Schützenhilfe in Nord-Griechenland.

Parade zu Nationalfeiertag in Thessaloniki.

Scharfschießen auf dem Truppenübungsplatz nahe Xanthia.

9. Die MARDER-Familie

9.1 Flugabwehrraketenpanzer ROLAND

Etwa zeitgleich mit der Entwicklung des SPz MARDER lief eine Gemeinschaftsentwicklung von Messerschmidt-Bölkow-Blohm (MBB) Deutschland und der französischen Aèrospatiale für ein neues Lenkflugkörpersystem. Aus der Zusammenarbeit beider Firmen entstand 1973 die Euromissile. Für das Raketensystem wurden geeignete Trägerfahrzeuge gesucht. Während Frankreich sich für seinen AMX 30 entschied, wurde Thyssen-Henschel mit der Entwicklung und Erprobung des Systems auf dem MARDER-Fahrgestell beauftragt. Nach längerer Erprobung erhielt der Kasseler Panzerbauer einen Auftrag über 143 Stück des FlaRakPz 1 ROLAND genannten Fahrzeuges. Das Fahrgestell des MARDERs 1 A3 bot sich aus vielerlei Gründen als Trägerfahrzeug geradezu an. Der geräumige hinterer Kampfraum erwies sich als beson-

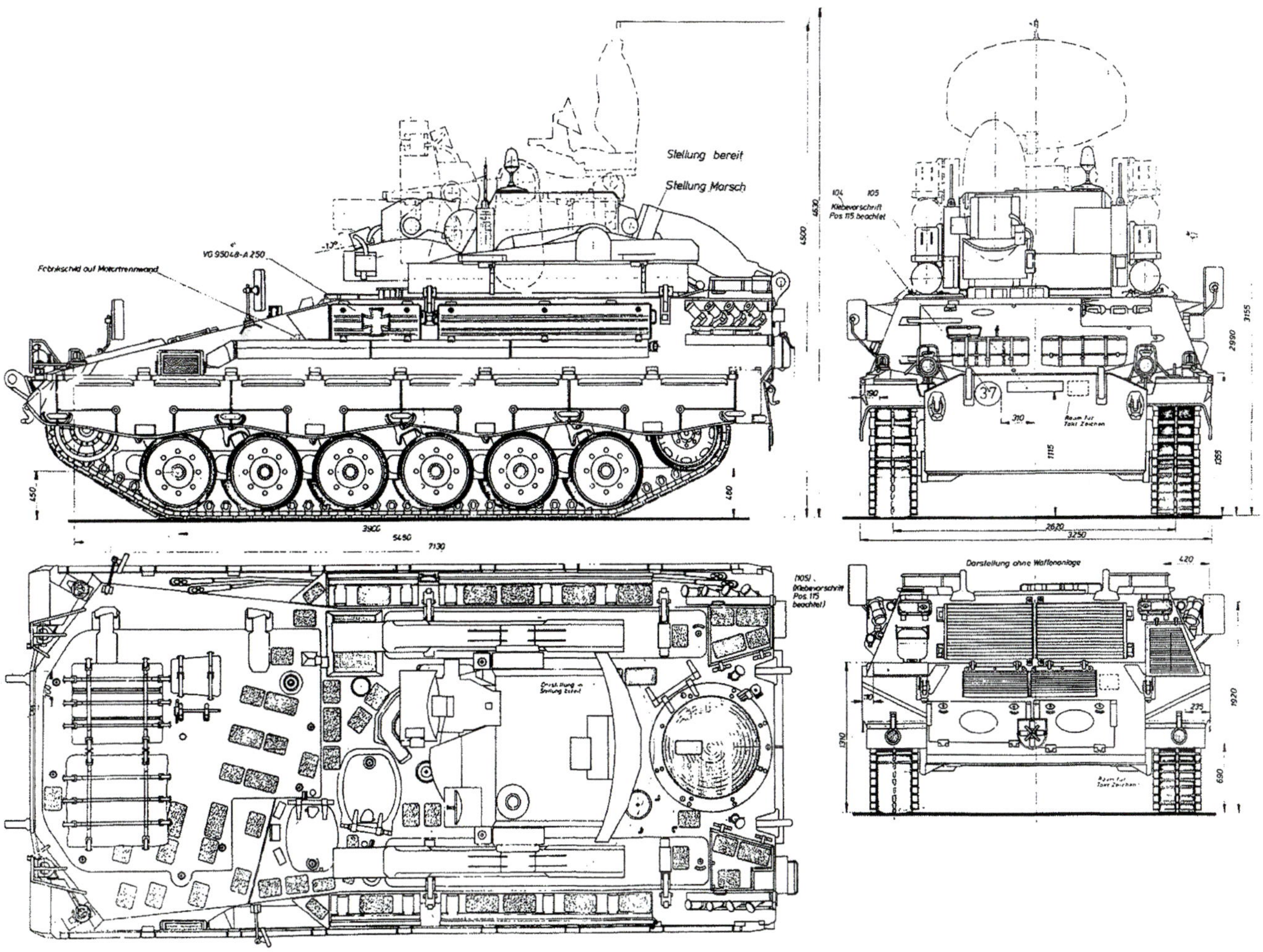

Vierseitenansicht des Flugabwehrraketenpanzers ROLAND.

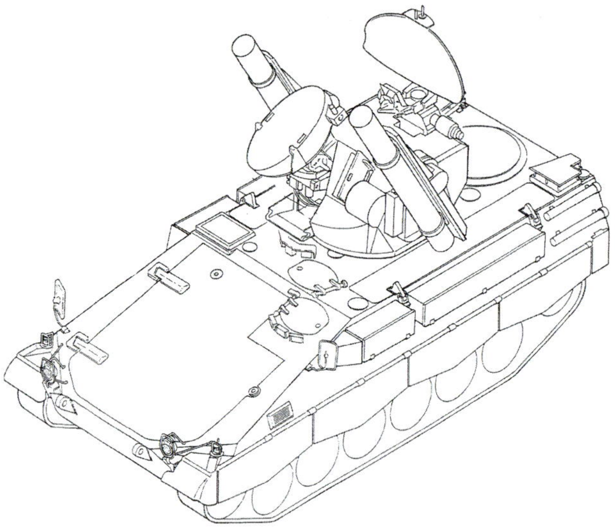

Fahrzeugdraufsicht ROLAND.

ders günstig für den Einbau der umfangreichen technischen Ausstattung des ROLAND-Systems. Allerdings wurden einige Änderungen am Fahrgestell und an der Wanne notwendig, wobei sich der zusätzliche Einbau der Energieversorgungsanlage im Triebwerkraum relativ aufwändig gestaltete. Der Panzer war mit einem Drehturm ausgestattet, welcher mittig über dem Kampfraum angeordnet war. Der Turm nahm das Suchradar, das Folgeradar und die schwenkbar gelagerten Werferarme auf. In der Wanne waren die Revolver-Magazine mit jeweils vier Flugkörpern installiert. An beiden Seiten des Turms befand sich die Nebelmittelwurfanlage. Zur Bewaffnung gehörte ein Fla-MG3. Der FlaRakPz ROLAND wurde von 1981 bis 1983 gebaut und ausgeliefert.

Technische Daten ROLAND	
Länge	7130 mm
Breite	3250 mm
Höhe, feuerbereit	4630 mm
Höhe, Marschstellung	2990 mm
Gefechtsgewicht	zirka 35000 kg
Bodenfreiheit	430 mm
Bodendruck	0,99 kN/cm^2
Höchstgeschwindigkeit	60 km/h
Aktionsradius	500 km
Bewaffnung	
Feuerhöhe Fla-Flugkörper	2680 mm
Höhenrichtbereich	-10° bis + 10°
Seitenrichtbereich	360°
Munitionsvorrat	10 LFK
Gewicht des LFK	zirka 63 kg
Reichweite	max. 6000 bis 8000 m
Schusshöhe	max. bis 4000 m
Erfassungsbereich Suchradar	bis 17.000 m

Werkfoto des ROLAND. Sehr gut zu erkennen ist hier der zurückgesetzte Fahrerplatz.

Abschuss eines Flugkörpers auf dem NATO-Schießplatz.

9.2 Radarpanzer TÜR

Als Trägerfahrzeug für das Tieffliegerüberwachungs-Radar (TÜR) wurde ein in mehreren Teilen modifiziertes Fahrgestell des SPz MARDER ausgewählt. Zwei Fahrzeuge standen als Erprobungsträger zur Verfügung. Mit dem TÜR-System können einfliegende Flugzeuge zwischen 1,5 und 30 km Entfernung und zwischen 0 bis 1,3 km Höhe in Position und Flugrichtung bestimmt werden. Auf einem hydraulisch zu betätigenden Gelenkmast, welcher direkt oder über Zwischenstellungen bis zu 10 m Höhe ausgefahren werden kann, ist ein Radarschirm montiert. Ausgerüstet war das TÜR mit dem von Siemens gebauten Radargerät MPDR-3002 S, 3 ATM-8020-Rechnern und einer Teldix-Navigationsanlage FNA4-15. Die Wanne des SPz MARDER wurde geringfügig erhöht, um das Radargerät, die Bediengeräte, die Datenverarbeitungsanlage sowie die Kühl- und Hydraulikanlagen besser aufnehmen zu können. Als Funkgerät stand das SEM 90 zur Verfügung. Im Triebwerkraum wurde eine autonom arbeitende Energieversorgungsanlage installiert. In den Firmenunterlagen wird ein TÜR aus dem Jahre 1978 und ein zweiter TÜR mit modernisierter Wanne im Jahre 1984 erwähnt.

Vierseitenansicht Radarpanzer TÜR.

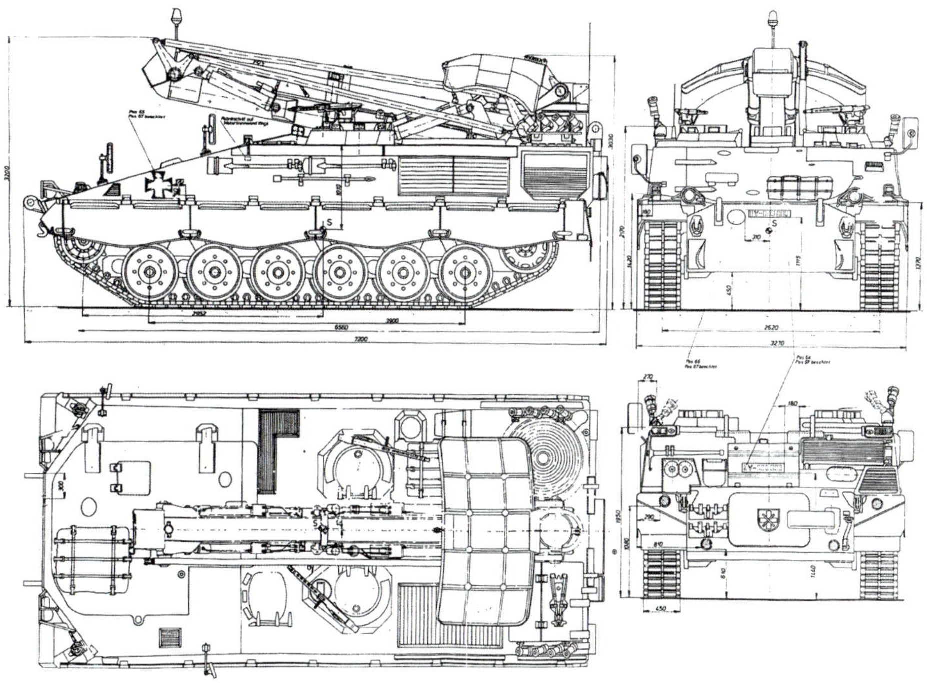

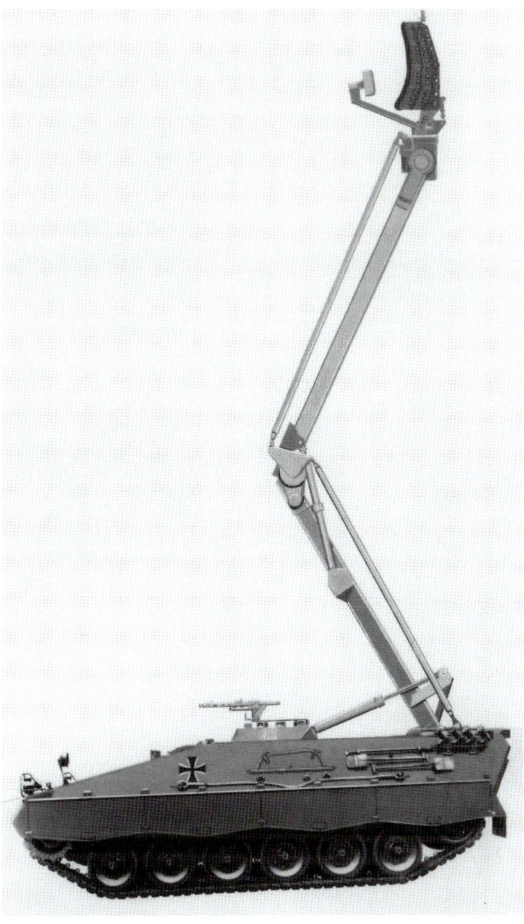

Das Foto zeigt deutlich das Größenverhältnis von Gelenkmast zu Fahrzeuglänge.

Technische Daten TÜR	
Länge	7200 mm
Breite	3270 mm
Höhe	3580 mm
Höhe, Marschstellung	3200 mm
Gefechtsgewicht	35.000 kg
Bodendruck	0,82 kN/cm^2
Aktionsradius	550 km
Bewaffnung	2 Fla-MG auf Ringlafette
Weitere technische Daten vergleichbar mit Fahrgestell MARDER 1.	

9.3 Panzer-Mörser auf MARDER-Fahrgestell

Schon in der Entwicklungsphase des Schützenpanzers, neu beschäftigte man sich mit der Konstruktion eines Mörserträgers auf diesem Fahrgestell. Die schwere Unterstützungswaffe der Grenadiere sollte wahlweise mit dem 120-mm- oder einem 160-mm-Mörser ausgerüstet werden können. Die hohe Beweglichkeit auf dem Gefechtsfeld und die schnelle Schussfolge einer wirksamen Steilfeuerwaffe, der große Munitionsvorrat sowie die sichere Unterbringung der Bedienungsmannschaft entsprachen ziemlich genau den Wünschen der Truppe. Der beim Schießen oben offene Kampfraum wurde auf Marschfahrt durch eine dreiteilige Panzerblechplatte geschlossen. Der fast in Fahrzeugmitte montierte Mörser war auf dem durch eine stabile Traverse verstärkten Wannenboden befestigt. Die starken Rückstoßkräfte machten eine Verstärkung des Wannenbodens notwendig. Der Munitionsvorrat befand sich in den Munitionsgestellen in den hinteren Seitenteilen und neben der Heckklappe des Fahrzeuges. Hinter dem Mörser war der Platz des Kommandanten, welcher durch eine Drehluke über Winkelspiegel beobachten konnte, außerdem war dort die Fla-MG-Lafette angebracht. Durch Wegfall des Panzerturms wurde eine günstige Gesamthöhe von nur 1950 mm erreicht. Bei zumindest einem der insgesamt sechs Versuchsmodelle wurde die Hecklafette mit MG entfernt. Besatzung: 5 Mann

Technische Daten Panzer-Mörser	
Länge	6790 mm
Breite	3240 mm
Höhe	1950 mm
Gefechtsgewicht	27.500 kg
Bodendruck	0,82 kp/cm^2
Bodenfreiheit	440 mm
Motor	MB 833-Ea 500
Leistung	600PS
Höchstgeschwindigkeit	75 km/h
Aktionsradius	zirka 550 km
Bewaffnung	Mörser Tampella 120 mm
	1 MG3 7,62 x 51 mm

Schrägdraufsicht auf den Panzer-Mörser. Die Luken über dem Mörser sind geschlossen. Gut zu erkennen ist hier die MG-Hecklafette.

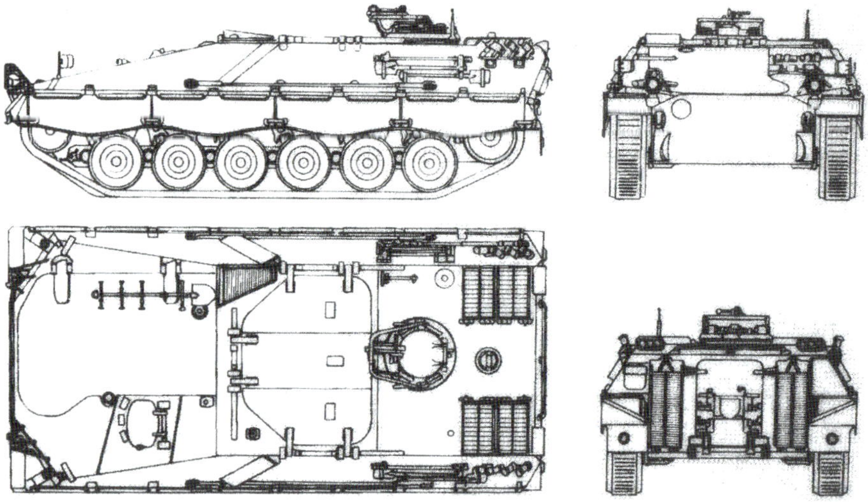

Vierseitenansicht des Panzer-Mörsers auf MARDER-Fahrgestell.

9.4 MARDER mit dieselelektrischem Antrieb (DEA)

Im Auftrag des BMVg entwickelte und realisierte das Starnberger Unternehmen Magnet-Motor GmbH einen dieselelektrischen Antrieb in einem Marder-1-A3-Fahrgestell. Die Magnet-Motor GmbH gilt als Spezialist dieser zukunftsträchtigen Antriebstechnik und stellte 1986 das erste gepanzerte Kettenfahrzeug mit dieser Antriebstechnik vor. Die erreichte Leistung des Trägerfahrzeuges lag gleichauf, in einigen Teilbereichen sogar über der des mit Dieselmotor angetriebenen Schützenpanzers MARDER 1 A3. Als Vorteil dieser Entwicklung wurde u. a. die Möglichkeit gezeigt, den gesamten Antrieb auf zwei Einheiten aufzuteilen und damit eine bessere Schwerpunktverteilung zu erreichen. Ein direkt an der Schwungscheibe des MB-833-Ea-500-Dieselmotors angeflanschter Generator wandelte die Dieselmotorleistung in elektrische Energie für zwei Antriebsmotore an den beiden Antriebsrädern um. Das ursprüngliche Renk-HSWL-Getriebe wurde nicht benötigt und konnte somit ausgebaut werden. Das Fahrzeug verfügte über elektrische Bremsen und über eine regenerative Lenkung. Der Marder DEA steht heute in der Ausstellungshalle der WTS in Koblenz.

Technische Daten MARDER mit DEA	
Gewicht	30.000 kg
Höchstgeschwindigkeit	72 km/h
Leistung Generator	440 kW
max. Drehmoment je Antriebsmotor	8320 Nm
Gefechtsgewicht	35.000 kg

Aus diesem Blickwinkel sind einige der Baugruppen gut zu erkennen.

Das Foto zeigt einen der beiden Antriebsmotore. Das Fahrzeug steht in der Wehrtechnischen Studiensammlung in Koblenz und kann dort genau betrachtet werden.

9.5 Schützenpanzer Beobachtung-Artillerie

Der SPz Beob Art wurde als Führungsfahrzeug der Panzer-Artillerie konzipiert. Umfangreich ausgerüstet mit Beobachtungs- und Zielortungsgeräten sowie einer leistungsfähigen Funkanlage konnte der SPz Beob Art unter vollem Panzerschutz die Zielaufklärung und Lenkung des Panzer-Artilleriefeuers vornehmen. Ergänzt wurde die Ausrüstung noch durch ein Dateneingabe- und Ausgabegerät sowie eine Navigationsanlage. In der Turmatrappe befanden sich die kardanische Aufhängung des Doppelperiskops und ein Maschinengewehr in Kugelblende. Es konnte ohne große Umbauten auch eine MK-20-mm-Atrappe angebracht werden. Der Panzer verfügte zusätzlich über ein MG auf Hecklafette.
Im Triebwerkraum des MARDER-Fahrgestells war auf der linken Seite ein Energieversorgungsgerät installiert. Änderungen an der Wanne fand man am Heck. Dort wurde die große Heckklappe durch eine kleinere Tür ersetzt. Auf die vier MP-Kugelblenden und auf zwei der vier Luken im Deck wurde verzichtet.

Auf diesem Foto ist das auffällige Doppelperiskop auf dem Turm zu sehen.

Technische Daten SPz Beob Art	
Länge	6790 mm
Breite	3240 mm
Höhe	2340 mm
Masse	27.000 kg
Bodendruck	0,76 kg/cm^2
Bodenfreiheit	440 mm
Aktionsradius	550 km
Motor	MB 833-500 Ea
Leistung	600 PS
Höchstgeschwindigkeit	72 km/h

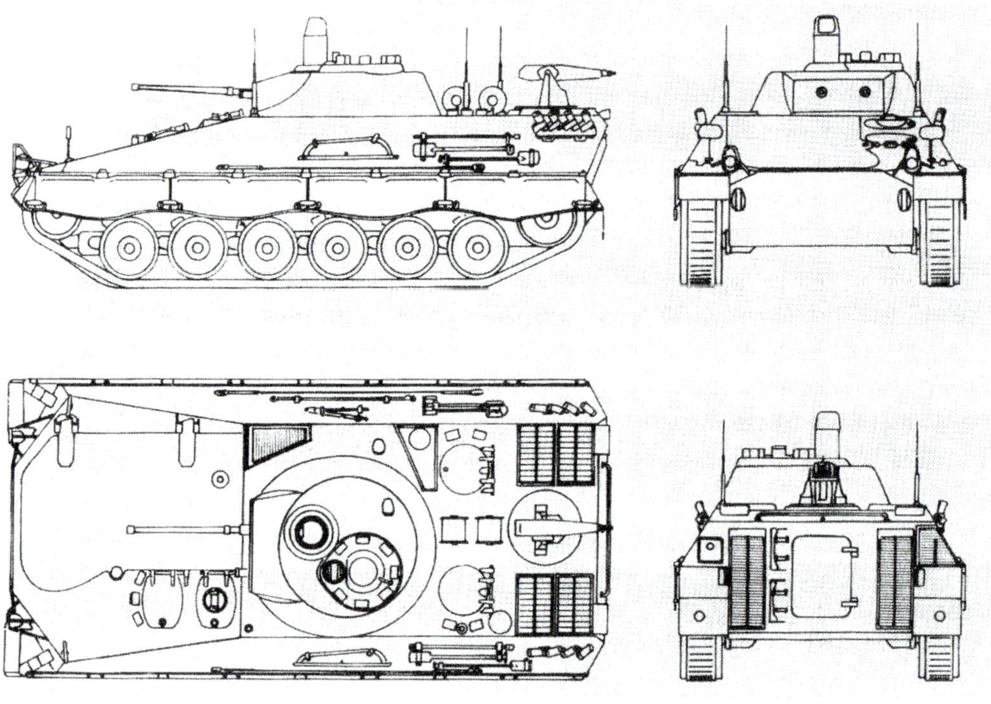

Vierseitenasicht des SPz Beobachtung-Artillerie.

9.6 Schützenpanzer Führung Flugabwehr

Als Konzeptstudie wurde ein Führungspanzer als Komponente der Heeresflugabwehr vorgestellt. Dieses Panzerfahrzeug war mit einer umfangreichen Geräteausstattung versehen, welche von drei Soldaten bedient wurde. Hier ist besonders die umfangreiche Funkausstattung mit mehreren Führungskreisen, ein UHF-Empfangsgerät mit Sichtgerät und eine Navigationsanlage zu nennen. Vor dem Fahrerplatz befand sich im Triebwerkraum ein Energieversorgungsgerät. Die vorderen Mannschaftsluken, das Heck-MG auf Lafette und die seitlichen Kugelblenden entfielen bei diesem Fahrzeug. Die übrige Bewaffnung und die sonstigen Leistungsdaten entsprachen dem SPz MARDER 1 A2.

9.7 Versuchsträger Scheitellafette 1 (VTS-1)

Schon im Jahre 1977 begann die Firma Thyssen-Henschel mit der Entwicklung eines Konzept- bzw. Experimentierfahrzeuges mit Scheitellafette auf Marder-Fahrgestell. Dem Vernehmen nach stand die Entwicklung dieses Fahrzeuges eng mit der geplanten Beschaffung eines neuen Kampfpanzers in Verbindung. Die Scheitellafettierung einer Kampfwagenkanone mit automatischer Ladezuführung sollte an einem funktionsfähigen Fahrzeug erprobt werden. Das Marder-Fahrgestell schien für dieses Konzept gut geeignet. Auf dem Marder-Fahrgestell wurde eine Rohrwiege mit der aus dem Leopard 1 bekannten Kanone 105 mm (L7) montiert. Als Vorteil wurde die relativ günstige Silhouette des Fahrzeuges gesehen. Ein großer Nachteil war allerdings die schutzlos auf dem Marder-Fahrgestell angebrachte Kanone. Konstruktiv wurde an mehreren Lösungen zu den erforderlichen mitschwenkbaren Richtmitteln und der automatischen Munitionszuführung gearbeitet. Nach einem Erprobungsprogramm wurden die Arbeiten an diesem Projekt wieder eingestellt. Thyssen-Henschel versuchte die technische Lösung auf andere Versuchsfahrzeuge der Firma zu übertragen. Besatzung: 3 Mann.

Technische Daten VTS-1	
Länge	6795 mm
Breite	3240 mm
Höhe	3050 mm
Gefechtsgewicht	28.400 kg
Bodendruck	0,80 kg/cm^2
Bodenfreiheit	440 mm
Motor	MB 833- Ea-500
Leistung	600 PS
Höchstgeschwindigkeit	74 km/h

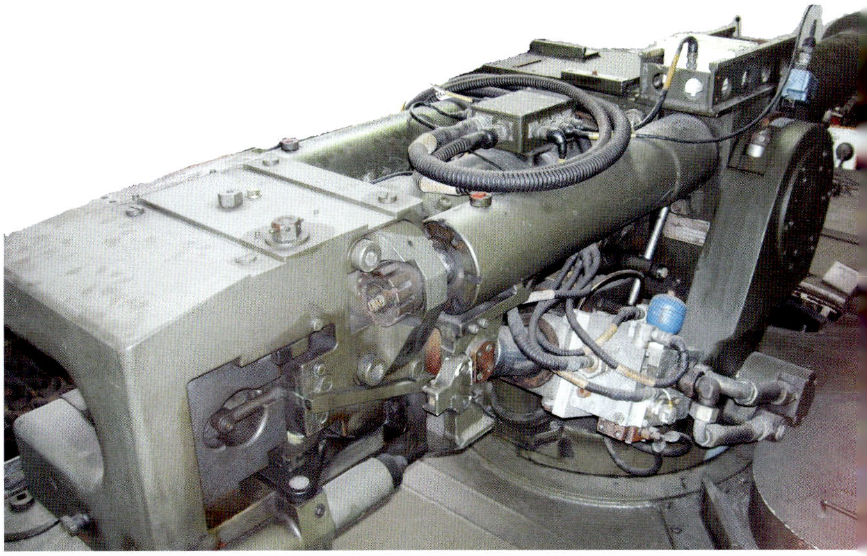

Dieses Foto zeigt Details der auf dem VTS-1 montierten 105-mm-Kanone.

Fahrversuche mit dem VTS-1 im Gelände.

9.8 Panzerturm LWT-3

Bereits Mitte der 50er Jahre beschäftigte sich der Automobil- und Panzerkonstrukteur Dipl. Ing. Erich Uebelacker mit der Entwicklung von stabilisierten Panzertürmen. Als Projekt 572 im Jahre 1961 bei Borgward in Bremen begonnen, entstand, nunmehr unter der Leitung der Firma Rheinstahl AG, ein erster vollstabilisierter Panzerturm für leichte Waffen. Der als »Leichter Waffenturm dreiachsig stabilisiert« (LWT-3) bezeichnete Turm wurde auf dem Fahrgestell eines Schützenpanzers MARDER montiert und zirka 500 Stunden erprobt. Die Richtigkeit der Konzeption der echten Vollstabilisierung aller drei Achsen mit Waffe, Munition, Optik und Besatzung wurde unter verschiedenen Funktionsbedingungen bewiesen. Aus diesen Eigenschaften konnte eine erhebliche Kampfwertsteigerung abgeleitet werden. Die Möglichkeit, den Kampf aus der Bewegung, auch bei höheren Geschwindigkeiten im Gelände, gegen feindliche Fahrzeuge und gegen tiefer fliegende Flugzeuge zu führen, eröffnete neue taktische Möglichkeiten. Die Ergebnisse bei Schießversuchen aus schneller Fahrt im Gelände lagen weit über den bekannten Werten baugleicher unstabilisierter Waffen in vergleichbaren Fahrgestellen. Der LWT-3 war als 2-Mann Turm mit innenlafettierter 20-mm-Maschinenkanone konzipiert. Die MK konnte sowohl vom Richtschützen als auch vom Kommandanten bedient werden. Der Turm hatte ein Gesamtgewicht von zirka 2200 kg.

Die spezielle Lagerung des Turms ermöglichte es der kreiselgesteuerten elektronisch-hydraulischen Lageregelung, den Turm um alle drei Achsen zu entkoppeln. Dadurch blieb der Turm auch bei schneller Fahrt in unebenen Gelände in horizontaler Lage. An die Wartung des Turms wurden keine besonderen Ansprüche gestellt.

Durch die ständige Feuerbereitschaft ohne Notwendigkeit, einen Schießhalt einzulegen, konnte ein hohes Maß an Feuerkraft und Beweglichkeit erreicht werden.

Der LWT-3 ließ sich sowohl auf dem SPz MARDER als auch auf dem Spähpanzer LUCHS verwenden. Der Turm erlaubte zudem den Einbau einer anderen Hauptwaffe mit größerem Kaliber. Die Kosten für einen SPz MARDER mit dem LWT-3 hätten zirka 10-15 % über dem Serienpreis gelegen.

Obwohl der in Teilen der Truppe bestehende Wunsch nach einer vollstabilisierten Waffe bekannt war, wurde die Einführung von stabilisierten Waffen für MARDER und LUCHS nicht weiter verfolgt.

Rheinstahl Transporttechnik testete die neue Turmkonstruktion ausgiebig.

Die Wirkungsweise des Systems ist auf diesem Foto gut ersichtlich.

9.9 Initiativentwicklungen

Etwa zwei Jahre nach Einführung des SPz Marder beschäftigte sich die Rheinstahl AG, später Thyssen-Henschel, mit der Entwicklung verschiedener Kampffahrzeuge für unterschiedliche Aufgaben. Für eine umfassende Mehrfachnutzung bot sich als Fahrgestell die neue und bewährte MARDER-Konstruktion an. Der Kasseler Herstellerbetrieb entwickelte, übrigens ohne Auftrag und finanzielle Unterstützung des Bundes, eine bemerkenswerte Palette an weiteren gepanzerten Kettenfahrzeugen. Die Prüfung von taktischer Verwendbarkeit, technischen Möglichkeiten und militärischen Anforderungen führte zu einer Reihe von Fahrzeugen, welche nicht nur für die Bundeswehr von Interesse sein konnten. Die Studien auf dem westlichen Rüstungsmarkt Anfang der 70er Jahre bestärkten das Unternehmen darin, in Eigenentwicklungen zu investieren. Ein wichtiger Baustein war mit dem MARDER-Fahrgestell bereits vorhanden. Die stabile Fahrgestellkonstruktion, das Fronttriebwerk mit dem vorderen, raumsparenden Antrieb und das relativ große Platzangebot im hinteren Kampfraum boten sich für eine Mehrfachnutzung an. Für die unterschiedlichen Nutzungszwecke mussten lediglich Änderungen am Wannendach vorgenommen werden.

Begleitpanzer mit 57-mm-Kanone

Der Begleitpanzer wurde für den Schutz eigener Kampfverbände und die Entlastung eigener Kampfpanzer konzipiert. Das Aufgabenspektrum umfasste:

- Bekämpfung von Kampfhubschraubern mit Maschinenkanone (MK) und dazugehöriger Spezialmunition
- Bekämpfung von Schützen – und Kampfpanzern mit MK und Treibspiegel- bzw. Vollgeschossmunition
- Bekämpfung von Schützen- bzw. Kampfpanzern auf Entfernungen bis 3750 m mit PzAbw-Lenkflugkörper System TOW
- Bekämpfung von Weichzielen mit MG

Der Panzerturm war für einen Richtschützen und den Kommandanten vorgesehen. Neben dem Fahrer bot der Panzer noch weiteren drei Besatzungsmitgliedern Platz. Das verwendete Turmdrehlager entsprach dem des KPz Leopard 1.
Der ballistische Schutz des Panzerturms war der zur Verwendung vorgesehenen Wanne des MARDERs angepasst.

Technische Daten Begleitpanzer 57 mm	
Länge	7390 mm m. W.
Breite	3240 mm
Höhe	2544 mm
Masse	30.000 kg
Bodenfreiheit	440 mm
Bodendruck	0,85 kg/cm^2
Höchstgeschw.	72 km/h

Fla-Panzer mit 57-mm-Kanone

Das Fla-Panzer-Konzept sah die Verwendung einer Schnellfeuerkanone des schwedischen Herstellers Bofors in Verbindung mit einem Rundsuchradar und einer optronischen Feuerleitanlage mit Laser-Entfernungsmesser vor. Im 2-Mann-Turm war die scheitellafettierte Kanone, welche über eine Magazin-Munitionszuführung verfügte, eingebaut. Ein Energieversorgungsaggregat war im Triebwerkraum untergebracht. Im

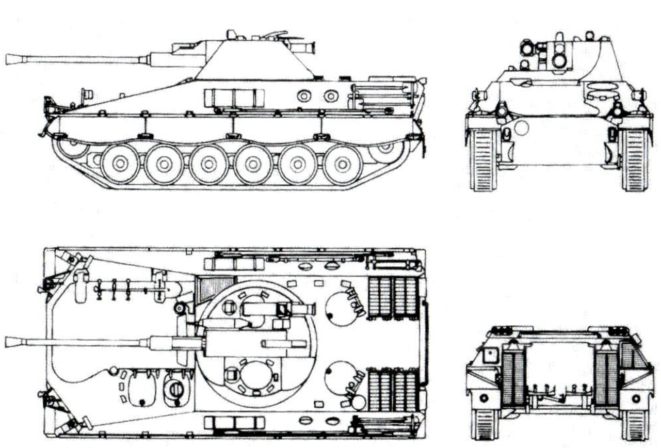

Vierseitenansicht des Begleitpanzers mit 57-mm-Kanone.

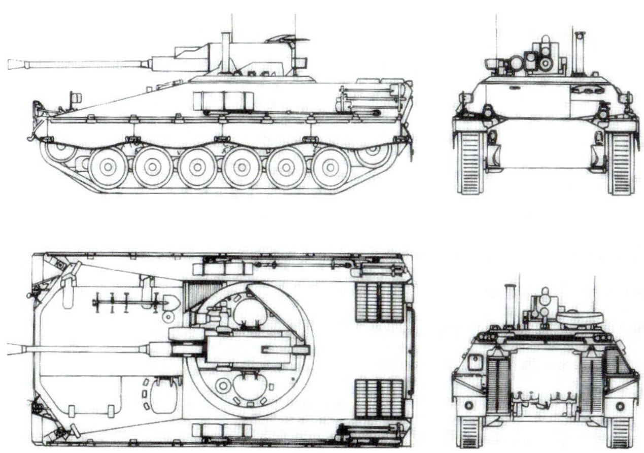

Vierseitenansicht Fla-Panzer mit 57-mm-Kanone.

hinteren Kampfraum befanden sich die Radarelektronik, die Ersatzmunition und die ABC-Schutzanlage. Die große Heckklappe ermöglichte ein schnelles Aufmunitionieren des Fahrzeuges.

Technische Daten Fla-Panzer 57 mm	
Länge	7100 mm m. W.
Breite	3240 mm
Höhe	2520 mm
Masse	30.000 kg
Bodenfreiheit	440 mm
Bodendruck	0,85 kg/cm²
Höchstgeschw.	72 km/h

Begleitpanzer mit 35-mm-Kanone

Auch in den niedrigen Turm des Begleitpanzers wurde eine scheitellafetierte Kanone eingebaut. Hierbei handelte es sich um eine der aus dem FlaPz Gepard bekannte Oerlikon 35 mm L/90. Diese wurde an zwei schmalen Tragarmen angelenkt. Am linken der beiden am Turm befestigten drehbaren Tragarme konnte zusätzlich ein koaxiales Fla-MG angebracht werden. Der Tragarm an der rechten Seite war einer Lenkflugkörper-Abschussanlage vorbehalten. Die LFK-Anlage konnte sowohl manuell als auch automatisch nachgeladen werden. Mit dieser Waffenkombination war praktisch eine wirksame Bekämpfung aller auf dem Gefechtsfeld vorkommenden Ziele möglich. Die Schnellfeuerkanone war für eine beidseitige Gurtzuführung und für verschiedene Munitionsarten vorgesehen. Die Änderungen an der MARDER-Wanne umfassten das Verschließen zweier Luken, die Vergrößerung der Turmaufnahme sowie Änderungen an der Innenraumgestaltung.

Technische Daten Begleitpanzer 35 mm	
Länge	6790 mm
Breite	3240 mm
Höhe	2830 mm
Masse	30.000 kg
Bodenfreiheit	440 mm
Bodendruck	0,85 kg/cm²
Höchstgeschw.	72 km/h

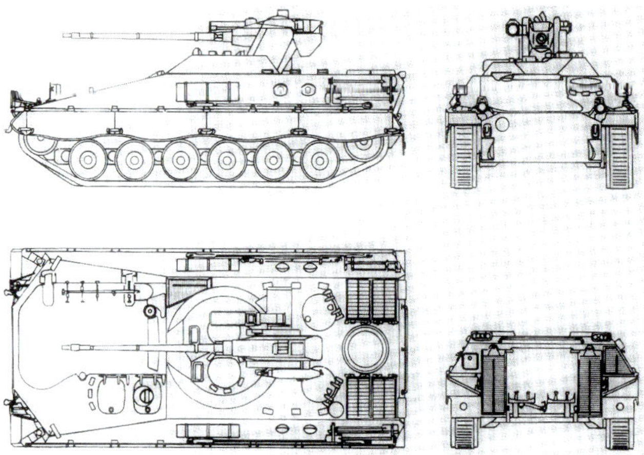

Vierseitenansicht des Begleitpanzers mit 35-mm-Kanone.

TAM + VCTP

Die erfolgreichste Entwicklungsreihe auf Grundlage der SPz-MARDER-Konstruktion außerhalb der Bundeswehr ist Thyssen-Henschel in Zusammenarbeit mit Argentinien gelungen. Die argentinische Armee benötigte Mitte der 70er Jahre sowohl neue Kampf- als auch Schützenpanzer. An der Ausschreibung beteiligten sich deutsche, französische und amerikanische Rüstungsunternehmen.

Thyssen-Henschel offerierte den Argentiniern gleich zwei moderne Kampffahrzeuge aus einer Familie. Der angebotene mittlere Kampfpanzer war mit der bewährten 105-mm-L/51-Kanone und der Schützenpanzer mit der bewährten 20-mm-Maschinenkanone Rh-202 bewaffnet. Als großer Vorteil erwies sich das günstige Gewicht der deutschen Konstruktion. Die Argentinier hatten ein Maximalgewicht von 33.000 kg vorgegeben, welches von den Mitbewerbern deutlich überschritten wurde. Thyssen-Henschel lieferte Mitte 1976 zwei Prototypen des Kampfpanzers und einige Monate später die drei gewünschten Schützenpanzer zur Erprobung aus. Die Panzer wurden unter realistischen Testbedingungen und unter allen in Argentinien vorkommenden klimatischen Bedingungen erprobt. Beide Fahrzeugtypen erwiesen sich als optimal geeignet. Die erforderlichen Änderungen an der MARDER-Wanne waren ohne großen Aufwand zu realisieren. Argentinien bestand allerdings auf einer eigenen Fertigung im staatlichen Rüstungswerk TAMSE in Tercero/Cordoba. Thyssen-Henschel war als Kooperationspartner an der Einrichtung der Fertigung beteiligt und lieferte für alle gebauten Panzer etwa 30 % der Teile aus eigener Produktion. Der mittlere Kampfpanzer trug den Namen TAM (Tanque Argentino Mediano) und der Schützenpanzer die Bezeichnung VCTP (Vehiculo de Combat Transporte de Personal). Beide Fahrzeuge erfüllten ihre Aufgabe über Jahrzehnte zur vollen Zufriedenheit. Allerdings forderte die argentinische Armee von Anfang an ein leistungsfähigeres Triebwerk für beide Fahrzeuge. Die Forderung konnte in kurzer Zeit von Mercedes-Benz/MTU in Zusammenarbeit mit dem Getriebehersteller Renk AG und Thyssen-Henschel erfüllt werden. Renk in Augsburg lieferte das stärkere Getriebe HSWL 204 und MB/MTU den leistungsfähigeren MB 833 KA-501. Dieser Motor unterschied sich vom Marder-Motor MB 833 EA-500 durch geänderte Kurbel- und Nockenwellen, andere Kolben, überarbeitete Zylinderköpfe und eine Verbrennungsluft-Kühlung. Die Leistung des Motors (Angaben differieren) wurde zunächst mit 720 PS bei 2400 U/min angegeben. Die Typen TAM und VTCP wurden später um weite-

re Eigenentwicklungen ergänzt, beispielsweise
- Mörserträger (ca. 50 Stck.)
- Führungspanzer (ca. 35 Stck.)
- Haubitze (15 Stck.)
- Raketenwerfer (unbekannte Stückzahl)
- Ambulanzpanzer (1 Stck.)
- Bergepanzer (1 Stck.)

Die Versuche der Argentinier und auch der Firma Thyssen-Henschel, die Panzer TAM und VCTP an andere Staaten zu verkaufen, waren nicht von Erfolg gekrönt. Das lag nicht an der Eignung und Konzeption der Fahrzeuge, sondern hatte ausschließlich politische oder wirtschaftliche Gründe. Als Interessenten waren die Staaten Peru, Panama, Malaysia, Iran, Irak und Ecuador aufgetreten.

Vierseitenansicht des TAM.

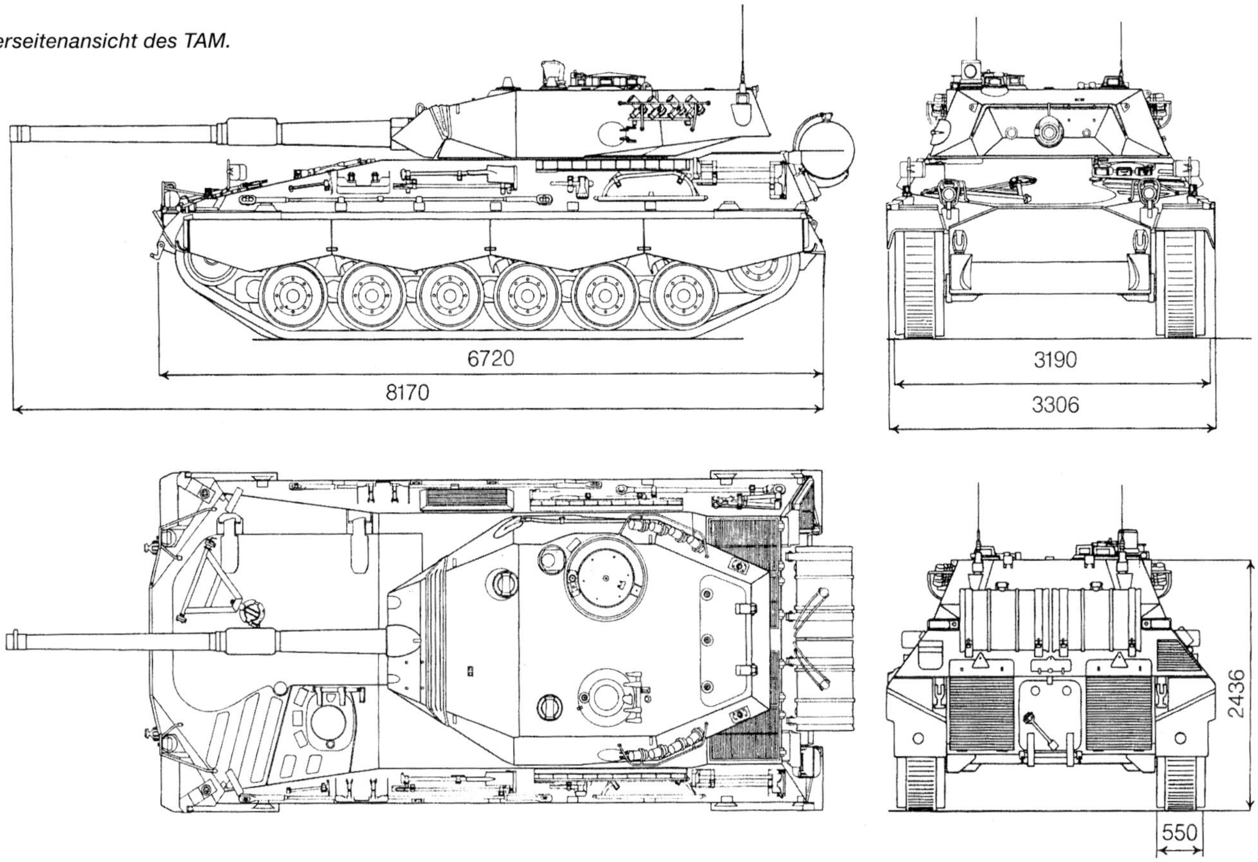

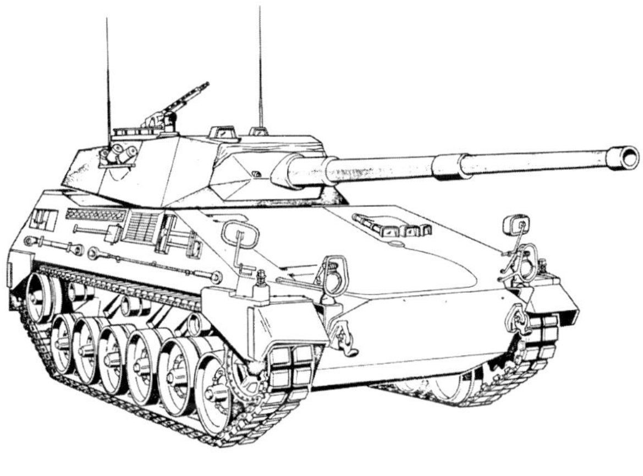

Eine seltene Zeichnung aus dem Katalog der Rheinstahl Transporttechnik 1975.

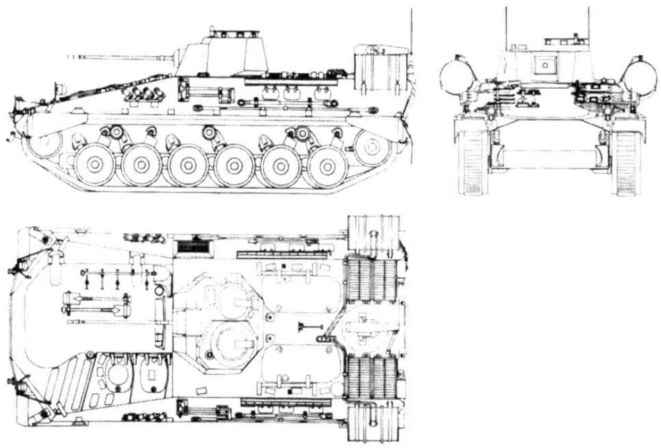

Dreiseitenansicht des VCTP.

Das Foto verdeutlicht die formale Ausgewogenheit der Konstruktion.

Erprobung des Panzers auf dem Übungsplatz Fritzlar.

Die letzte Exportausführung des ursprünglichen TAM; jetzt unter der Bezeichnung MBT TH 301/A4 angeboten.

Ein Foto des ersten in Kassel gefertigten VCTP-Prototyps in einem neutralen grünen Farbanstrich.

Die gepanzerten Geschwister im Dienste der argentinischen Armee auf 4560 m Höhe.

Technische Daten				
	TAM	**TH 301**	**VCTP**	**TH 302**
Länge	8230 mm m. W.	8455 mm m. W.	6830 mm	6830 mm
Breite	3120 mm	3306 mm	3300 mm	3306 mm
Höhe	2420 mm	2436 mm	2680 mm	2683 mm
Masse	30.000 kg	31.000 kg	27.000 kg	27.000 kg
Bodenfreiheit	440 mm	450 mm	450 mm	450 mm
Motor	MB 8833 KA-501	=	=	=
Leistung	720 PS	730 PS	720 PS	720 PS
Höchstgeschw.	75 km/h	72 km/h	70 km/h	72 km/h
Bodendruck	0,77 N /cm²	0,79 N/cm²	0,69 N/cm²	0,69 N/cm²
Hauptwaffe	105 mm	105 mm	20 mm	20 mm
Reichweite	590 km (900 km m. Zusatztank)	800 km	800 km mit Zusatztank	550 km
Wattiefe ohne Vorbereitung	1400 mm	1400 mm	1400 mm	1400 mm
Wattiefe mit Vorbereitung	2250 mm	2250 mm	2000 mm	2000 mm
Tauchtiefe	4000 mm	4000 mm	–	–
Bemerkungen	TAM = Bezeichnung der argent. Armee TH 301 = Bezeichnung Thyssen-Henschel VCTP = Bezeichnung der argent. Armee TH 302 = Bezeichnung Thyssen-Henschel Obwohl es sich jeweils um das identische Grundfahrzeug handelt, ergeben sich geringe Unterschiede in den Technischen Unterlagen, teilweise bedingt durch modernere Nachrüstungen. Änderungen gegenüber der original Marder-Wanne/Fahrgestell: TAM / TH 301: Triebwerk, Antrieb, verstärkte Panzerung, Heckumbau, Wannendach, Drehstäbe VCTP / TH 302: Triebwerk, Antrieb, verstärkte Panzerung, Wannendach (größere, viereckige Luken), MG-Hecklafette			

MARDER mit Oerlikon-Turm GDD-A

In Folge eines Versuchsschießens im November 1977 bei der Erprobungsstelle 91 in Meppen offerierte die als Kanonenhersteller bekannte Schweizer Werkzeugmaschinenfabrik Oerlikon-Bührle, Zürich, den Dienstellen der Bundeswehr eine interessante Kampfwertsteigerung für den SPz MARDER und den SpähPz LUCHS. In diesem Kapitel soll aber nur auf die Version für den MARDER eingegangen werden. Die Schweizer entwickelten einen Scheitellafetten-Turm, Modell GDD-A, welcher als 2-Mann Turm konzipiert war und ohne große Änderungen auf dem SPz MARDER verbaut werden konnte. Der Turm sah als Bewaffnung die Oerlikon-Leichtbaukanone KDE und ein rohrparalleles MG3 vor. Das Turmgehäuse war in den Maßen und in der äußeren Form praktisch baugleich mit dem bekannten MARDER-Turmgehäuse. Ein fest mit dem Turmgehäuse verbundener Waffenträger aus Panzerstahl trug die scheitellafettierte Leichtbaukanone und im gleichen Waffengehäuse ein MG. Die Positionen von Kommandant und Richtschütze waren unverändert. Auch die wesentlichen Bediengeräte und Anzeigeeinrichtungen waren zentral eingebaut und daher gut erreichbar. Eine Nebelmittelwurfanlage war rechts und links stufenförmig versetzt am Turmgehäuse angebracht. Der GDD-A Panzerturm war etwa 200 mm höher als der MARDER-Turm und mit eingebauter Waffe zirka 510 kg schwerer. Besonders interessant war die im GDD-A Turm eingebaute Leichtbaukanone vom Typ KDE. Es handelte sich hierbei um einen automatischen Rückstoßlader mit Fallkeilverschluss. Die Munitionszuführung konnte sowohl von rechts als auch von links aus Magazinen erfolgen. Die Umschaltung der Magazinzuführung lag bei einer Sekunde. Das Fassungsvermögen beider Magazine lag zusammen bei 100 Schuss. Weitere 80 Schuss waren im Turm untergebracht. Die Innenballistik der KDE entsprach genau der vom Flugabwehrkanonenpanzer GEPARD. Es konnte somit auch die identische Munition verschossen werden. Als Vorteil der Leichtbaukanone und der Munition wurden aufgeführt:

- Gestreckte Flugbahn, kurze Geschossflugzeit, hohe Trefferwahrscheinlichkeit;
- hohe Durchschlagleistung der Treibspiegelmunition;
- hohe Geschosswirkung im Ziel.

Die maximal mögliche Kadenz der Kanone lag bei 200 Schuss/min. Es konnten

- Treibspiegel-Kerngeschosse mit Leuchtspur, V_0 1385 m/s,
- Panzer-Sprengbrandgranaten mit oder ohne Leuchtspur, V_0 1175 m/s,
- Minen-Sprengbrandgranaten mit oder ohne Leuchtspur, V_0 1175 m/s, sowie
- Übungsgeschosse mit oder ohne Leuchtspur, V_0 1175 m/s,

verschossen werden.

Die Entwicklung des Panzerturms GDD-A mit der Leichtbaukanone muss im Zusammenhang mit dem seinerzeitigen Bedrohungspotenzial durch den Warschauer Pakt, besonders durch Kampf-

Eine seltene Zeichnung aus dem Katalog der Rheinstahl Transporttechnik 1975.

Technische Daten Turm GDD-A	
Gewicht	zirka 3000 kg
Bodendruck	zirka 0,80 kg/cm²
Länge mit Rohr (höhenrichtbarer Teil*)	4375 mm
Breite	1795 mm
Höhe	1110 mm
Richtbereich Höhe	-15° bis + 45°
Richtbereich Seite	360°
Richtgeschwindigkeit Höhe	max. 60°/s
Richtgeschwindigkeit Seite	max. 90°/s
Stabilisierung	elektro-hydraulisch, primär stabilisierte Waffe mit nachgeführter Optik.
Nebelmittelwurfanlage	6
Sprengkörperwurfanlage	6

* Bei der MARDER MK Rh202 liegt der höhenrichtbare Teil bei 2835 mm.

Technische Daten Kanone KDE	
Kaliber	35 mm (35 x 228)
Gewicht	260 kg
Kadenz stufenlos	max. 200 Schuss/min
Prinzip	Automatischer Rückstoßlader
Feuerart	Einzel- oder Dauerfeuer
Bodendruck	0,85 kg/cm²
Höchstgeschw.	72 km/h

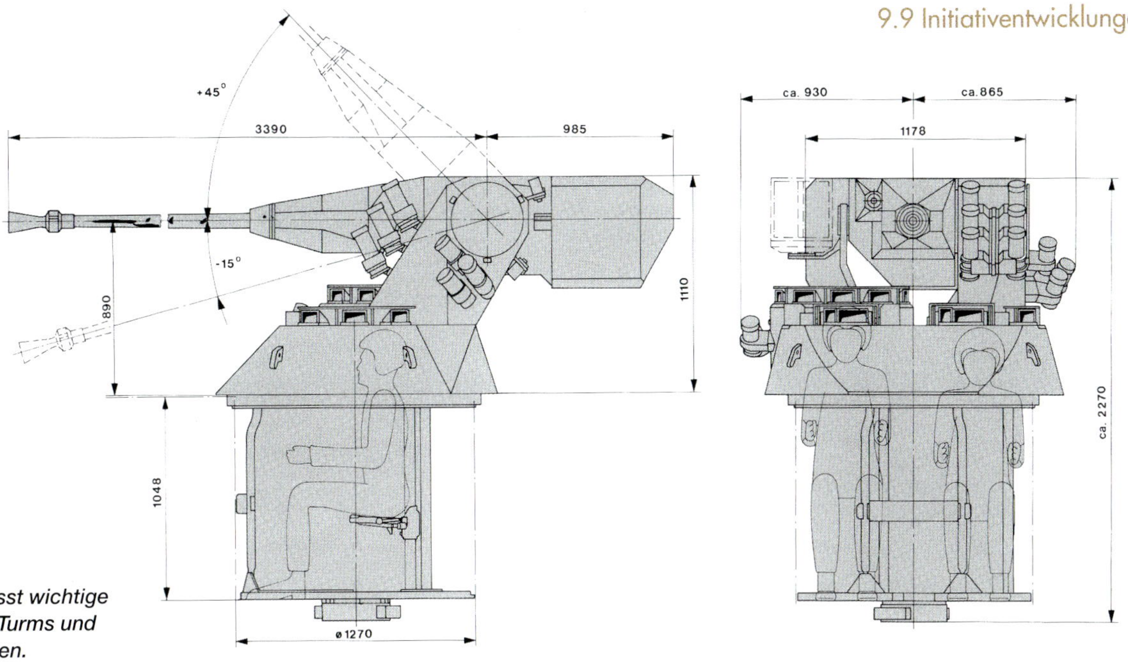

Die Zeichnung lässt wichtige Einzelheiten des Turms und der Waffe erkennen.

hubschrauber und den SPz BMP gesehen werden. Oerlikon sah es als unumgänglich an, der neuen Bedrohungslage entsprechend den SPz MARDER leistungsstärker zu bewaffnen. Eine Trefferwahrscheinlichkeit bis zu einer Maximalentfernung von 3000 m wurde als realistisch beschrieben. Die Durchschlagsleistung der 35-mm-APDS-Munition lag auf 1000 m Entfernung um etwa 100 % höher als die der eingeführten 20-mm-APDS-Munition. Als Nachteil dieser Konstruktion wurden u. a. die Bauhöhe und der geringere Munitionsvorrat gesehen.

Flugabwehrpanzer DRAGON

Diese interessante Variante eines Flugabwehrpanzers wurde von Thyssen-Henschel zusammen mit der französischen Groupement Industriel des Armements Terrestres (GIAT) entwickelt und gebaut. Das für den DRAGON vorgesehene MARDER-Fahrgestell musste vor allem im Heckbereich und am Wannendeck den speziellen technischen Forderungen angepasst werden. Der komplette Turm war eine Konstruktion der französischen Firma Thomson-CSF und mit zwei Maschinenkanonen Hispano-Suiza Typ HSS 831A im Kaliber 30 mm sowie einem leistungsfähigen Radargerät ausgerüstet. Ein Nebelmittelwurfgerät mit 8 Werfern war am Turm montiert.

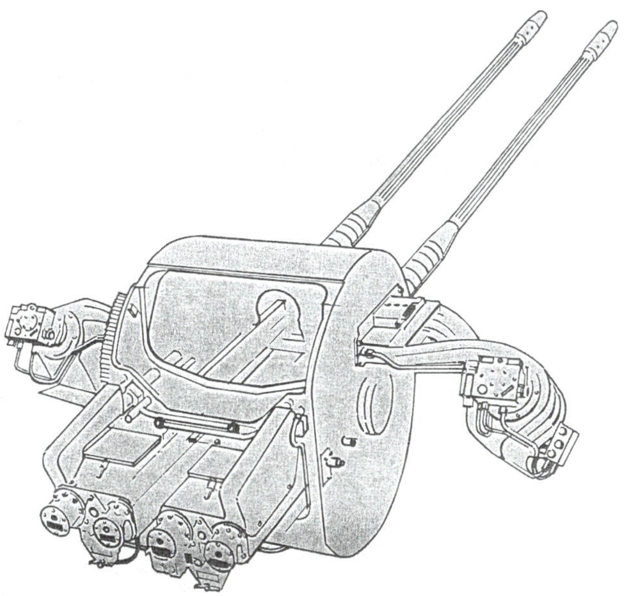

Eine Skizze der Waffe mit den Zuführerelementen.

Technische Daten DRAGON	
Länge	6775 mm
Breite	3120 mm
Höhe	-
Masse	27.500 kg
Bodendruck	zirka 0,80 N/cm^2
Bodenfreiheit	440 mm
Motor	MB 833 Ka-500
Leistung	720 PS
Höchstgeschwindigkeit	72 km/h
Aktionsradius	550 km
Gewicht einer MK	158 kg
Feuergeschwindigkeit	620 Schuss/m
Reichweite	max. 3500 m
V_0	1000 m/s
Munitionsvorratan jeder MK	300 Schuss
Munitionsvorrat in Turm und Wanne	2300 Schuss

Auf diesem Foto sind auch die dreigeteilten Staukästen und die winklige Turmauslage von Interesse.

Technische Daten RAPIER	
Länge	6790 mm
Breite	3240 mm
Höhe in Marschstellung	2400 mm
Masse	27.000 kg
Bodendruck	0,76 N/cm²
Bodenfreiheit	440 mm
Motor	833 Ea-500
Leistung	600 PS
Höchstgeschwindigkeit	72 km/h
Aktionsradius	550 km
Bewaffnung	FlaRak-System RAPIER
	1 Fla-MG

Flugabwehrpanzer RAPIER

Das Flugabwehrsystem RAPIER wurde als autonomes Waffensystem zur Tieffliegerabwehr geschaffen. Das britische System hatte ähnliche Aufgaben zu erfüllen wie das bekannte deutsch-französische ROLAND-System. Bei Verwendung eines MARDER-Fahrgestells konnte das System hochbeweglich gemacht werden und somit auch den gepanzerten Kampftruppen auf dem Gefechtsfeld folgen. Als Vorteil erwies sich, dass das RAPIER-System ohne Änderungen im hinteren Kampfraum untergebracht werden konnte. Bei Marschfahrt konnte das System um 1200 mm abgesenkt werden. Der noch nach oben überstehende Teil wurde durch zwei gepanzerte Abdeckhauben gegen Beschuss geschützt. Es bestand an diesem Entwurf größeres Interesse von Ländern, die bereits mit dem RAPIER-System ausgestattet waren. Das Fahrzeug wurde in enger Zusammenarbeit mit der British Aircraft Corporation, dem Hersteller des RAPIER-Systems, entwickelt. Gebaut als Konzeptträger: 1977/78.

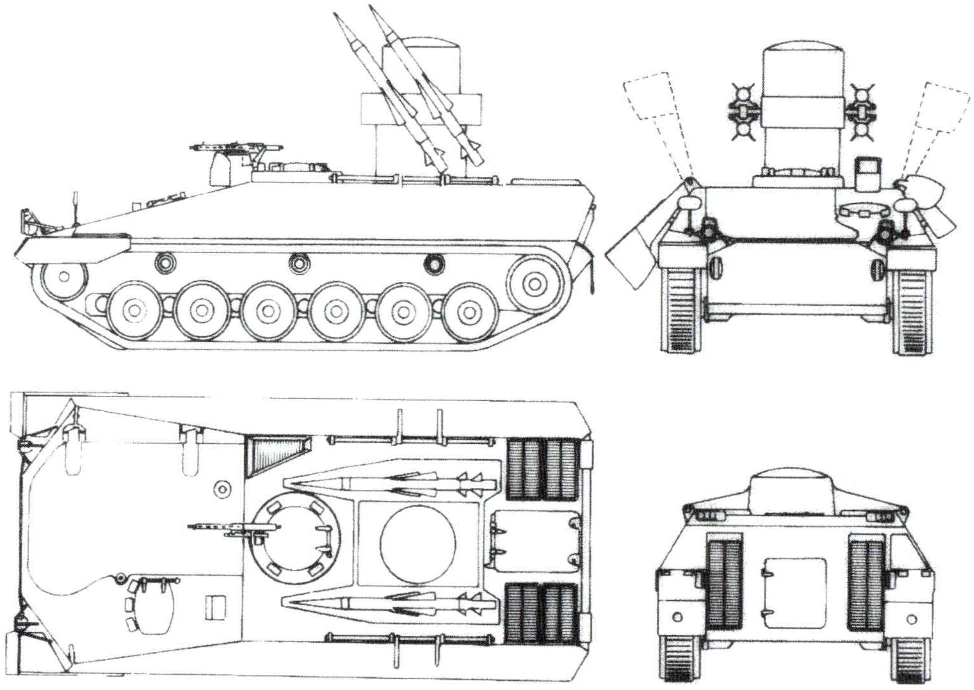

Vierseitenansicht des Flugabwehrpanzers RAPIER.

Combat Tank DF 105

Als ein weiteres Produkt der deutsch-französischen Zusammenarbeit auf dem Rüstungssektor wurde von Thyssen-Henschel der Combat Tank DF 105 gebaut. Auch bei diesem Fahrzeug stellte der MARDER 1 das Fahrgestell mit Wanne. Der DF 105 konnte neben dem Fahrer, dem Kommandanten und dem Richtschützen im hinteren Kampfraum weitere fünf Grenadiere aufnehmen, welche über die Heckklappe schnell abgesetzt werden konnten. Wahlweise war dieser Raum auch für die Lagerung und den Transport von 50 Schuss der 105-mm-Munition nutzbar. Der Panzer war gleich für mehrere Aufgaben konzipiert worden als

- Panzerjäger,
- Unterstützungspanzer,
- Schützenpanzer,
- Panzerhaubitze.

Interessanterweise war dieser Panzer – wie auch der DRAGON – mit dem leistungsgesteigerten Mercedes-Benz-Motor 833 Ka-500 mit 720 PS ausgerüstet. Bei dem französische Panzerturm FL 15 der Firma Fives Cail Babcock handelte es sich um den schon aus dem AMX 13 her bekannten und verbesserten Turm mit Oszillationslafette.

Die Kanone war mit zwei rechts und links angeordneten Trommelmagazinen mit je sechs Schuss ausgestattet. Die Munition wurde mechanisch-automatisch zugeführt, die leeren Kartuschen wurden über eine rückwärtige Turmöffnung ausgestoßen. Somit war für die zwölf Schuss eine hohe Feuergeschwindigkeit von 12 Schuss/min möglich. Der Munitionsvorrat betrug 50 Schuss. Verschossen werden konnten folgende Munitionsarten: HE(T), HEAP, HEAT, APDS(T) und APFSDS. Die Kampfentfernung betrug zirka 2000 m. Bei maximaler Rohrerhöhung konnte die Kanone auch bis zu 8000 m artilleristisch genutzt werden. Neben den üblichen Ziel- und Richtmitteln stand auch ein Laser-Entfernungsmesser zur Verfügung. Das koaxiale Turm-MG hatte einen Munitionsvorrat von 5000 Schuss.

Technische Daten DF 105	
Länge mit Kanone	7500 mm
Breite	3240 mm
Höhe	2990 mm
Masse	30.000 kg
Bodendruck	zirka 0,85 N/cm^2
Motor	MB 833 Ka-500
Leistung	720 PS
Turmpanzerung	bis 40 mm
Höhenrichtbereich Kanone	– 8° bis + 12°
Weitere Daten vergleichbar mit Fahrgestell MARDER 1.	

Auch diese interessante Konstruktion mit französischem Panzerturm und deutschem Fahrgestell war für den Export angedacht.

MARDER Airmatic RED

Abrüstung macht's möglich! Die in Hemer (NRW) ansässige Firma Airmatic GmbH ist als Spezialunternehmen für Hochdruckreinigungssysteme europaweit tätig. Airmatic entwickelte 2008 ein ganzheitliches Konzept für Lösch- und Rettungsaktionen bei Wald- und Industriebränden. Ein Teil des Konzeptes war der Umbau von Schützenpanzern MARDER 1 A3 in Feuerlöschpanzer. Die MARDER stammen aus den überzähligen Beständen der Bundeswehr und werden von Airmatic aufwändig für die neue Verwendung umgebaut. Der Vorteil des MARDERs RED (Rescue-Extinguish-Defend) ist neben seiner Schnelligkeit und Wendigkeit auf der Straße und im Gelände die besondere Fähigkeit, Brandpunkte abseits von Straßen und festen Wegen selbst da, wo auch allradangetriebene Fahrzeuge kaum eine Chance haben, sicher zu erreichen. Der 600-PS-Motor und die Möglichkeit, mit Hilfe des automatischen Wandlergetriebes schnell rückwärts zu fahren, verleihen dem MARDER RED ein besonders großes Einsatzspektrum. Für Rettungs- oder Evakuierungsaktionen ist das Fahrzeug nach Ausbau seiner kompletten Kampfraumausstattung sehr gut geeignet und kann – bei entleerten Wassertanks – bis zu zwanzig Personen transportieren. Als gepanzertes Fahrzeug bietet der MARDER RED sowohl der zweiköpfigen Besatzung als auch den geretteten Personen sicheren Schutz gegen herabfallende Trümmer und Äste oder umstürzende Bäume. Zudem schützt die Panzerung vor Hitze und Flammen. Zum Umbau des – nun ehemaligen – Schützenpanzers wird der komplette Turm gezogen und der hintere Kampfraum von allen Einbauten frei gemacht. Um die unterschiedlichsten Einbaugeräte zuverlässig bedienen zu können, wurde die Entwicklung und Konstruktion einer komplett neuen, leistungsfähigen, elektronisch gesteuerten Hydraulikanlage erforderlich. Der MARDER RED erhält ein frontseitig angebrachtes Räumschild und eine spezielle Ausstattung mit faltbaren Wassertanks. Anstelle des Turms wird die »Wasserkanone« mit Hochdruckwirbellöschtechnik eingebaut, welche unter einem Druck von mehreren hundert bar feinste Wassertropfen bis zu einer Entfernung von 50 m verschießen kann. Durch den Druck werden die Wassertropfen durch rotierende Düsenbündel gepresst, wo sie, ähnlich wie bei einem Geschoss, in eine Drallbewegung versetzt werden. Die Löscheinrichtung kann um 360° gedreht werden. Zur Eigensicherung verfügt das Fahrzeug über eine Selbstschutzanlage, welche das ganze Fahrzeug in einen Wassernebel einhüllt. Für die Besatzung und für eventuelle weitere Insassen sind Atemschutzgeräte an Bord. Um die Betriebssicherheit des Motors auch unter extremen Bedingungen sicherzustellen, wurde eine Steuerung entwickelt, welche über einen im Ansaugtrakt eingebauten Sensor die Sauerstoffzufuhr regelt.

Technische Daten MARDER RED	
Masse leer	26500 kg
Masse mit Wasservorrat und Besatzung	35000 kg
Höhe mit Monitor	3200 mm
Wasservorrat	7500 l
Schwenkbereich des Werfers	360°
Wasserdurchsatz	300 l/min
Einsatzzeit Vollstrahl	100 l/min bis 1,5 Std
Einsatzzeit Wirbelstrahl	300 l/min bis 0,5 Std
Einsatzzeit Frontlöschanlage	bis 2,0 Std

So wie auf diesem Firmenfoto ist der Einsatz des Airmatic RED vorstellbar.

Schützenpanzer KUKA M 12

Mitte der 90er Jahre wurde ein neuer Schützenpanzer für das Schweizer Heer ausgeschrieben. In der Bundesrepublik sahen die renommierten Hersteller Keller und Knappich (KUKA), Augsburg, und Thyssen-Henschel, Kassel, Verkaufschancen für ihren in eigener Entwicklungsarbeit entstandenen SPz M 12. Während KUKA für den Turm und die Waffenanlage zuständig war, arbeitete Thyssen-Henschel an einer verbesserten Wanne des MARDERs 1 A3. Bei der Wanne handelte es sich zwar um gebrauchte, aber in vielen Bauteilen verbesserte und modernisierte, neuwertige Wannen beziehungsweise Fahrgestelle.
Auffällig war zunächst der nach Schweizer Vorgaben entwickelte und produzierte Panzerturm E4. Die Bezeichnung für diesen Turm ist ein wenig verwirrend, da KUKA bereits Ende 1969 einen kleineren E4-Turm für den Spähpanzer LUCHS angeboten hatte.
Bei diesem Turm E4 handelte es sich um einen modular aufgebauten 2-Mann-Turm mit stabilisierter Sichtlinie und nachgeführter, innenlafettierter Mauser-Maschinenkanone 30-2 im Kaliber 30 x 173 mm. Ein im Turm eingebautes, achsparalleles Maschinengewehr vervollständigte die Bewaffnung. Das Platzangebot wurde trotz der modernen Feuerleitanlage mit Laserentfernungsmesser und der elektrischen Richtanlage mit Waffenstabilisierung als ausreichend beurteilt. Ein WBG, nutzbar für Richtschützen und Kommandanten, wurde bedienungsgerecht eingebaut. Die Turmbedienung erfolgte elektrisch, konnte aber bei Ausfall der Elektrik auch mechanisch betätigt werden. Der Turm E4 war für die Aufrüstung mit weiteren elektronischen und optischen Geräten geeignet und vorgesehen. Konstruktiv war sowohl der Einbau der MK 30-2 wie auch der der amerikanischen Bushmaster II möglich. Am Fahrgestell und an der Wanne wurden mehrere Verbesserungen eingebracht. So wurde die Sitzposition für die Panzergrenadiere im hinteren Kampfraum komplett geändert (Face to Face) und Platz für einen weiteren Panzergrenadier geschaffen. Ein Bodenliner als Minenschutz wurde zusätzlich angebracht. Ferner war ein Umbau beziehungsweise Nachrüstsatz für den Trans-

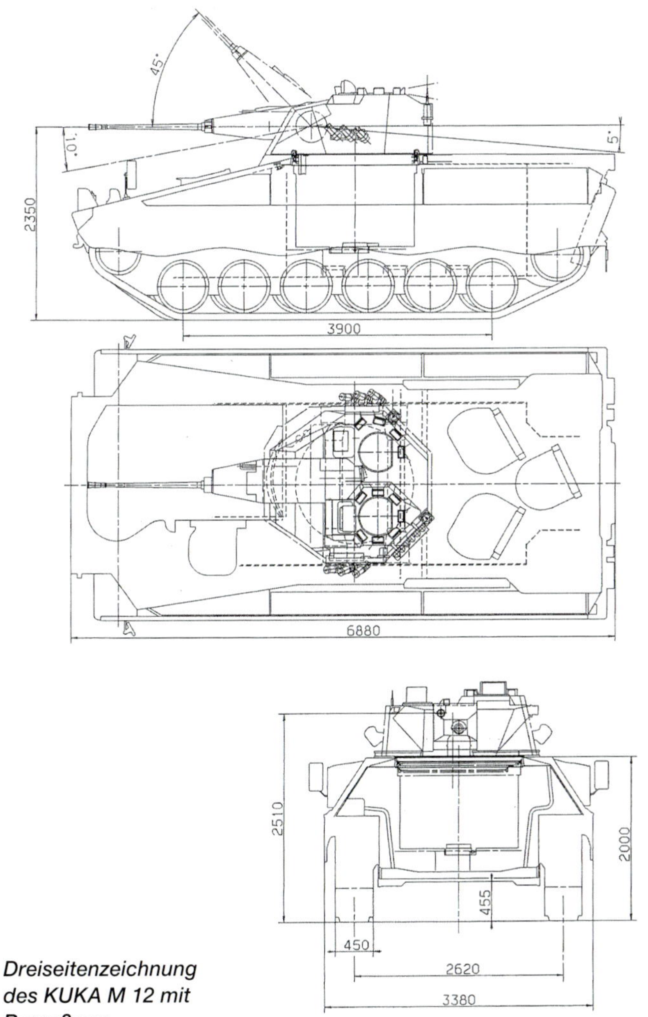

Dreiseitenzeichnung des KUKA M 12 mit Bemaßung.

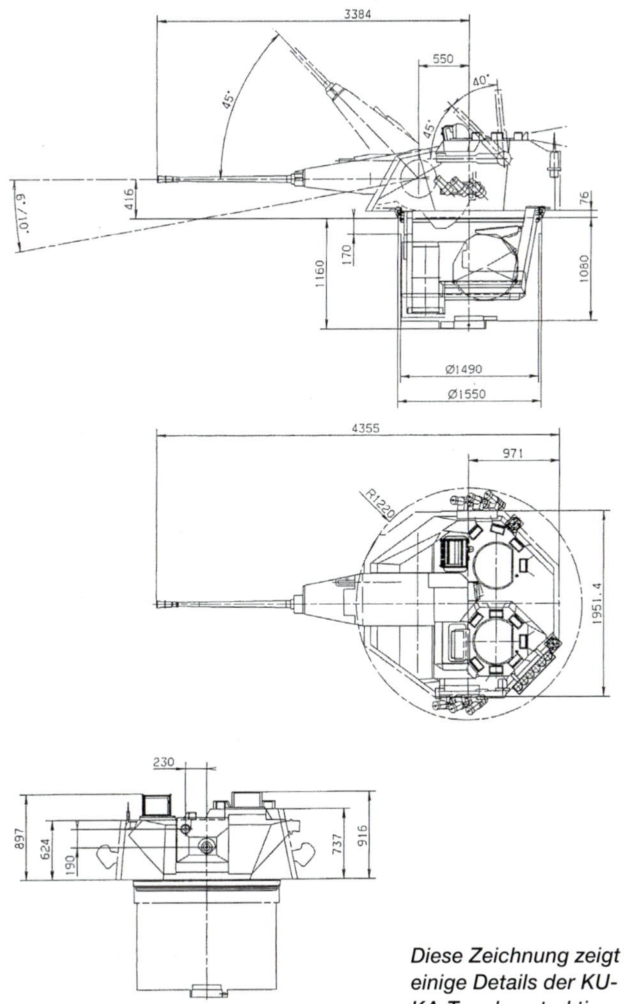

Diese Zeichnung zeigt einige Details der KUKA-Turmkonstruktion.

Technische Daten KUKA M 12	
Turm E4	
Masse	zirka 3500 kg
Richtbereich Seite	n x 6400 Strich
Richtbereich Höhe	-10° bis +45°
Maximale Richtgeschwindigkeit Höhe	30 °/s
Maximale Richtgeschwindigkeit Seite	57 °/s
Höhe mit Bühne	2152 mm
Höhe von Wannenoberkante	916 mm
Feuerhöhe MK	2350 mm
Turmbreite ohne NMWA	1952 mm
Turmlänge mit MK	4355 mm
MK Mauser 30-2	
Kaliber	30 x 173 mm
Feuergeschwindigkeit	bis zu 800 Schuss/m
Kampfentfernung	bis zu 3000 m
Feuerart	Einzelfeuer, Schnellfeuer, Feuerstöße
Gewicht	174 kg
Rohrlänge	2447 mm
Fahrzeug	
Masse	33.780 kg
Bodendruck	0,94 N/cm^2
Die Abmessungen entsprechen, bis auf minimale Unterschiede, denen des MARDERs 1 A3.	

port von Verwundeten oder Material in kurzer Zeit möglich. Die Schweizer Armee sah hinsichtlich des E4-Turms alle Anforderungen als erfüllt an.

Als Mitbewerber um den ursprünglich auf 310 Stück bezifferten Bedarf nahmen ab Oktober 1997 auf dem Waffenplatz THUN (CH) der schwedische SPz CV-90 (Hägglund) und der britische SPz Warrior 2000 (GKN-Defence) an der Auswahl teil. Die Schweizer Armee entschied sich 1999 nach längerer Erprobung für den CV-90, welcher nach diversen Änderungen die Bezeichnung CV 9030 erhielt. Dieser wurde in einer ersten Charge von 186 Stück eingeführt. Als Nachteil des KUKA M 12 wurde u. a. die zu schwache Motorisierung mit 600 PS genannt.

Da die Entwicklung des MARDERs 2 eingestellt wurde, bot die Industrie der Bundeswehr mit dem M-12-System eine Nachrüstlösung für den MARDER 1 A3 an.

Auf dem internationalen Markt wurde das Fahrzeug ab 2004 von Rheinmetall Landsysteme als MARDER MK 30 angeboten.

Der unglückliche Zweite: der KUKA M 12 beim Schweizer Panzertest.

Aus diesem Blickwinkel ist der sauber an das Fahrgestell angepasste Panzerturm zu erkennen.

In voller Fahrt über die Wege des Waffenplatzes Thun.

MARDER 1 A3 für Griechenland

Bereits 2004 plante die griechische Armee die Ablösung ihrer älteren Schützenpanzer BMP-1 und M 113. Diese sollten nach und nach durch einen moderneren SPz, welcher in der Leistung den eingeführten Kampfpanzern LEOPARD 1 A5 und LEOPARD 2 A4 entsprechen sollte, ersetzt werden. Das eigene Projekt SPz »Kentaurus« lief einige Zeit parallel.

Rheinmetall AG bot den Griechen neben dem bewährten MARDER 1 A3 auch die kampfwertgesteigerte Version MARDER MK 30 an. Dieses Fahrzeug wurde auf der Messe DEFENDORY 2004 in Griechenland vorgestellt. Als Argumente für die deutsche Offerte dienten die schnelle Verfügbarkeit wie auch die über viele Jahre im Truppendienst bewiesene Zuverlässigkeit, die bewährte und sichere MK 20 mm, die einfache Bedienbarkeit und der ballistische Schutz nach STANAG 4596, Level 4/5 des MARDERs 1 A3. Zusätzlich gab es ein Angebot für die kampfwertgesteigerte Version mit dem KUKA-Turm E4 (MK 30). Bei diesem Turm war es zudem möglich, das bereits im »Kentaurus« erprobte moderne Feuerleitgerät SEOSS einzubauen. Eine weitere Ergänzung wäre durch die Installation des C-31-Kontrollsystems INIOCHOS möglich gewesen. Durch dieses System war zudem eine sehr gute Kooperation mit dem LEOPARD 2 auf dem Gefechtsfeld möglich.

Einige Jahre später, im Dezember 2009, bemühte sich die Hellenic Defence Technology (ELVO) in enger Kooperation mit der Rheinmetall AG um den Kauf beziehungsweise Verkauf von 422 gebrauchten SPz MARDER 1 A3 aus Überbeständen der Bundeswehr. Diese Beschaffungsmaßnahme hing unmittelbar mit dem Zustand der ursprünglich aus den Beständen der NVA stammenden BMP-1 – inklusive des Anteils aus den im Jahre 1991 nach den Richtlinien des BWB auf Bundeswehr-Standard umgerüsteten 587 BMP-1 A1 Ost – zusammen. Daher wurde der Ankauf der MARDER 1 A3 als eine gute Zwischenlösung angesehen. Dazu kam der große Bestand an auch für den MARDER verwendbaren Ersatzteilen des LEOPARD 1, welche in griechischen Depots lagerten. ELVO plante mit Unterstützung der Rheinmetall AG die SPz MARDER nach griechischen Spezifikationen umzurüsten. Dazu gehörte die Umlackierung aller Fahrzeuge, die Einrüstung mit den vorhandenen TRC-9200 Funkgeräten sowie der Einbau einer GPS/INS-Anlage für 135 Fahrzeuge. Zur möglichen Beschaffung gehörte auch der Ankauf von 126.600 Stück AP-T-DM-63-Munition, drei weiteren Trainingsfahrzeugen, Werkzeugausstattungen für die Instandsetzung und neuem Tarnmaterial. Die Kosten wurden seinerzeit auf insgesamt 230.000 Euro pro MARDER beziffert. Den Griechen wurde ein MARDER 1 A3 als Musterfahrzeug in Griechenland vorgeführt. Die Beschaffung scheiterte dem Vernehmen nach an der finanziellen Situation der griechischen Armee.

Der MARDER trägt die Lackierung und das Tarnschema der griechischen Armee.

9.10 SPz MARDER 2

Nach Ablauf etwa der Hälfte der für den SPz MARDER vorgesehenen Nutzungsdauer beschäftigten sich sowohl die Panzergrenadiertruppe als auch die Rüstungsindustrie mit einem Nachfolgetyp. Nach fast zweijähriger Diskussion und Abarbeiten einer »Wunschliste« wurde im Juni 1984 vom BMVtg die Taktische Forderung (TaF) und die Ausschreibung für einen neuen Schützenpanzer veröffentlicht. Die Hauptforderungen waren:

- Mindestens gleiche Beweglichkeit auf dem Gefechtsfeld wie der KPz LEOPARD 2.
- Mindestabsitzstärke 7 Grenadiere.
- Vollschutz im Frontbereich und bei 30° im seitlichen Wannenbereich gegen 30-mm-AP-Geschosse.
- Stabilisierte MK im Kaliberbereich von 30 bis 50 mm.

Nach Prüfung mehrerer Konzepte wurde die Firma Krauss-Maffei 1988 als Generalunternehmer und zudem zuständig für Wanne, Triebwerk und Fahrgestell beauftragt sowie die Firma Rheinmetall mit der Entwicklung einer neuen Maschinenkanone. Rheinmetall zeichnete zudem für das gesamte Turmsystem mit der Bewaffnung und Feuerleitung verantwortlich. Heckler & Koch sowie Oerlikon Contraves entwickelten die Munitionszufuhreinrichtungen. Als Bedarf wurden 1000 Schützenpanzer errechnet, welche zwischen 1997 und 2001 zulaufen sollten.

Triebwerk, Antrieb, Laufwerk

Als Triebwerk wurde der später in der Panzerhaubitze 2000 verbaute MTU 881 Ka-500 entwickelt. Sämtliche Leistungsdaten entsprachen in der Konzeption den Anforderungen an das über 40.000 kg schwere Fahrzeug.

Die Kraftübertragung regelte ein von der Firma Renk entwickeltes hydromechanisches Schalt- und Wendegetriebe mit hydraulischem Drehmomentwandler. Das HSWL-284-C-Schaltgetriebe verfügte über vier Vorwärts- und zwei Rückwärtsgänge sowie eine integrierte Betriebs- und Feststellbremse.

Beim MARDER 2 entschied man sich für eine klassische Laufwerkkonstruktion mit einem Stützrollenlaufwerk. Die sechs an jeder Fahrzeugseite vorhandenen Doppellaufrollen wurden über Drehstäbe gefedert. Der Federweg wurde durch Lamellendämpfer und über hydraulische Endanschläge begrenzt. Wie beim MARDER 1 handelte es sich um ein frontangetriebenes Fahrzeug. Bei der Endverbinder-Gleiskette konnten die Gummi-Kettenpolster ausgewechselt werden.

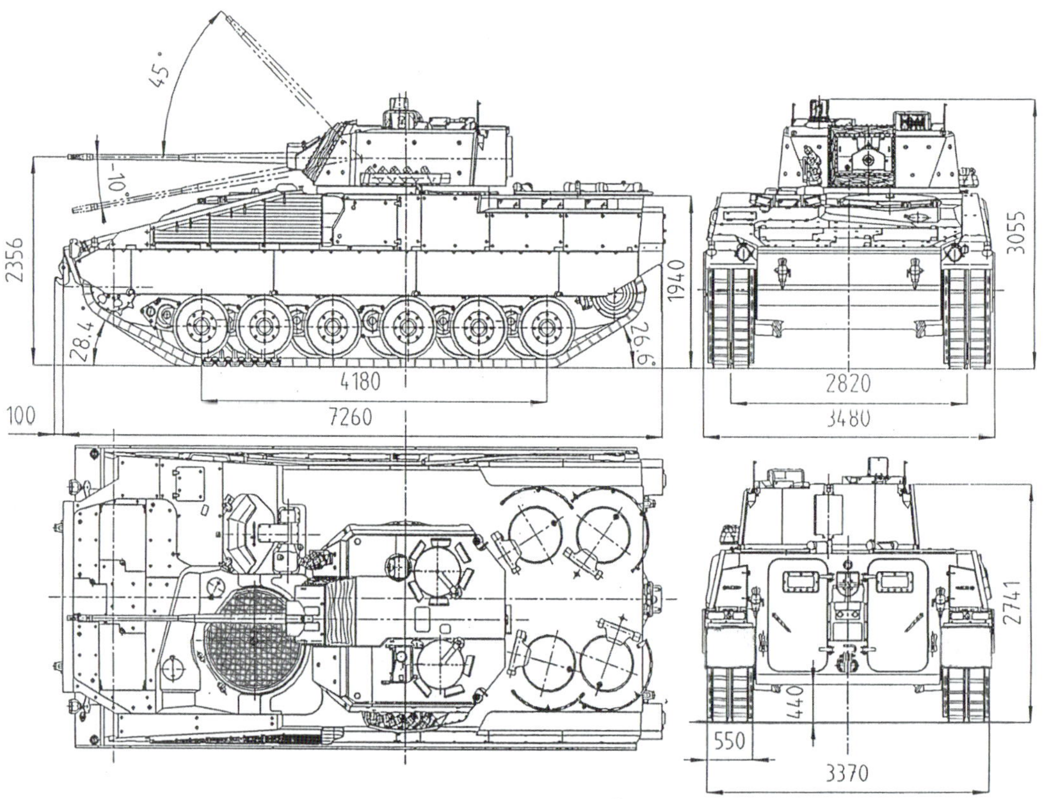

Vierseitenansicht MARDER 2.

Testschießen auf dem Schießgelände in Unterlüß.

Wanne

Die großzügig dimensionierte Wanne bestand aus Panzerblech und bot ohne die vorgesehene Zusatzpanzerung einen Grundschutz gegen AP-Geschosse bis Kaliber 7,62 mm und 155-mm-Artilleriegranatsplitter. Die adaptierte Zusatzpanzerung schützte allseitig gegen 14,5-mm-AP-Munition. Die Frontpanzerung schützte gegen sämtliche bekannten 30-mm-Munitionsarten. Bei einem Schusswinkel bis zu 30° war auch die Wanne gegen 30 mm geschützt. Ein sogenannter Liner schützte vor Splitterwirkung im Innenraum. Das Fahrzeug verfügte über eine leistungsfähige ABC-Schutzanlage. Die zweiteilige Hecktür trug zwei Sichtblöcke. Den Grenadieren im hinteren Kampfraum standen an jeder Seite drei Winkelspiegel zur Verfügung. Der Kampf über die Bordwand war durch drei große Luken im Fahrzeugdeck möglich.

Panzerturm und Waffen

Der von Rheinmetall entwickelte Turm TS 503 bot Platz für den Kommandanten und den Richtschützen sowie für die Maschinenkanone Rh 503 mit dem achsparallelen MG3 und der Feuerleitanlage. Die Rh 503 verfügte über eine gurtlose Munitionszuführung und eine elektrisch betriebene Seiten- und Höhenrichtanlage. Die Waffe war vorstabilisiert und konnte mit hoher Trefferwahrscheinlichkeit auch während der Fahrt schießen. Bei Ausfall der Elektrik konnte die Waffe manuell gerichtet werden. Die Feuergeschwindigkeit konnte stufenlos zwischen 150 bis 400 Schuss pro Minute geregelt werden. Auch Einzelfeuer war möglich. Bei der Rh 503 handelte es sich um eine Doppelkaliber-MK, bei der durch einen einfachen Rohrwechsel innerhalb weniger Minuten entweder die 35-x-228-mm-Munition oder die 50-x-330-mm-Munition verschossen werden konnte. Die Munitionszufuhr erfolgte fremdangetrieben durch ein beidseitig arbeitendes gurtgliederloses Transportsystem. Für die erforderliche Energieversorgung bedurfte es eines flüssigkeitsgekühlten Drehstromgenerators mit 20 kW Leistung. Neben MK und MG standen an der linken Turmseite fünf Wurfbecher und an der rechten Turmseite drei Wurfbecher der Nebelmittelwurfanlage zur Verfügung. Auf der Richtschützenseite war ein kombiniertes PERI-ZTWL 128/45 mit Laser- Entfernungsmesser, Tageslichtkanal und Wärmebildgerät eingebaut. Dem Kommandanten stand ein PERI-RT 60 als unabhängiges Rundblickperiskop zur Verfügung. Das Wärmebildgerät des Richtschützen war über einen Sichtkanal auch für den Kommandanten nutzbar. Zusätzlich waren zur Gefechtsfeldbeobachtung bei dem Richtschützen drei und bei dem Kommandanten vier Winkelspiegel verbaut.

Munition

Sowohl im Kaliber 35 mm wie auch im Kaliber 50 mm standen jeweils zwei Munitionssorten zur Verfügung, welche unter Technische Daten näher beschrieben werden.

Vom MARDER 2 wurden zwei Erprobungsträger gebaut. Ein MARDER 2 war komplett betriebsbereit ausgerüstet; das zweite Fahrzeug erreichte diesen Zustand nicht mehr. Am 17. September 1991 wurde das Fahrzeug vom Generalunternehmer Krauss-Maffei der Bundeswehr vorgestellt. Nicht zuletzt auf Grund der politischen Veränderungen wurde eine weitere Entwicklung des aus heutiger Sicht auch sehr schweren, großen und teuren Schützenpanzers eingestellt. VT 001 steht heute in der Wehrtechnischen Studiensammlung in Koblenz. VT 002 wurde im Mai 2009 bei der Firma Battle Tank Dismantling in Rockensußra/Thüringen komplett verschrottet.

Technische Daten MARDER 2	
Allgemein	
Länge	7310 mm
Breite	3840 mm
Höhe	3050 mm
Masse	44.200 kg
Bodenfreiheit	440 mm
Grabenüberschreitfähigkeit	3000 mm
Steigvermögen	60%
Querneigung	30%
Kletterfähigkeit	960 mm
Watfähigkeit	1200 mm
Kettenbreite	-
Bodendruck	0,88 N/cm²
Tankinhalt	890 l
Fahrbereich	500 km
Höchstgeschwindigkeit vorwärts	62 km/h
Höchstgeschwindigkeit rückwärts	27 km/h
Besatzung	3/7
Gesamtstückzahl	2
Bewaffnung	
1 Maschinenkanone	Rh 503 35 mm / 50 mm
Länge	4730 mm (5716 mm bei Kaliber 50 mm)
Breite	350 mm
Höhe	480 mm
Masse	575 kg (592 kg bei Kaliber 50 mm)
Kampfentfernung	2000 m
Munitionsvorrat	277 Schuss
1 Maschinengewehr	MG3 7,62 x 51 mm
Motor	
Hersteller	MTU
Typ	881-Ka 500
Betriebsart	Diesel
Zylinderzahl	8
Zylinderinhalt	18.300 cm³
Leistung	1000 PS (735 kW)
Max. Drehmoment	3000 Nm bei 2000 U/min
Verdichtung	-
Kühlung	Flüssigkeit
Getriebe	
Hersteller	Renk
Typ	HSWL-284-C
Anzahl der Gänge	4 V, 2 R
Antrieb	auf Triebrad, vorne
Munition	
35 x 228 mm	APFSDS-T (Armor Piercing Fin-Stabilized Discarding Sabot-Tracer)
	HE-EFT (High-Explosive Electronic Time Fuze)
50 x 330 mm	APFSDS-T
	HE-ETF-T (gegenüber der 35-mm-Munition mit zusätzlichem Leuchtspursatz)
Die 50-mm-Munition war an der zylinderförmigen Kartusche zu erkennen.	

Auch aus diesem Sichtwinkel eine imposante Erscheinung.

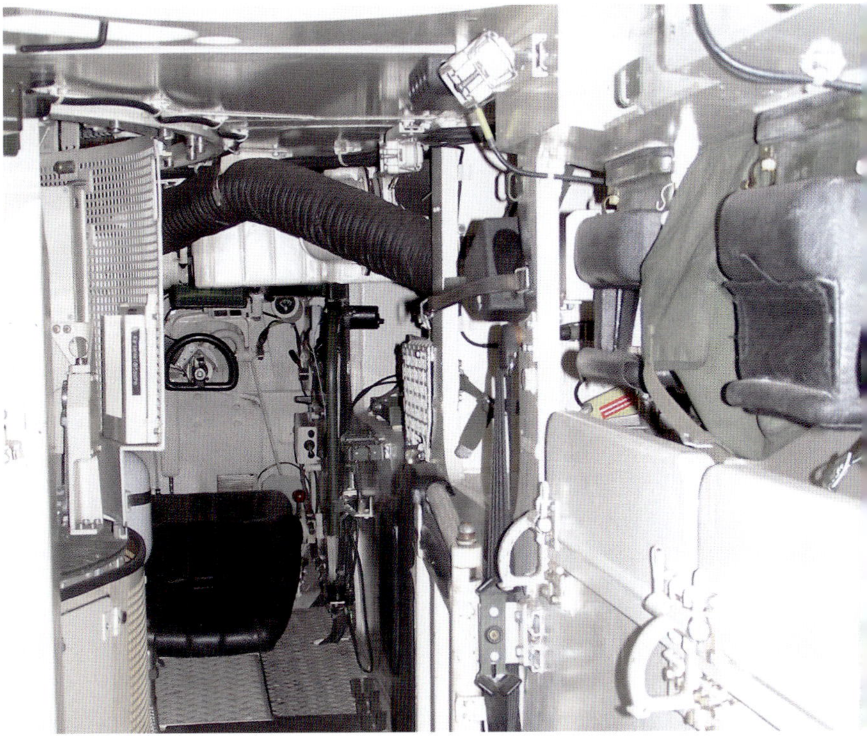

Rechtseitiger Durchgang vom Kampfraum zum Fahrerplatz.

Der Fahrerplatz ist geräumig und übersichtlich. Das Instrumentenpaneel ist im Gegensatz zum MARDER 1 auf der rechten Seite angeordnet.

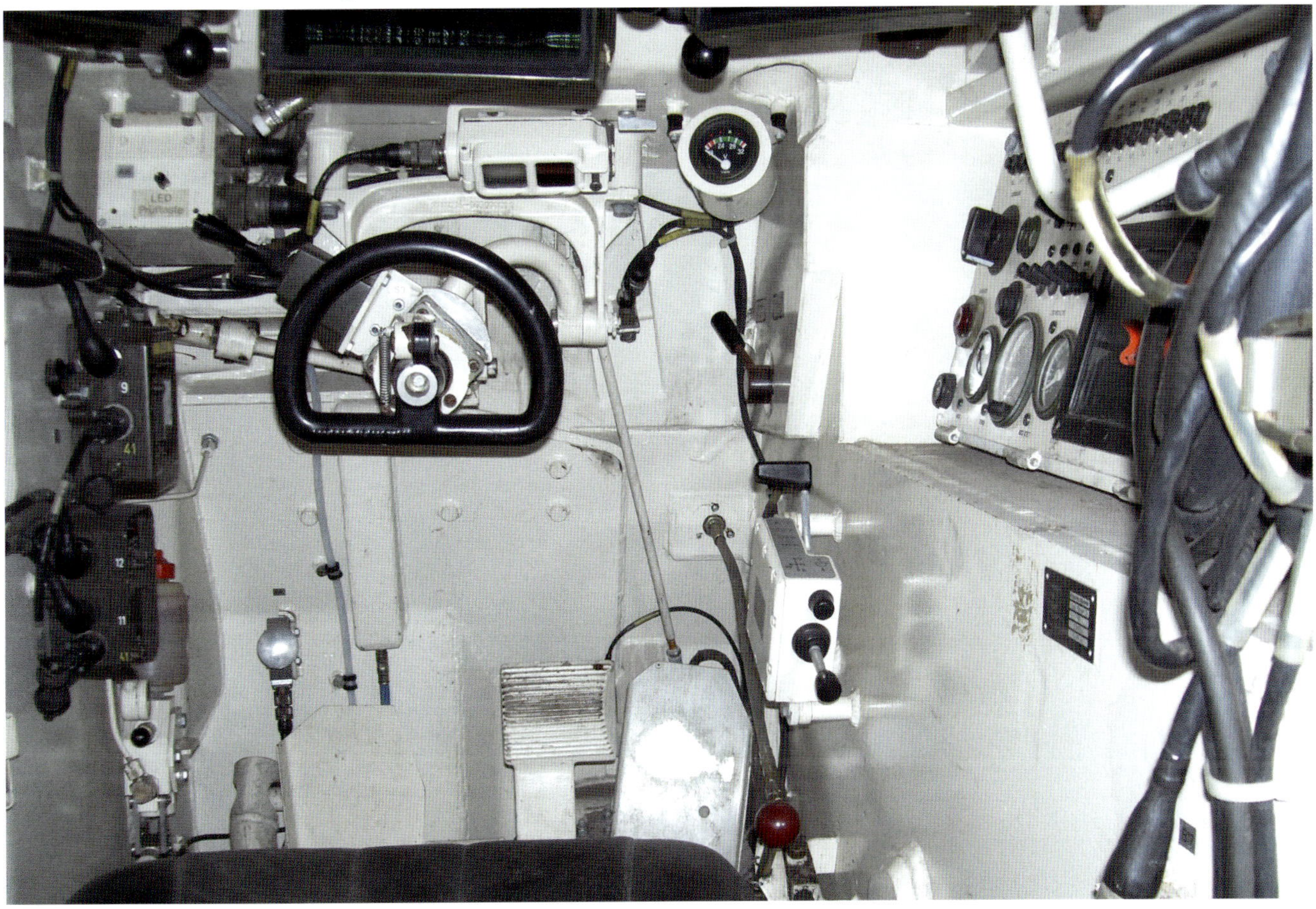

Die komplette Wanne vom Fahrzeug Nr. 2 bei der Battle Tank Dismantling in Rockensußra. Schon Stunden später war die Wanne in kleine Stücke zerschnitten.

Ein Blick auf die Frontpartie der Prototypwanne.

10. Abrüstung

10.1 Lagerung, Demilitarisierung, Zerlegung, Verwertung

Nach der Wiedervereinigung wurde im Zwei-plus-Vier-Vertrag die Truppenstärke der Bundeswehr auf 370.000 Mann reduziert. Das 1990 unterzeichnete Abkommen über Konventionelle Streitkräfte in Europa (KSE-Vertrag) regelte zudem den Maximalbestand an Kampfpanzern und gepanzerten Fahrzeugen. Hiervon waren nicht nur die M 48, LEOPARD 1 und 2, die ROLAND, GEPARD, LUCHS und JAGUAR betroffen, sondern auch der in großer Stückzahl vorhandene SPz MARDER. Zunächst bemühte sich das BMVg um den Verkauf an kleinere NATO-Staaten. Was beim LEOPARD 1 und 2 noch gut gelang, erwies sich beim MARDER, der auch erst einige Jahre später in der Angebotsliste stand, als schwierig. Hinzu kam, dass der MARDER trotz seiner qualitativ hochwertigen Kampfwertsteigerungen zumindest auf dem Papier eine über 30 Jahre alte

Hunderte von MARDER 1 A3 stehen in Reih und Glied auf dem »am besten bewachten Parkplatz Deutschlands« und warten auf ihre Verschrottung.

Der Zustand der angelieferten MARDER ist als sehr gut bis befriedigend zu bezeichnen. Nur sehr wenige haben Standschäden oder leichte äußere Beschädigungen.

Konstruktion war. Interesse fand der MARDER in einer modernisierten Ausführung mit einer 30-mm-MK in der Schweiz und als 1 A3 in Griechenland und Chile. Die Schweizer entschieden sich für eine neuere Konstruktion, und das griechische Kaufinteresse scheiterte letztlich an der finanziellen Wirklichkeit. Chile dagegen erwies sich als ernstzunehmender Interessent. Nach ihren sehr guten Erfahrungen mit dem LEOPARD 1 und 2 entschied man sich nach gründlichem Test für den MARDER 1 A3.

Wie sich zwischenzeitlich gezeigt hat, war das eine kluge Entscheidung. Doch standen weiterhin noch über 1200 MARDER in den Depots der Bundeswehr. Letztlich gab es auch aus Vertragsgründen nur eine Lösung: Zerstörung. Europas führender und als einziger von der Organisation für Sicherheit und Zusammenarbeit in Europa (OSZE) zugelassener Demilitarisierungsbetrieb, die Battle Tank Dismantling Koch GmbH im Nordthüringischen Rockensußra, gilt im europäischen wie im außereuropäischen Raum als anerkannter Experte unter den Demilitarisierungsstätten. In Thüringen wurden bislang über 15.000 gepanzerte Fahrzeuge aus den Beständen der Bundeswehr, der NVA, des Österreichischen Bundesheers und der Schweizer Armee zerlegt und verwertet. Dazu gehörten auch Kampfgeräte aus britischer und US Produktion. Das 120.000 m2 großen Werksgelände wird rund um die Uhr von Satelliten überwacht und ist Tag und Nacht durch Personal gesichert. Fast 800 MARDER 1 A2 und 1 A3 warten dort auf die Zerlegung. Das eingespielte BTD-Team benötigt gerade zwei Tage für eine Komplettzerlegung mit anschließender fachgerechter Sortierung. Und wenn ein 1 A3 mit einwandfreier, fast neuer Lackierung und nur ein wenig Flugrost an den Ketten zum »Schafott« gezogen wird, ist das für einen altgedienten Soldaten ein wahrlich schmerzlicher Anblick!

Folgende Schritte sind für die Zerstörung/Zerlegung notwendig:

- Stichprobenartige Strahlenmessung,
- Ablassen aller Betriebsflüssigkeiten,
- Demontage aller Außenanbauteile,
- Anbringen der vorgeschriebenen Demilitarisierungs-Schnitte,
- Ziehen des Turms,
- Ausbau des Triebwerks,
- Demontage des kompletten Kampfraums,
- Demontage Fahrwerk und Ketten,
- Demontage des Panzerturms und Zerlegung aller Turmteile,
- Zerlegung der Wanne,
- gesetzeskonforme Endzerlegung,
- Abnahme durch Güteprüfung BWB,
- Vermarktung der gewonnenen Rohstoffe.

Praktisch jeder Panzertyp erfordert eine andere Zerlegetechnik. Der MARDER mit seiner aus verschiedenen Stählen bestehenden Wanne wird in fast allen Baugruppen durch Schweißtechnik in kleinere Stücke von 80 x 80 cm zerschnitten. Die Drehstäbe werden aus dem Lagertunnel gezogen und aufgrund des besonderen Stahls speziell verwertet. Das ausgebaute Triebwerk wird zunächst gelagert und erst später nach erfolgter Trennung von Motor und Getriebe getrennt verarbeitet (Aluminium/Guss). Einige Zeit nimmt auch der Ausbau des Fahrerstandes und des hinteren Kampfraumes mit allen seinen Einbauten in Anspruch. Druckleitungen und hunderte von Metern verschiedener Kabel werden herausgetrennt, sortiert und je nach Material verwertet. Zusammengerollte Gleisketten, hier kommt eine besondere Stahllegierung zur Verwendung, warten auf den Abtransport zur Stahlschmelze. Auch die Turmzerlegung nimmt einige Zeit in Anspruch. Hier muss jedes Einbauteil abgeschraubt, Restflüssigkeit aufgefangen und der Turm dann in seine Einzelteile zerlegt werden. Für praktisch jedes Teil, von der Zusatzpanzerung über Triebwerkklappe, Heckklappe und Teile des Panzerturms, ist die Hilfe eines Kranes erforderlich. Von Stunde zu Stunde wird der MARDER leichter, kleiner und unansehnlicher. Am Ende des zweiten Tages ist er nur noch an einigen seiner typischen Bauteile auf dem Materialplatz zu erkennen. Manchmal ist sein »Geburtsort« noch an der Fahrgestellnummer zu erkennen: eine Dreiernummer aus Kassel, eine Fünfernummer aus Kiel. Nach fast 40 Jahren ist dann ein weiterer MARDER für immer ausgelöscht ...

Das Wannenoberteil wird innerhalb von wenigen Stunden in handliche Stahlplatten zerlegt.

Bereits nach dem zweiten Arbeitstag wird die Bodengruppe der Wanne zerschnitten. Im Hintergrund ist das Wannenoberteil zu sehen.

Dieses Foto zeigt sehr genau die unterschiedlichen Panzerblechstärken und die Anbringung der Zusatzpanzerung in diesem Bereich.

Auch bei den Panzertürmen sind ohne Mühe neuwertige Exemplare zu finden.

10.2 Der Marder in Museen

Der Marder1 genießt unter den Schützenpanzern aller Nationen ein besonders hohes Ansehen. Des Marders Konstruktion, Bewaffnung, ABC-Schutz, Zuverlässigkeit, Schutz und Beweglichkeit waren ohne Zweifel Vorbild für viele spätere Konstruktionen. So überrascht es nicht, dass die meisten Militär und Panzermuseen gern einen Marder in ihrer Sammlung hätten. Bis zum heutigen Zeitpunkt, und das hat sich nach Ausbruch des Krieges in der Ukraine noch weiter verschärft, hat sich das BMVg mit der Überlassung von Exponaten allerdings sehr zurückgehalten. Für den interessierten Leser seien nachstehend die wenigen Museen mit einem Marder1 oder einigen der Prototypen aufgeführt. Interessant sind natürlich auch die sogenannten Sockelpanzer vor den Kasernentoren der ehemaligen oder noch bestehenden Grenadierbataillone.

Am Eingang zum Panzermuseum Munster ein Vorserien Marder.

Deutsches Panzermuseum Munster/Niedersachsen:
Marder Vorserie, Marder1A3, Marder-Schnittmodell

Panzertruppenschule Munster/Niedersachsen:
Marder Vorserie am Eingangstor

Militärhistorisches Museum der Bundeswehr (MHM) Dresden/Sachsen:
Marder1A3 im Außenbereich, Marder1 A3 im Lagerbereich

Wehrtechnische Studiensammlung (WTS) in Koblenz/Rheinland-Pfalz:
Marder2, VTS und DEA auf Marder Fahrgestell.

PzGrenBtl 391 in Bad Salzungen:
Marder1A3, im Eingangsbereich

PzGrenBtl 112 in Regen:
im Kasernenbereich

PzGrenBrig 21:
1 Marder1A3 vor Stabsgebäude PzGrenBtl 212,
1 Marder1A3 im Kasernengelände an der Marder-Straße.

Dokumentationzentrum KFG, ehemalige Hainberg-Kaserne, Ex-PzGrenBtl 352, Mellrichstadt/Bayern: Marder1A3

RAC Tank Museum Bovington, Dorset, UK:
ab 2022 Marder1A3 und ein Prototyp RU 363 von 1965

Military Vehicle Technology Foundation, Portola Valley, California, USA: Marder1 A3

Neuzugang 2022 RAC Tank Museum Bovington, Dorset, UK.

Zurück am alten Platz. PzGrenBtl 352 Hainbergkaserne, Mellrichstadt, Bayern.

Marder 1A3 im Bestand des MHM Dresden.

10.3 Die Marder1A3 Attrappe

Echt oder Atrappe? Der berühmte GFK Marder der Bundeswehr.

Er ist einzigartig, wirkt genau so bedrohlich wie seine stählernen Brüder, rostet nicht, macht echte Diesel-Motoren-Geräusche, riecht auch so, kann erwärmt werden und ist ein echtes Leichtgewicht. Sein Geburtsort ist weder Kassel, Kiel noch Unterlüß, sondern das brandenburgische Städtchen Storkow. Inmitten einer schönen Landschaft zwischen Seen und Wäldern arbeiten die Spezialisten des Technologiestützpunktes Tarnen und Täuschen – eine Abteilung der Heeresaufklärungsschule in Munster - an „täuschend ähnlichen“ Geräten vom Panzer bis zu den verschiedensten Minen.
Auch ein Tiger 1 ist hier für das Panzermuseum in Munster entstanden. Die Spezialisten, alles findige und erfahrene Handwerker, haben den Marder millimetergenau nachgebaut. Ohne optische Hilfsmittel ist dieser leichtgewichtige Marder selbst auf 50 m nicht vom Original zu unterscheiden. Eine wahre Meisterleistung!

Gewicht: 5120 kg
Aufbauzeit: 15 min mit zwei Personen
Material: GFK
Dieselmotor, Stromerzeuger und Heißlufterzeuger für Abgassimulation

Ein Meisterstück der Täuschung.

11. Der MARDER im Vergleich ...

11.1 ... mit anderen Schützenpanzern zum Zeitpunkt der Einführung

Zum Start der Entwicklung des SPz-neu-Programms im Jahr 1960 gab es auf dem Weltmarkt kein Fahrzeug, welches die militärischen Forderungen an einen Schützenpanzer für die Panzergrenadiertruppe der Deutschen Bundeswehr erfüllen konnte.
In den 50er und 60er Jahren haben zahlreiche Nationen für die Infanterie verschiedene Mannschaftstransportwagen MTW (armored personnel carriers; APC; battlefield-taxis) eingeführt, mit denen die Infanteristen unter einem gewissen Schutz und mit ausreichender Mobilität an den Einsatzort transportiert werden konnten. Teilweise verfügten die MTW über eine große Heckklappe, durch die ein schnelles Auf- und Absitzen möglich war. Dagegen boten sie keine Möglichkeit für einen effektiven Kampf der Infanteristen vom Fahrzeug aus und verfügten auch nicht über eine mittelkalibrige Maschinenkanone zur wirksamen Feuerunterstützung. Typische Vertreter der damaligen MTW waren die Fahrzeugtypen M 44; M 75; M 59 und M 113 sowie der BTR 50 und der FV 432.

Der französische Schützenpanzer AMX-VTP war das Fahrzeug, welches zur damaligen Zeit den deutschen Vorstellungen bezüglich der Einsatzweise der Panzergrenadiere noch am ehesten gerecht werden konnte. Der Prototyp des AMX-VTP aus dem Jahr 1955 wurde bereits zu Beginn der HS-30-Entwicklung von deutscher Seite bewertet. Der für das Fahrzeug geforderte Stückpreis in Höhe von 250.000 DM wurde jedoch aus deutscher Sicht als zu hoch eingestuft; zumal die Firma Hispano Suiza im Jahr 1956 den Stückpreis für den SPz HS 30 (ohne Turm) mit 150.00 DM veranschlagte. Interessanterweise betrug im Jahr 1961 der tatsächliche Stückpreis für den HS 30 (mit Turm) 323.000 DM!
Nach Wegfall der militärischen Forderung aus dem Jahr 1959 nach maximaler Bauhöhe von 1890 mm war dann auch der Weg frei, sich von dem HS-30-Konzept zu lösen. Es muss im Nachhinein auch berücksichtig werden, dass die Realisierung eines Triebwerkblocks im Frontbereich in der Leistungsklasse von 440 kW (600 PS) schon höhere konstruktive Anforderun-

Der französische SPz AMX-VTP – hier mit 20-mm-MK in einem Ein-Mann-Turm. Das Grundkonzept dieses Fahrzeugs aus dem Jahr 1955 hätte intensiver als Vorbild für die SPz-neu-Entwicklung betrachtet werden sollen – dann wären viele Irrwege vermieden worden ...

gen stellte, als dies bei den oben genannten Fahrzeugen der Fall war (AMX-VTP: 184 kW; Hotchkiss: 121 kW). Dies gilt insbesondere für die Gestaltung des Wannenbugs sowie für die Integration von Luftfilter, Kühl- und Abgasanlage.

In Russland wurde im Jahr 1959 (also zeitgleich zum Vorhaben SPz neu) ebenfalls mit der Entwicklung eines neuen Schützenpanzers begonnen. Allerdings ergaben sich bei den militärischen Forderungen andere Schwerpunkte; so sollte der neue russische SPz:

- den zukünftigen KPz (T-64) bei schnellen operativen Vorstößen (bis zu 100 km pro Tag) und Durchbruchoperationen begleiten können,
- durch Schwimmfähigkeit und Einsatzmöglichkeit in verseuchter Umgebung (nach ABC-Waffen-Einsatz) die schnelle Vormarschgeschwindigkeit unter allen Umständen beibehalten,
- durch seine Bewaffnung vornehmlich leicht gepanzerte Ziele bekämpfen; (die Mot-Schützen sollten ihren Kampfauftrag – unter Teilschutz oder unter Vollschutz – vornehmlich aufgesessen ausführen).

Der neue SPz BMP-1 wurde erstmals auf der Parade am 7. November 1967 der Öffentlichkeit präsentiert; die relativ großkalibrige Waffe mit aufgesetztem Lenkflugkörper sowie die niedrige Silhouette erregten damals erhebliches Aufsehen. In der Tat waren zum damaligen Zeitpunkt die theoretischen Leistungsdaten der 73-mm-Niederdruckkanone sowie des Lenkflugkörpers 3M 14 MALYUTKA beachtlich: So sollte die nachbeschleunigte Hohlladungsgranate der 73-mm-BK bis auf Entfernungen von 1000 m eingesetzt werden können und dabei eine Durchschlagsleistung von zirka 300 mm Panzerstahl erzielen. Für die Panzerabwehr im Entfernungsbereich von 500–3000 m sollte der Lenkflugkörper eingesetzt werden, dessen Hohlladungsgefechtskopf eine Durchschlagsleistung von zirka 460 mm nachgesagt wurde. Insbesondere aus den Nahostkriegen, in denen der BMP-1 in größeren Stückzahlen eingesetzt wurde, wurde bekannt, dass die praktische Kampfentfernung für die 73-mm-Kanone jedoch nur wenig über 500 m lag, da die Granaten extrem seitenwindempfindlich waren. Das Flugverhalten der 73-mm-Munition war für den Richtschützen praktisch nicht vorhersehbar, da die Granate während der Nachbeschleunigung in den Wind flog, während die Granate nach dem Brennschluss (290 m) vom Wind abgetrieben wurde!

Die praktische Einsatzentfernung für die Lenkrakete 3M 14 MALYUTKA (bzw. NATO-Bezeichnung: AT-3 SAGGER) betrug maximal 1500 m, da die Optik mit nur sechsfacher Vergrößerung auf größere Entfernung keine präzise Steuerung des Flugkörpers mehr zuließ. Bereits bei dieser Entfernung musste der Lenkschütze über zwölf Sekunden lang den Flugkörper steuern und dabei gleichzeitig den Turm drehen, damit das Ziel in der Optik verblieb. Das Nachladen eines Flugkörpers und Aufsetzen auf die Startrampe über der 73-mm-BK beanspruchte zirka 60 s; die Ladeindexposition betrug dabei 29 Grad. Durch das Öffnen der Ladeklappe ging der ABC-Schutz im Kampfraum verloren. Aus den Einsätzen in den Nahost-Kriegen wurde auch erkannt, dass der Richtschütze im Turm des BMP-1 mit der Bedienung von drei Waffen (LFK MALYUTKA; 73-mm-BK 2 A28 und 7,62-mm-MG PKT) im Gefecht völlig überfordert war. Die auf den ersten Blick günstige Form des Fahrzeugs beschränkte allerdings den Depressionsbereich der 73-mm-BK auf zirka -4 Grad. Dies hatte zur Folge, dass der BMP-1 nicht nur im Angriff, sondern häufig auch beim Kampf aus Stellungen fast das gesamte Fahrzeug exponieren musste! Die scheinbar günstige Formgebung hatte auch zur Folge, dass für die Turmwaffen im Bereich von 10 bis 11 Uhr eine Totzone bestand. Bedingt durch den IR-Scheinwerfer auf der Kommandanten-Luke wurden sämtliche Turmwaffen durch

Der sowjetische SPz BMP-1 aus dem Jahr 1967; die Ausstattung des Fahrzeugs mit Kugelblenden und einem Panzerabwehr-Lenkflugkörper hatte offenbar Einfluss auf die nachträglich gestellten Forderungen beim SPz-Gruppe.

Größenvergleich des SPz MARDER 1 A3 mit dem SPz BMP-1; die Aufnahmen entstanden auf der Wehrtechnischen Dienststelle 41 in Trier.

eine Sicherheitseinrichtung auf maximale Erhöhung gefahren. Erforderte der Einsatz ein Schwenken des Turmes in diesen Sektor, während sich ein Flugkörper auf dem Flug befand, so verlor der Lenkschütze die Sichtverbindung zum Ziel.
Der BMP-1 wies auch eine ausgeprägte Buglastigkeit auf, die sich negativ bei schneller Geländefahrt sowie beim Einfahren in Gewässer bzw. beim Schwimmen bemerkbar machte. Im Gegensatz zu den anderen russischen Rad-SPz wurde beim BMP-1 aus Gewichtsgründen auf den Wasserstrahlantrieb verzichtet. Der Vortrieb erfolgte beim BMP-1 nur durch die Ketten; dabei wurde eine maximale Schwimmgeschwindigkeit von zirka 0,7 m/s erreicht. Gewässer mit höheren Strömungsgeschwindigkeiten konnten nicht gefahrlos überwunden werden.
Aufgrund der geforderten Schwimmfähigkeit konnte der Schutz des BMP-1 nur relativ gering ausfallen. Als Schwachstelle erwies sich die relativ große Fläche der unteren Bugpanzerung (Dicke: 19 mm), die ab zirka 800 m mit 20-mm-AP-Munition durchschlagen werden konnte. Heck und Seitenflächen konnten ab mittlere Kampfentfernung von 12,7-mm-Munition durchschlagen werden. Der Forderung nach Schwimmfähigkeit waren auch die (aus westlicher Sicht) prekären ergonomischen Verhältnisse im Kampfraum geschuldet: Bei einer Innenraumhöhe von nur 1175 mm (Marder: 1376 mm) mussten die MotSchützen Zwangshaltungen mit fast schon unzumutbaren Gelenk-Beugewinkeln einnehmen, sofern die Soldaten größer als 1,60 m waren.
Aufgrund der unterschiedlichen Prioritäten bei den militärischen Forderungen ist ein direkter Vergleich der Kampfwertkriterien zwischen dem SPz Marder und dem BMP-1 nur mit Einschränkungen möglich; verallgemeinernd können jedoch folgende Vorzüge und Problempunkte beider Fahrzeuge aufgeführt werden:

- **SPz Marder (Serienversion 1971)**

+ hohe Kadenz der 20-mm-MK;
+ leistungsfähige Waffenrichtanlage; damit schnelle Zielbekämpfung und schneller Zielwechsel möglich;
+ Fähigkeit zur Fliegerabwehr;
+ großer Waffenwirkbereich (Depression/Elevation);
+ hoher Munitionsvorrat;
+ durch Zwei-Mann-Turm kurze Reaktionszeiten;
+ leistungsfähiges Fahrwerk ermöglicht relativ hohe Geschwindigkeiten im Gelände;
- relativ hohes Gefechtsgewicht;
- hohe Silhouette;
- keine Panzerabwehrfähigkeit.

- **SPz BMP-1 (Version 1969)**

+ günstige Silhouette;
+ Panzerabwehrfähigkeit;
+ gute Beweglichkeit; relativ niedriger spezifischer Bodendruck (5,6 N/cm2);
- geringer Waffenwirkbereich (Depression);
- Totzone für alle Turmwaffen im Bereich von 10–11 Uhr wegen IR-Scheinwerfer auf der Kommandanten-Luke;
- stark abnehmende Treffwahrscheinlichkeit bei BK und LFK ab mittleren Kampfentfernungen;
- relativ lange Nachladezeit für BK und Lenkflugkörper;
- LFK nicht nachtkampftauglich; wirksame Einsatzentfernung der BK nachts nur wenige hundert Meter;
- prekäre Platzverhältnisse und ungenügende ergonomische Randbedingungen (aus westlicher Sicht);
- Richtschütze im Ein-Mann-Turm mit drei Waffen völlig überfordert;
- Kommandant kann aufgrund seiner Position in der Wanne und unzureichender Sichtmittel weder das Fahrzeug noch den Waffeneinsatz sinnvoll führen; Kontakt zur abgesessenen Gruppe geht völlig verloren.

Während bei Betrachtung der Rohrwaffen beider Fahrzeuge in der Praxis der SPz MARDER im Tageinsatz über einen Reichweitenüberhang von zirka 200 m verfügt, ist eine wirksame Bekämpfung des SPz BMP-1 bei Einsatz des LFK MALYUTKA bei Kampfentfernungen über 1000 m nicht mehr möglich. Im Nachteinsatz verfügt der SPz MARDER aufgrund der leistungsfähigeren Nachtsichtmittel über einen Reichweitenüberhang von zirka 400 m.
Trotz der geschilderten Probleme des SPz BMP-1 konnte dieser Typ bei den Produktionszahlen den SPz MARDER eindeutig übertreffen: allein im Zeitraum 1967–1991 sollen weltweit zirka 15.000–20.000 BMP-1 produziert worden sein (SPz MARDER: 2136 Stück).

11.2 ... mit anderen Schützenpanzern während der Nutzungsphase

Alle Kampffahrzeuge durchlaufen während ihrer zirka 30- bis 40-jährigen Nutzungsdauer mehrere Programme zur Kampfwertsteigerung bzw. Nutzungsdauerverlängerung. Häufig wird dabei der Schutz erhöht oder die feuerleittechnische Ausrüstung inklusive Sensorik modernisiert. Alle diese Programme führen erfahrungsgemäß zu einer Erhöhung des Fahrzeuggewichtes. Diese Aussage gilt auch für die Schützenpanzer-Entwicklung im Zeitraum von 1960 bis heute.

• 1974 / BMP-1

Neben kleineren Verbesserungen erschien beim SPz BMP-1 ab 1974 die Version BMP-1 P. Hierbei wurde der Panzerabwehrlenkflugkörper AT-3 SAGGER durch die moderneren Flugkörperversionen 9K 111 FAGOT (NATO-Bezeichnung: AT-4 SPIGOT) bzw. 9K 113 KONKURS (NATO-Bezeichnung: AT-5 SPANDREL) abgelöst. Die wesentliche Verbesserung lag dabei in dem halbautomatischen Lenkverfahren dieser LFK der zweiten Generation: hier brauchte der Lenkschütze nicht mehr den Flugkörper selber zu steuern, sondern hielt nur noch das Fadenkreuz der Optik auf das Ziel. Die Steuerung des Flugkörpers selbst erfolgte automatisch über ein Goniometer in Verbindung mit einem IR-Leuchtsatz am Heck des Flugkörpers. Mit dem neuen Lenkverfahren (SACLOS) konnte die Treffwahrscheinlichkeit ganz erheblich verbessert werden. Allerdings musste sich der Lenkschütze bei diesen Lenkflugkörpern exponieren, da sich die Lenkoptik am Launcher befand (ähnlich wie später bei der MILAN am SPz MARDER). Mit dem neuen Lenkverfahren konnte bei diesen Lenkflugkörpern auch deren maximale Reichweite in der Praxis genutzt werden (SPIGOT: 2000 m; SPANDREL: 4000 m). Bis zur Einführung der MILAN im Jahr 1977/78 war damit der SPz MARDER in Duellsituationen gegenüber dem BMP-1 P in Tag-Gefechten auf Kampfentfernungen über 1000 m eindeutig unterlegen. Neben der wirksameren Flugkörperbewaffnung erhielt der BMP-1 P nunmehr auch eine separate Nebelmittel-Wurfanlage.

• 1977/78 / MARDER

Ab Ende 1977 wurde der SPz MARDER mit dem Panzerabwehr-Lenkflugkörpersystem MILAN ausgerüstet. Damit erhielt das Fahrzeug die schon lange vom Bedarfsträger geforderte Fähigkeit zur Panzerabwehr im Bereich von 75–2000 m. Durch die Unterbringung von insgesamt drei Flugkörpern im hinteren Kampfraum reduzierte sich die Absitzstärke von 7 auf 6 Soldaten. Somit ergaben sich bei Betrachtung der LFK-Systeme MILAN und SPIGOT gleichartige Einsatzentfernungen; bei Einsatz des Systems SPANDREL hätte für den BMP-1 P ein Reichweitenüberhang von 2000 m bestanden. Keines der LFK-Systeme verfügte Ende der 70er Jahre schon über eine Nachtkampffähigkeit, sodass bei Nacht der SPz MARDER seinen Reichweitenüberhang von zirka 400 m mit der BMK hätte nutzen können.

• 1979 / MARDER 1 A1

Ab September 1979 begann die Umrüstung von 674 SPz MARDER mit einem passiven Nachtzielgerät (PNZG) und einem Wärmeortungsempfänger (WOE) (Version MARDER 1 A1+). Diese neuartigen Nachtsichtmittel waren nur in Verbindung mit der 20-mm-MK nutzbar. Bei günstigen Beleuchtungsbedingungen (sternklare Nacht) dürfte ein Waffeneinsatz bis zirka 1200 m möglich gewesen sein. Aufgrund des begrenzten Auflösungsvermögens des Restlichtverstärkers wird die eindeutige Identifizierung des Zieles die praktische Einsatzentfernung bestimmt haben. Mit dem Einsatz dieser Geräte hätte der SPz MARDER in Nachtgefechten gewisse Vorteile aufweisen können – während bei Tageinsatz der Reichweitenüberhang des BMP-1 P mit LFK-System SPANDREL weiterhin bestand.

• 1980 / BMP-2

Im August 1980 wurde der neue SPz BMP-2 in die Bewaffnung der russischen Streitkräfte aufgenommen und Mitte 1981 erstmals auch in Afghanistan gesichtet. Hierbei handelte es sich nicht um eine Umrüstung älterer BMP-1-Modelle, sondern praktisch um ein neues Fahrzeug. Beim BMP-2 wurden viele Probleme und Mängel des BMP-1 beseitigt:

+ durch Wegfall der 73-mm-Niederdruckkanone und Ersatz durch eine leistungsfähige 30-mm-Maschinenkanone konnte die maximale Kampfentfernung auf zirka 2000 m (APDS-Geschoss) bzw. 4000 m (HEI-Geschoss) gesteigert werden;
+ durch den Einsatz der MK 30 mm (Höhenrichtbereich: -10 bis +74 Grad) besaß der BMP-2 nunmehr auch die Fähigkeit zur Abwehr von Kampfhubschraubern und Flugzeugen;
+ durch Verwendung eines Zwei-Mann-Turmes konnte der Kommandant im Turm untergebracht werden; damit wurde die Führbarkeit entscheidend verbessert; der Kommandant konnte auch den Richtschützen beim Einsatz der MK bzw. des MGs übersteuern;
+ als Lenkflugkörper kam das System 9 M 113 SPANDREL (Reichweite: 100–4000 m; Durchschlagsleistung: 650 mm RHA) oder das System 9 M 133 KORNET (Reichweite: 100–5500 m; Durchschlagsleistung: 1000/1200 mm RHA) zum Einsatz. Hierbei handelte es sich um einen Laser-Beamrider-LFK, dessen Lenkverfahren mit den damaligen Mitteln nicht störbar war;

+ MK und MG wurden in zwei Achsen stabilisiert, sodass ein Kampf aus der Bewegung möglich war,
+ der Totraum für die Turmwaffen im Bereich 10 bis 11 Uhr entfiel;
- durch den größeren Turm musste der hintere Kampfraum verkleinert werden, hier fanden jetzt nicht mehr 2 x 4 sondern nur noch 2 x 3 Soldaten entsprechenden Platz. Da jedoch beim BMP-2 ein MotSchütze hinter dem Fahrer (auf dem früheren Kommandanten-Platz) untergebracht werden konnte, reduzierte sich die Absitzstärke nur von acht auf sieben MotSchützen.

((Hier bitte Bild 11-05 einbauen))
Vergleich der verschiedenen Versionen BMP-1, BMP-2 und BMP-2E; zu beachten ist die Reduzierung der Klappen über dem hinteren Kampfraum beim Modell BMP-2.

Vergleich der verschiedenen Versionen BMP-1, BMP-2 und BMP-2E; zu beachten ist die Reduzierung der Klappen über dem hinteren Kampfraum beim Modell BMP-2.

Insgesamt wies der BMP-2 bezüglich der Feuerkraft und der Führbarkeit deutliche Verbesserungen gegenüber dem BMP-1 auf; bei diesem Fahrzeug ergaben sich für die Waffen nunmehr auch klare Zielspektren:
- MK: leicht gepanzerte Bodenziele; Flächenziele und Fliegerabwehr,
- LFK: Panzerabwehr.

Um den Gewichtsanstieg (von 13 auf 14,2 t) in Grenzen zu halten, wurde der Schutz beim BMP-2 nicht erhöht; somit blieb das geringe Schutzniveau (Seiten nicht sicher gegen 12,7-mm-MG) weiterhin ein Problem. Als weitere Schwächen hatten sich – insbesondere im Afghanistan-Einsatz –beim BMP-2 gezeigt:
- hoher Zeitaufwand zum Nachladen der Magazine für die MK-Munition;
- hoher Anfall von Schussgasen (CO!) im Turm bei Abgabe von Feuerstößen (die MK 30 mm 2A42 war ein Gasdrucklader);
- Wirkung der 30-mm-Munition gegen Feldbefestigungen und PARS-Stellungen erwies sich als zu gering (daher bei BMP-3 Übergang auf 100-mm-BK);
- geringe Leistungsfähigkeit der Ausrüstung zum Nachtkampf;
- prekäre ergonomische Verhältnisse (aus westlicher Sicht);
- zu geringes Platzangebot zum Verstauen der persönlichen Ausrüstung der Besatzungsmitglieder.

Beim SPz BMP-2 wurde der Reichweitenüberhang bei Tag-Gefechten gegenüber dem SPz MARDER durch Einsatz der modernen LFK-Systeme weiter vergrößert. Ebenso wurde durch die MK 30 mm ein Reichweitenüberhang von zirka 2000 m erreicht. Der Richtschütze des BMP-2 verfügte über das Zielgerät BPK-1-42, welches als Restlichtverstärkergerät für den Einsatz der 30-mm-MK fungierte; die praktische Einsatzreichweite ist nicht bekannt.

• 1983 / BMP-2E

Aufgrund der Erfahrungen im Afghanistan-Krieg erschien im Jahr 1983 die Version BMP-2 E mit Zusatzpanzerungselementen am unteren Wannenbug sowie an den Wannenseiten. Damit dürfte auch beim unteren Wannebug eine Sicherheit gegen 20-mm-APDS-Munition ab Kampfentfernungen von 1000 m an aufwärts erreicht worden sein.

• 1984 / MARDER 1 A2

Im Jahr 1984 begann für 1462 SPz MARDER die Einrüstung des Wärmebildgerätes (WBG). Durch das WBG konnte mit dem SPz MARDER 1 A2 gegenüber allen BMP-Versionen beim Einsatz der BMK 20 mm eine klare Überlegenheit im Nachtkampf erreicht werden. Allerdings konnte der Lenkflugköper MILAN noch immer nicht im Nachtkampf eingesetzt werden!

• 1989 / BMP-3

Im Jahr 1989 erschien erstmals der russische SPz BMP-3. Um das Problem der ausgeprägten Buglastigkeit bei den Vorgängermodellen zu vermeiden, wurde das flach bauende Triebwerk in das Heck des Fahrzeugs verlegt. Dadurch konnten zwei MG-Schützen links und rechts neben dem Fahrer im Wannebug platziert werden. Das Gefechtsgewicht stieg auf 18,7 t. Das Fahrzeug war mit einer stabilisierten 30-mm-MK (2A 72) und einer 100-mm-Niederdruck-Kanone ausgerüstet, aus der auch der lasergelenkte Flugkörper 9M 117 BASNYA (NATO-Bezeichnung: AT-10 STABBER) verschossen werden konnte. Das 100-mm-Sprenggeschoss hat eine Mündungsgeschwindigkeit von lediglich 250 m/sec und soll bis maximal 4000 m einsetzbar sein.
Der große Höhenrichtbereich der Waffenanlage von bis zu 60 Grad ermöglichte auch den Einsatz als Mörser zur Bekämp-

Vorderansicht des SPz BMP-3; erkennbar sind der Laser-Entfernungsmesser über der 100-mm-BK sowie das MG in der linken Kettenschulter.

Längsschnitt durch den BMP-3. Auffallend ist der große Kraftstofftank im Bug. Um den 10-Zylinder-V-Motor im Heck möglichst flach zu gestalten, wurden die Zylinderreihen in einem Winkel von 144 Grad angeordnet. Unter dem Turmkorb ist der Ladeautomat für die 100-mm-BK erkennbar.

fung von Zielen hinter Deckungen. Der überdurchschnittlich große Höhenrichtbereich des BMP-3 wurde auch aufgrund der Erfahrungen aus dem Krieg in Afghanistan von der Truppe gefordert. Der Lenkflugkörper hatte eine Reichweite von 100 bis 4000 m; der Hohlladungs-Gefechtskopf sollte bis 600 mm Panzerstahl (RHA) durchschlagen. Die Kadenz der 30-mm-MK betrug 400 Schuss/min; das APD-Geschoss hatte eine wirksame Reichweite gegen leicht gepanzerte Ziele von zirka 1500 m; dabei sollte es eine Durchschlagsleistung von 50 mm Panzerstahl aufweisen. Neben der 30-mm-MK und der 100-mm-BK war im Turm noch ein 7,62-mm-MG PKT installiert. Mit zwei weiteren 7,62-mm-MG PKT in der linken und rechten Kettenschulter konnte der BMP-3 somit mit insgesamt fünf Waffen nach vorne wirken.

Kein wesentlicher Fortschritt wurde bei den Nachtsichtgeräten erreicht; hier kamen bei den russischen Versionen des BMP-3 noch immer Restlichtverstärkergeräte zum Einsatz. Nach Wegfall der Ost-West-Konfrontation lieferte das französische Unternehmen SAT für die Adaption am BMP-3 das Wärmebildgerät ATHOS nach Russland. Gegenüber dem BMP-2 wurde der Motorisierungsgrad erhöht und die Manövrierfähigkeit im Wasser durch zwei Wasserstrahl-Antriebe deutlich verbessert. Aufgrund des hö-

heren Gefechtsgewichtes kann angenommen werden, dass der BMP-3 partiell gegen 30-mm-Munition geschützt war. Die Wirkmöglichkeit von fünf Waffen nach vorn lässt die Vermutung zu, dass der BMP-3 vorrangig für Durchbruchsoperationen konzipiert wurde und damit zusammen mit dem »Panzer des Durchbruchs« (T-80) auf dem Gefechtsfeld eingesetzt werden sollte.
Interessanterweise stellte die Firma Porsche in Deutschland bereits Mitte der 80er Jahre ein SPz-Konzept vor, bei dem im Bereich des Fahrerplatzes insgesamt vier Grenadiere mit ihren Waffen nach vorne wirken konnten. Beim SPz BMP-3 standen für den Kampf der MotSchützen unter Schutz insgesamt fünf Kugelblenden zur Verfügung (davon eine Kugelblende in der linken Hecktür); ein aufgesessener Kampf aus den Luken war nicht vorgesehen. Der BMP-3 war der SPz mit der höchsten Feuerkraft. Die konstruktive Ausführung des Turmes sowie des Triebwerkes stellten technische Meisterleistungen dar; damit stieg der Stückpreis des BMP-3 auch auf zirka 1 Million US-Dollar – er war damit doppelt so teuer wie der BMP-2. Eine Bewertung bzw. ein Vergleich mit dem SPz MARDER, dessen Konstruktionsstand fast 20 Jahre zurück lag, scheint wenig sinnvoll.

BMP-3 der russischen Marineinfanterie nach dem Anlanden aus einem Gewässer; erkennbar sind der ausgefahrene Teleskopschnorchel für die Brennluftansaugung und die große Rohrerhöhung für die Turmbewaffnung.

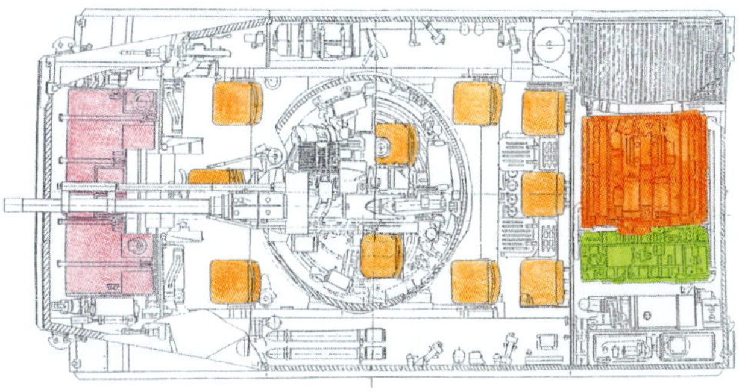

Grundriss des BMP-3.

• 1989 / MARDER 1 A3

Ab November 1989 begann die Ausstattung des SPz MARDER mit einer wirksamen Zusatzpanzerung an Turm und Wanne (Version MARDER 1 A3); verbunden war damit ein Gewichtsanstieg auf 33,5 t. Durch diese Maßnahme konnte eine gewisse Sicherheit gegenüber der Bedrohung durch die russische 30-mm-MK des BMP-2 (und BMP-3) erreicht werden. Einen Schutz gegen Lenkflugkörper bot diese Maßnahme nicht.

• 1991 / MARDER 2

Im Jahr 1991 wurde erstmals der Versuchsträger/Prototyp des SPz MARDER 2 vorgestellt. Das Fahrzeug war ein Element aus dem Kampfwagen-90-Programm. Eine Serienfertigung war ab dem Jahr 1998 geplant. Aufgrund des hohen Finanzmittelbedarfs nach der Wiedervereinigung und des Wegfalls der Ost-West-Konfrontation jedoch wurden im Jahr 1992 alle Arbeiten an diesem Projekt gestoppt. Die gelungene Konzeption dieses Fahrzeugs kann in der Wehrtechnischen Studiensammlung des BWB in Koblenz begutachtet werden.

• 2002 / MARDER 1 A5

Aufgrund der Erfahrungen der Bundeswehr im KFOR-Einsatz wurden ab 2002 74 SPz MARDER mit einem wirksamen Minenschutz für den Kampfraum ausgerüstet (Version MARDER 1 A5); das Gefechtsgewicht stieg damit auf 37,5 t an. Kein anderer Schützenpanzer verfügte über einen derartigen Minenschutz.

Der Hersteller war natürlich während der Nutzungszeit des SPz MARDER bemüht, das Fahrzeug auch auf dem internationalen Markt zu platzieren. Hier gab es einen Anfangserfolg, als es Thyssen-Henschel im Jahr 1977 gelang, den leichten Panzer TAM nach Argentinien zu exportieren; hier folgten dann als Derivate der Fahrzeugfamilie der Schützenpanzer VCTP, der Mörserträger, der Führungspanzer, die Panzerhaubitze, der KrKW, der Bergepanzer und ein Raketenwerfer (teilweise nur Prototypen). Damit wurde in Argentinien die MARDER-Familie realisiert, die bei der Bundeswehr nicht zum Zuge kam. Weitere Verkäufe von MARDER-Fahrzeugen in südamerikanische Staaten sowie nach Thailand kamen überwiegend aus politischen Gründen nicht zustande. Versuche des Herstellers in den 90er Jahren, den SPz MARDER in die Schweiz bzw. nach Griechenland zu verkaufen, blieben ohne Erfolg. Zum Schluss konnte jedoch im Jahr 2008 noch ein Erfolg verbucht werden,

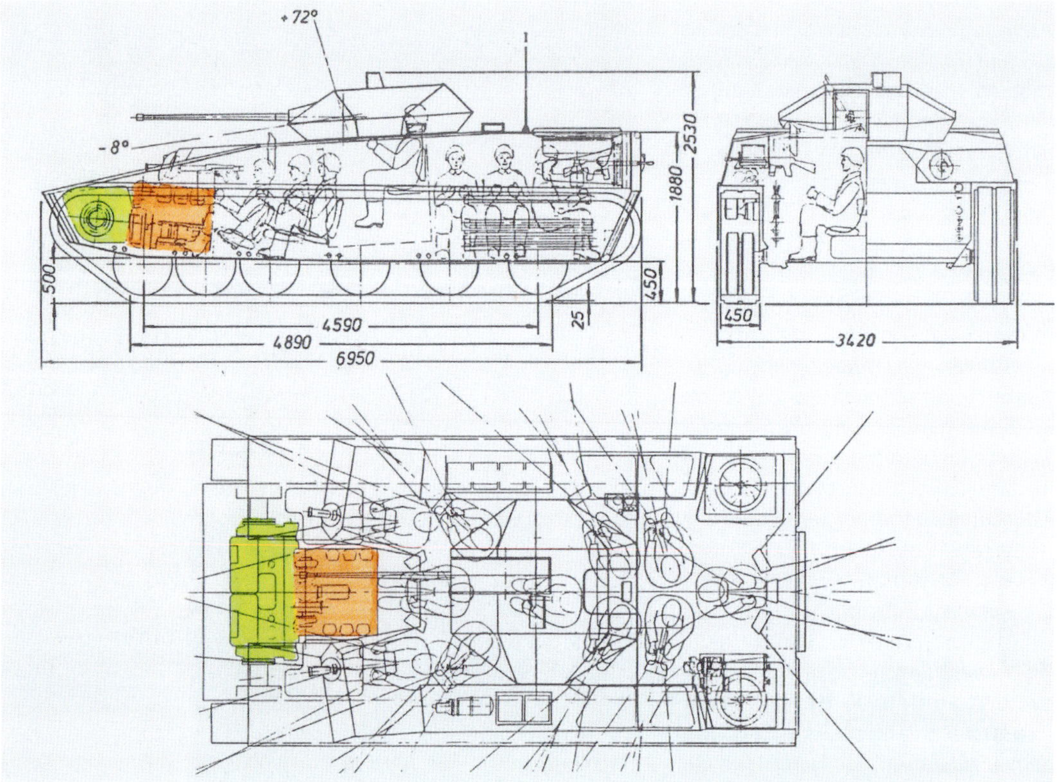

Konzeptentwurf eines SPz aus dem Hause Porsche aus den 80er Jahren, bei dem neben den Turmwaffen weitere vier Panzergrenadiere mit ihren Waffen nach vorn wirken konnten (»Durchbruchs-SPz«).

als sich Chile zum Kauf von 200 SPz MARDER 1 A3 aus Beständen der Bundeswehr entschlossen hatte.

Vermutlich beginnend mit dem Jahr 2014 wird der SPz MARDER nach einer Nutzungsdauer von über 40 Jahren durch den SPz PUMA abgelöst. Das Bild zeigt die beiden Fahrzeuge im Vergleich. Während beide Fahrzeuge ähnliche Abmessungen in Höhe und Länge aufweisen, wird der SPz PUMA aufgrund des geforderten Schutzes gegen Panzerabwehr-Handwaffen deutlich breiter als der SPz MARDER. Trotz des deutlich höheren Schutzes wird der SPz PUMA nur 13 % schwerer sein als der SPz MARDER – darin spiegelt sich der Fortschritt der Schutztechnologie wieder. Aufgrund der zwischenzeitlich erfolgten Preissteigerungen und aufgrund der deutlich höheren Komplexität wird allerdings der Stückpreis beim SPz PUMA um den Faktor 16 höher sein.

Größenvergleich des SPz PUMA (Gesamtsystemdemonstrator, GSD) aus dem Jahr 2005 mit dem SPz MARDER 1 A3.

12. Kriegsbeginn und Zeitenwende

Am 01. Dezember 2021 begann die Russische Armee auf 30 Truppenübungsplätzen und in unmittelbarer Nähe zur Ukraine, auf der Krim und in der Region Donbass mit über 115.000 Soldaten einen gewaltigen Aufmarsch. Die Russischen Wintermanöver, diesmal ungewöhnlich nahe der ukrainischen Grenze, wurden zudem nicht sonderlich geheim gehalten. Offiziell wurde dieses Manöver als normal bezeichnet. In der Vergangenheit hatte Russland allerdings sämtliche Truppenteile immer in einem Abstand von ca.150 km zu den Grenzen stationiert. Gespräche auf üblicher diplomatischer Ebene mit Russland blieben beschwichtigend erfolglos und waren zudem mit unannehmbaren Forderungen verbunden. So bestanden die Russen auf Sicherheitsgarantien und auf den Verzicht einer NATO Erweiterung und Präsenz in den angrenzenden Staaten Polen und vor allen Dingen in der Ukraine. Zu diesem Zeitpunkt war Belarus bereits sehr stark in die Pläne der Russischen Armee eingebunden. Flugplätze und Bereitstellungsräume wurden von russischen Truppen bezogen. Am 11.01.2022 begannen die Russen weitere 10.000 Soldaten aus ihren fernöstlichen Standorten nach Belarus und an die EU Außengrenzen zu verlegen. Die westlichen Staaten befürchteten einen möglichen Angriff. Die Briten rechneten sogar mit einer nuklearen strategischen Übung, Frankreich befürchtete ähnliches. Die Zunahme von Hackerangriffen war ein weiteres Indiz. Nervosität, vor allem in der Ukraine, machte sich breit.

Am 15.02.2022 meldete Russland den Abzug russischer Soldaten und die planmäßige Rückverlegung von schwerem Material. Das Gegenteil trat ein. Die NATO reagierte schnell und verstärkte ihr Kontingent um 4000 Soldaten in den baltischen Staaten. Polen hatte bereits 4700 US-Soldaten aufgenommen. Viele westliche Staaten forderten ihre Staatsbürger zum verlassen der Ukraine auf. Die USA verlegte ihre Botschaft aus der Hauptstadt Kiew nach Lwiw. Am 19.02.2022 führte Russland Waffentests mit ballistischen Raketen und nuklear bestückbaren Marschflugkörper durch. Genau in dieser Zeit dezentralisierte die Ukraine ihre Munitionsdepots und verlegte ihre Luftwaffe auf kleine Flugplätze. Man rechnete mit dem Schlimmsten. Das ukrainische Parlament beschloß am 23.02.2022 einen landesweiten Ausnahmezustand für 30 Tage. Ebenfalls am 23.02.2022 verkündete Putin in einer Fernsehansprache, dass er keinerlei Angriffspläne habe. Nur wenige Stunden später griff Russland die Ukraine an, von Putin „militärische Spezialoperation“ genannt. Die Einnahme von Kiew und der Sturz der ukrainischen Regierung war das erklärte Ziel der russischen Truppen.

Der Angriff begann am 24.Februar 2022 gleichzeitig von Süden, Osten und Norden, wobei der Angriff auf die ukrainische Hauptstadt Kiew eine besondere Rolle in den russischen Angriffsplänen spielte. In einer Luftlandeoperation wurde der Flugplatz Kiew-Hostomel, 26 km nordwestlich der Hauptstadt gelegen, erobert. Der Flugplatz ist auch mit seiner 3,6 km langen Start- und Landebahn der Standort der wichtigen Antonow Flugzeugwerke. Hier gelang es, relativ unerfahrenen ukrainischen Truppen die russischen Fallschirmjäger zunächst zu vertreiben. Nach einer erneuten Besetzung gaben die russische Truppen Ende März ihr ursprüngliches Angriffsziel auf und zogen sich zurück. Kiew-Hostomel wurde komplett zerstört und kann seitdem nicht mehr benutzt werden. Diese Erläuterungen sollen dem besseren Verständnis der weiteren Entwicklung dienen.

Der russische Angriff auf die Ukraine war weltweit ein großer Realitätsschock. Für die Bundesrepublik trifft das in besonderer Weise zu. Durch die über viele Jahre praktizierte Außen- und Sicherheitspolitik gegenüber dem Putin-System zeichnete sich diese auch durch Geduld und Zurückhaltung (Georgien, Syrien, Annexion der Krim) aus und wurde daher ein „böses Erwachen“ für die Politiker. Am 24. Februar 2022 sollte sich alles ändern. Die seit vielen Tagen und Wochen geführten diplomatischen Gespräche erwiesen sich als erfolglos. Noch am 24. Februar erfolgten – überraschend schnell – erste deutliche Reaktionen des Westens. Am 27. Februar 2022 hielt Bundeskanzler Olaf Scholz eine europaweit viel beachtete Rede im Bundestag. Der russische Angriff auf die Ukraine wurde umfassend und scharf verurteilt! Anläßlich dieser Rede fiel erstmalig das Wort „Zeitenwende“. Die über Jahrzehnte ver-

Luftaufnahme des Flugplatzes in Kiew einige Monate vor Kriegsbeginn. Links unten die Antanow Flugzeugwerke. (Wiki)

nachlässigte Bundeswehr sollte nun schnell über ein „Sondervermögen“ von 100 Milliarden Euro gestärkt und modernisiert werden und die von der NATO ebenfalls über Jahre geforderten 2 Prozent des BIP für Rüstungsausgaben sollten ab sofort eingehalten werden. Wahrlich eine „Zeitenwende“. Es war zudem klar, dass eine umfassende Material- und Waffenhilfe für die Ukraine vorbereitet werden und dann auch anlaufen mußte. Diese Maßnahmen zeigten bis zum heutigen Tage ein geradezu riesiges Ausmaß, begleitet von vielen politischen Stolpersteinen.

Nach Abzug der russischen Armee blieb vom Flugplatz nur noch ein Trümmerfeld übrig. (MoD UKR)

12.1 Der lange Weg des MARDERs in die Ukraine

Am 12.01.2022 erreichte die Regierung der Bundesrepublik die erste Bedarfsanfrage der Ukraine. Diese rechnete mit einem bevorstehenden russischen Angriff auf ihr Land. Schon am 25. Februar rollten zwei LKWs mit 5000 Bw Gefechtshelmen in die Ukraine. Auch die im Fünffarb-Flecktarn bedruckten Helmüberzüge durften mitgeliefert werden. Nach ukrainischen Angaben hatte man allerdings um 100.000 Helme und Gefechtswesten gebeten. Noch Wochen später wurde diese Aktion im In- und Ausland mit Hohn und Spott bedacht. Die Ukraine aber brauchte unbedingt Waffen und Munition. Nicht nur Panzerabwehr und Flugabwehr moderner Bauart, sondern auch Panzer und Schützenpanzer.

Die Bundesrepublik lehnte jedoch vorerst kategorisch ab. Der ukrainische Botschafter Dr. Andrej Melnyk „quälte“ die deutsche Regierung mit fast täglichen Bitten und Wünschen. Zunächst vergeblich. Nach längerem Zögern wurden die ersten Defensivwaffen aus deutschen Beständen geliefert:

29.04.2022	GEPARD Flugabwehrpanzer
12.05. 2022	Panzerhaubitze 2000
Juni 2022	Flugabwehrsystem IRIS-T
Juli 2022	Mehrfachraketenwerfer MARS II

Doch die Ukraine ließ nicht locker und oben auf ihrer Wunschliste stehen LEOPARD 2 und MARDER 1 Panzer bzw. Schützenpanzer. Hinter den Kulissen das übliche Für und Wieder. Der sogenannte Ringtausch wurde erfunden. Aber der Druck der NATO-Verbündeten – an der Spitze die USA – wurde größer und größer. Es wurden schnellere Entscheidungen erwartet. Die Wochen zuvor gab es bereits bei den Polen und den baltischen Staaten eine spürbare Entfremdung über die mehr als zögerliche Haltung der Bundesrepublik. Auch die USA zeigte sich zunehmend irritiert. Anfang Januar 2023 fiel endlich eine Entscheidung. Marder 1 und Leopard 2 sollten endlich an die Ukraine geliefert werden. Wie und mit wem in der Zwischenzeit diskutiert und besprochen wurde, ist nicht genau bekannt. Das Rüstungsunternehmen Rheinmetall dagegen schätzte und analysierte die Lage allerdings richtig ein und bereitete im Frühjahr 2022 bereits 60 SPz Marder 1A3 vor, welche sie vorher über Monate und Jahre bei der Firma Battle Tank Dismantling GmbH im thüringischen Rockensußra – Satelliten überwacht – geparkt hatte. Diese Maßnahme führte Rheinmetall auf eigene Kosten durch. Im Nachhinein eine kluge kaufmännische Entscheidung. Rheinmetall kalkulierte für eine Überholung von 10 Mardern einen Zeitbedarf von einem Monat ein. Nach der Lieferentscheidung wurden die ersten 20 Marder 1A3 am 29.03.2023 an die Ukraine ausgeliefert. Hierbei könnte es sich auch um Depotfahrzeuge der Bundeswehr gehandelt haben. Ein Anschlußauftrag erfolgte am 11.08.2023 über 40 Marder 1A3, Bestand von Rheinmetall und – das ist sicher – 20 Marder 1A3 der Bundeswehr. Am 16.08.2023 wurde ein größeres Kontingent Marder 1A3 in die Ukraine geliefert. Gleichzeitig wurden die in Deutschland ausgebildeten ukrainischen Soldaten in Marsch gesetzt.

Diese, in Schulen und Einrichtungen der Bundeswehr ausgebildeten Soldaten traten zusammen mit „ihren“ Mardern den Weg über 2000 km in ihre Heimat und direkt in die Nähe des Frontgebietes an. Insgesamt darf man der Planung zufolge von nunmehr 120 ausgelieferten Marder 1A3 ausgehen. Nach einer Pressemitteilung vom März 2024 wurde Rheinmetall mit einer weiteren Lieferung von 40 Marder 1A3 (diese mit einem

Bei Rheinmetall wird die Überholung der Marder vorbereitet.

Die ersten Marder stehen zur Auslieferung bereit.

neuen Laser Entfernungsmesser ausgerüstet) beauftragt, wovon am 24.04.2024 bereits 20 geliefert wurde. Mit dieser Lieferung können die bisher bekannten Verluste komplett ausgeglichen werden.

Fertig zur Übergabe.

Nach der Bedarfsinstandsetzung fast wie neu.

Bahnverladung bei Rheinmetall in Unterlüß.

Auf dem langen Weg von Niedersachsen in die Ostukraine.

12.2 Ausbildung Ukrainischer Soldaten

Nachdem die Militärhilfe und Unterstützung der Ukraine zunächst kein so positives Bild abgab, (das gilt nicht nur für die zögerliche Haltung der Bundesrepublik, sondern auch für einige europäische Staaten), wurde hinter den Kulissen umso besser, geradezu vorbildlich, gearbeitet. Man schuf die erste europäische Ausbildungsmission mit dem Namen EUROPEAN UNION MILITARY ASSISTANCE MISSION UKRAINE (EUMAM UA). Insgesamt sind 25 europäische Länder materiell und finanziell beteiligt. Sitz der Mission ist Brüssel. Die Leitung obliegt dem französischen Vize-Admiral Herve´Blejean. Der deutsche Generalleutnant Andreas Marlow leitet bei der Mission das „Special Training Command C“ (ST-C), Straußberg und der polnische Generalmajor Pietr Trytek das Combined Arms Training Command (CAT-C) im polnischen Nowa Deba bei Rzeszow. Geplant ist die Ausbildung von ca. 40.000 ukrainischen Soldaten innerhalb von zwei Jahren. Die Schaffung dieser ersten europäischen Einrichtung war absolut professionell geplant, durchgeführt und – zumindestens nach außen hin – erstaunlich reibungslos verlaufen.

Zeitliche Übersicht:

23/24. Juni 2022:	Erklärung der EU zur Schaffung der EUMAM UA.
30. September 2022:	Beschluß über Unterstützungsmaßnahmen in Höhe von 45 Mio Euro.
17. Oktober 2022:	Beschluß der EU-Außenminister bezüglich Schaffung EUMAM UA
31.Mai 2023:	Rückwirkende Anerkennung durch das BMVg
04.Februar 2023:	Beginn der Ausbildung ukrainischer Soldaten am Marder 1 in Munster
30.März 2023:	Vorläufiges Ende der Ausbildung geplant

Nachdem die Rahmenbedingungen feststanden, begannen für die für die Ausbildung und Versorgung verantwortlichen Truppenteile harte Wochen und Monate. Viele organisatorische Forderungen und Vorstellungen erreichten die Truppe sehr kurzfristig. Improvisation wurde großgeschrieben! Doch die „betroffenen“ und für die Marder Ausbildung der Ukrainer zuständigen Ausbilder, Sprachmittler und Organisatoren in der Kampftruppenschule nahmen ihre Aufgabe mit Ernst und großem Engagement wahr. Umfangreiche Vorbereitung und zusätzliche Einrichtungen wurden kurzfristig realisiert. Der erste Schub der ukrainischen Soldaten zog im traditionellen Truppenlager TREUEN unter. Sprachmittler hatten viel zu tun.

Ausbildung der ukrainischen Soldaten am Marder.

Gründliche Detailausbildung.

Deutsche Bedienschilder wurden ins Ukrainische/Russische übersetzt. Manchmal war es ganz lustig. Dann halfen die Ukrainer den Sprachmittlern – die meisten mit Migrationshintergrund ukrainisch/russisch – und am nächsten Morgen war der Marder „ukrainisch". Nicht alle Ukrainer hatten eine umfassende militärische Ausbildung. Nur ein Teil kamen von der Front, ältere Reservisten und junge Rekruten waren ebenfalls vertreten. Beachtlich waren aber die technischen und handwerklichen Fähigkeiten der Ukrainer. Als große Hilfe erwies sich das Simulationszentrum der Kampftruppenschule. Hier konnten auch ohne perfekte Sprachkenntnisse sehr gute Ausbildungsergebnisse erzielt werden. Es ist festzustellen, dass das Engagement aller auszubildenden Ukrainer hervorragend war. Immer interessiert und wissbegierig, trotz sechs-Tage-Woche und täglich über 12 Stunden und abendliches Vorschriftenstudium, so wie das Erarbeiten von Handzetteln in ihrer Sprache, ließ der Eifer bis zum Schluß nicht nach!

Ausgebildet wurde auf allen Ebenen. Ein Schwerpunkt war die möglichst gründliche Ausbildung des Kommandanten im Wechsel mit dem Richtschützen.

Die Kraftfahrer kamen in kurzer Zeit mit dem Marder 1 gut zurecht. Auch die Wartung am Marder und seinen Waffen kam nicht zu kurz. Die ukrainischen Soldaten mußten sich erst mit den im Vergleich zum alten BMP umfangreicheren Wartungsarbeiten vertraut machen. Von der Geländegängigkeit, über die Leistung der 20mm Kanone bis zur Nachtkampffähigkeit zeigten sich die ukrainischen Soldaten sehr beeindruckt vom Marder1.

Übrigens: die Ukrainer wurden auch mit dem G 36 ausgebildet. Die AK-74M blieben zu Hause.

Das SchÜbz PzTrp als Bestandteil der Schule gepanzerte Kampftruppen hat über 40 Besatzungen, insgesamt ca. 400 ukrainische Soldaten in dieser Zeit ausgebildet und damit eine gute Grundlage geschaffen.

Die Bedienungsschilder wurden komplett angepaßt.

Auf die Ausbildung von Kommandanten und Richtschützen wurde besonderen Wert gelegt

Die urkainischen Soldaten waren bei allen Tätigkeiten sehr motiviert.

Eine große Ausbildungshilfe die Simulationsanlage in der Kampftruppenschule.

Modernste Ausbildung für die ukrainischen Soldaten.

Auch auf die theoretische Ausbildung wurde großen Wert gelegt.

Die ukrainische Armee berichtete in einem Film über die Ausbildung am Marder in Deutschland.

Die Fahrerausbildungb war sehr umfassend.

Die Ukrainer wurden auch infanteristisch gut ausgebildet.

Ein ungewohntes Bild Ukrainische Fallschirmjäger mit dem Marder.

Die Ukrainer waren während der gesamten Ausbildung mit Bundeswehr Waffen ausgerüstet.

Tagesausbildung abgeschlossen.

Die ukrainischen Soldaten bewundern die Kraft und Schnelligkeit des Marders.

Schießausbildung mit scharfen Schuß.

Taktische Ausbildung in Munster.

Die ukrainischen Soldaten kamen mit der deutschen Taktik immer schneller zurecht.

12.3 MARDER 1A3 im Ukraine Einsatz

Nachdem der Marder 1 zusammen mit den in der Panzertruppenschule ausgebildeten ukrainischen Soldaten in den Osten der Ukraine verlegt wurde, gab es am 15. August 2023 die ersten verläßlichen Meldungen über den Einsatz der Marder im Großraum Robotyne. Bei den dort eingesetzten Besatzungen soll es sich um gut augebildete Einheiten von Luftsturmtruppen gehandelt haben. Die Ukrainer waren schon nach den ersten Einsätzen sehr zufrieden mit der Technik und Leistung des Marders. Schon nach wenigen Tagen waren sie auch vom vorhandenen Schutz der Besatzungen voll über zeugt. Die Waffenwirkung der 20 mm Rh 202 Kanone, ihre Treffergenauigkeit und Präzision wurde der amerikanischen 25 mm Bushmaster M 42 gleichgestellt, in der Wirkung gab es offenbar keine Unterschiede. Zum Vergleich mit dem BMP 1 und BMP 2 wurde in allen Bereichen dem Marder der Vorzug gegeben.

Bei der Geländegängigkeit bemerkte man keinen großen Unterschied zum Bradley und zu den Kampfpanzern. In der Herbst- und Frühjahresperiode brachte der schlammige Untergrund in der Ukraine alle Kettenfahrzeuge an ihre Grenzen. Die Leistung der gesamten Optik beeindruckte die ukrainischen Soldaten bei Tag und Nacht. Am 16. August 2023 wurde der erste Verlust eines Marders auf der Straße T-04-08 zwischen Robotyne und Werhowo dokumentiert. Nach Sichtung der zur Verfügung stehenden Fotos lief der Marder zunächst auf eine Mine, schon kurz nachdem die Besatzung den Marder verlassen hatte, traf eine russische Drohne den bewegungsunfähigen SPz. Dieser brannte komplett aus. Bekannt sind auch zwei oder drei von den Besatzungen aufgegebenen (fahruntüchtig, weil zerschossene Optiken?) äußerlich unbeschädigte Marder 1. Gute Fotos oder Filmaufnahmen von Schadfahrzeugen sind selten und die offiziellen Stellen der Ukraine achten sehr auf diese – auch besonders für den Feind – interessanten Informationsquellen.

Aus der Instandsetzung ist bekannt, dass einzelne Drehstäbe ausgetauscht werden mußten. Minenschäden, je nach Typ und Art der Minen, verursachen größere Schäden an Gleisketten, Laufrollen und Laufrollenschwingarmen sowie Seitenvorgelege. Dem Vernehmen nach, sind die im Kampf aufgetretenen Schäden am Marder (Ersatzteile vorausgesetzt) in den meisten Fällen reparabel.

Die ukrainische Botschaft, das ukrainische Verteidigungsministerium, ukrainische Fotografen und Soldaten sind mit Fotos von gefallenen oder verwundeten Soldaten und beschädigten eigenen Fahrzeugen aus verständlichen Gründen sehr zurückhaltend. Russische Quellen, da nicht überprüfbar, werden nicht verwendet.

Wir halten uns an die gewünschten Vereinbarungen. Bitte haben Sie Verständnis.

Übergabe der ersten Marder in der Ukraine.

Ein Marder in der Nähe der Front.

Ein nur leicht beschädigter erbeuteter Marder. Er wurde in sämtlichen russischen Medien gezeigt.

Vermutlich durch Minenschaden und folgendem Drohnenangriff zerstörter MARDER1A3 am 27.09.2023 auf der Straße T-04-08 bei ROBOTYNE.

Der gleiche Marder aus einem anderen Blickwinkel. Da nur geringfügig beschädigt, wird ein technischer Defekt vermutet.

Ausfallursache unbekannt.

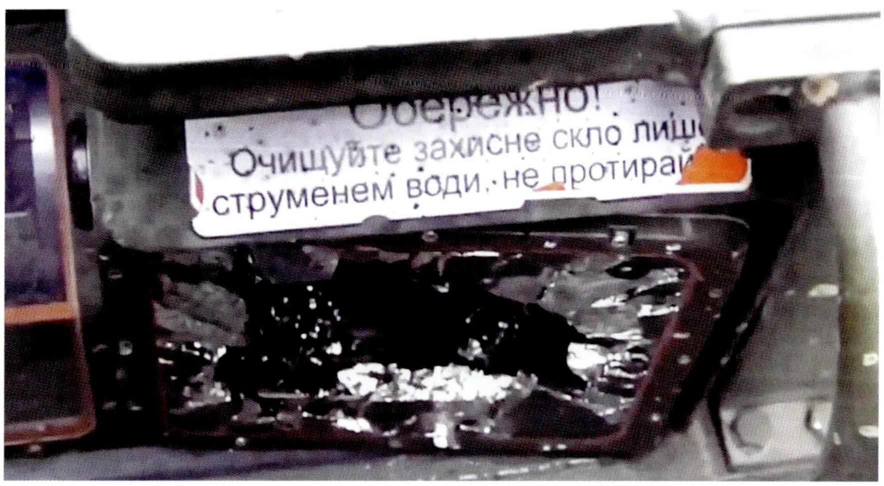

Zerstörtes Wärmebildgerät.

12.4 Die gefährlichsten Feinde

Als die gefährlichsten Feinde im Ukraine Krieg haben sich nicht in erster Linie die Waffen aus der Zeit des „Kalten Krieges erwiesen, sondern billigere und kostengünstige Waffen, welche in unerwartet schneller Zeit das Schlachtfeld auf beiden Seiten beherrschten. Waren es zunächst die bekannten Minen, so kamen auch einige neue Typen hinzu. Die verhassten Anti-Personenminen* spielten bereits eine besondere Rolle ab Mitte 2023 und sorgten für hohe personelle Verluste. Bei den Panzerabwehr- oder Fahrzeugminen gelang es den Russen riesige Minenfelder mit einer Breite von bis zu 15 km und einer Tiefe von ca. 2-3 km anzulegen. Man kann zum jetzigen Zeitpunkt (Mai 2024) feststellen, dass die Ukraine das minenverseuchteste Land der Welt geworden ist.

Als sehr gefährliche neue Waffe muß die Drohne jeglicher Größe gesehen werden. Gut ausgebildeten Drohnenpiloten gelingt es Tag für Tag, gepanzerte Fahrzeuge – auch T 90 und Leopard 2 – mit geschickten Angriffen zu beschädigen bzw. zu zerstören. Was die Anti-Panzermine an Kette und Laufwerk nicht schafft, erledigt die bewaffnete Drohne auf der Turm- oder Wannenoberseite der gepanzerten Fahrzeuge. Mittlerweile werden Drohnenangriffe selbst auf einzelne Soldaten, Gruppen oder abgesessene Besatzungen geflogen. Berichte sprechen von 70 verschiedenen Minentypen und etwa der gleichen Anzahl von Drohnen verschiedenster Art, sowohl auf russischer wie auch auf ukrainischer Seite. Ein massiver, koordinierter Kampfdrohneneinsatz ersetzt in seiner Wirkung für einen Bruchteil der Kosten und mit geringerem Abschußrisiko den Angriff mit einem mit Panzerabwehrraketen bestückten Hubschrauber. Dazu kommt noch wirkungsvoller Beschuß mit unterschiedlicher Artillerie. Nachstehend eine - allerdings unvollständige - Übersicht über die auf dem Gebiet der Ukraine eingesetzten Minen und Drohnen:

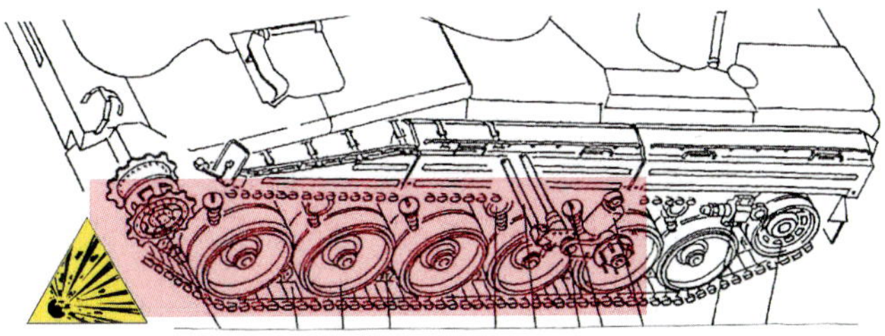

Die Zeichnung zeigt die besonders gefährdeten Teile des Laufwerkes.

Mine PTM-3.

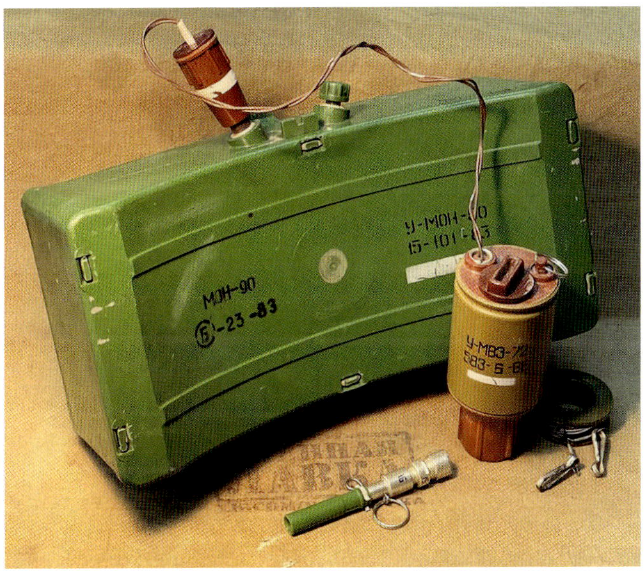

Mine TM-46.(HAufklS).

MON-90 (HAufklS).

Mine TM.83.

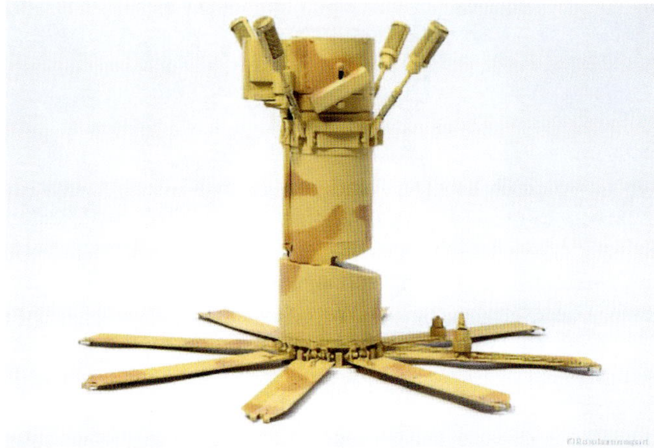

PTKM-1R. (Wiki)

Mine POM-3.

MON-50. (HAufklS)

Mine MON-90, UCUKR.

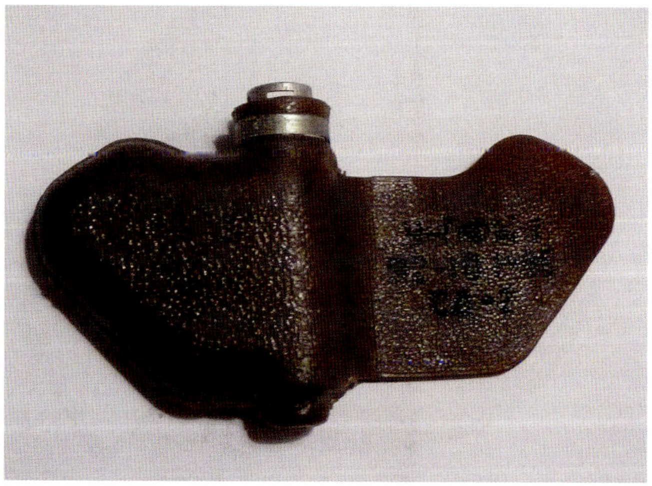

Mine PFM-1. (HAuklS)

Mine POMZ- 2M. (BwMuseum)

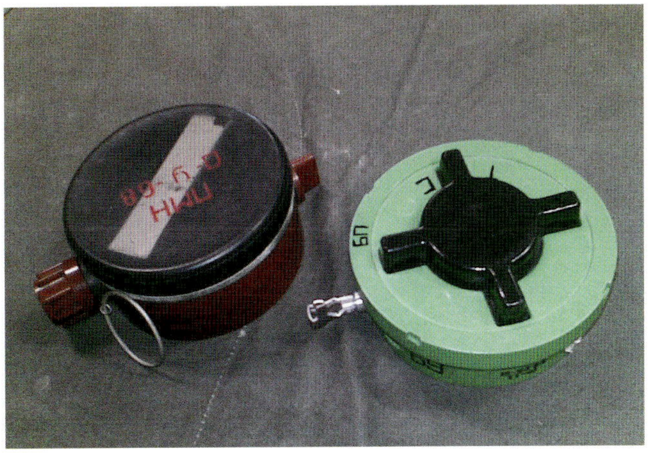

Mine PMN-1. (BwMuseum)

Drohne Shahed-136.

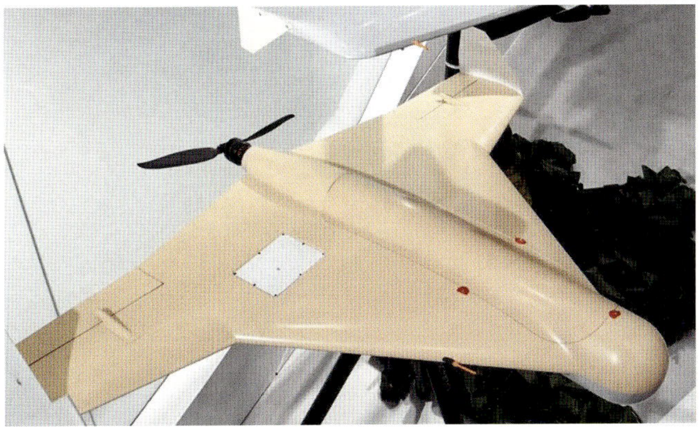

Drohne ZALA-KUB, BLA.

Drohne Mohajer-6.

Drohne ZALA-Lancet-3.

Absturz einer Drohne Shahed-136 in der Ukraine.

Häufig eingesetzte russische Typen von Antipersonen (AP) und Antitank (AT) Minen						
Typ	**Sprengsatz**	**Art**	**Gesamtgewicht**	**Farbe**	**Maße**	**Material**
PTM-3	1,8 kg	TG49, AT	4,9 kg	grün/sand	330 x 84 mm	Metall
TM-46	5,3 kg	TNT, AT	8,6 kg	grau	305 x 108 mm	Metall
TM-57	6,34 kg	TNT, AT	8,47 kg	grün	316 x 100 mm	Metall
TM-72	6,0 kg	TNT, AT	2,0 kg	braun/grün	250 x 80 mm	Metall
TM-83	9,6 kg	TG-40, AT	20.4 kg	grün	46 x 38 x 44 mm	Metall
PTKM-1R	2,8 kg	TNT, AT	19,9 kg	grün	510 x 210 mm	???
POM-3	100 g	A-IX, AP	1,8 kg	grün	109 x 63 mm	Metall
MO 50	700 g	ROX, AP	2,0 kg	grün	360 x 226 x 66 mm	Kunststoff
MO 90	6,2 kg	PVV, AP	12,1 kg	grün	345 x 202 x 145 mm	Kunststoff
MON 100	2,0 kg	TNT, AP	5,0 kg	grün/oliv	236 x 83 mm	Metall
PFM-1	37 g	Fl., AP	75 g	grün/braun/weiß	119 x 54 mm	Kunststoff
POMZ-2M	75 g	TNT, AP	1,8 kg	schwarz	107 x 60 mm	Metall
PMN-1	240 g	TNT, AP	600 g	grün/braun	112 x 56 mm	Kunststoff

SHAHED – 136 Benzinmotor, Reichweite 1500 km, Marschgeschwindigkeit ca. 200 km, Traglast 60 kg

SHAHED – 236 Turbine, Reichweite 800 km, Marschgeschwindigkeit ca. 450 km/h, Traglast 75 kg

KUB-BLA Elektromotor, Reichweite 40 km, 30 km, Marschgeschwindigkeit 80 km/h, Traglast 3.0 kg

ZALA-Lancet 3 Elektromotor, Reichweite 40 min, Marschgeschwindigkeit 100 km/h,

Mohajer-6 Elektromotor, Reichweite 200 km, Geschwindigkeit ca. 200 km/h

Die aufgeführten Daten für die von Russland eingesetzten Drohnen sind unvollständig und aufgrund der Quellenlage ungenau. Beachten Sie die aktualisierten Daten bei Wikipedia und British Defence.

*) Der s.g. Ottawa-Vertrag (Verbot von Anti-Personen Minen) wurde am 18.09.1997 von über 160 Staaten unterzeichnet. Die USA, Russland und China haben den Vertrag nicht unterzeichnet.

13. Nutzungsdauerverlängerung (NDV)

Seit Drucklegung dieses Buches im Jahre 2011 hat sich bezüglich des Schützenpanzer Marder einiges getan. Warum in dieser Zeit hunderte von Depotfahrzeugen, teilweise überholt und äußerlich neuwertig, bei der Thüringer Firma Tank Dismantling Koch fachgerecht zerlegt und verschrottet wurden, oder z.B. die Motore an einen niederländischen Händler (angeblich zur Verwendung in südamerikanischen Baumaschinen) verkauft wurden, ist zum jetzigen Zeitpunkt kaum zu verstehen. Nur wenige Monate später arbeiteten bereits Fachleute der Bundeswehrbeschaffung an weiteren umfassenden Änderungen und Verbesserungen am Marder 1 A5. Im Nachhinein muß diese Maßnahme als klug und vorausschauend anerkannt werden. So läßt sich vermuten, dass sich bereits erhebliche Schwierigkeiten am anspruchsvollen Projekt SPz Puma abzeichneten bzw. erahnen ließen und eine weitere Kampfwertsteigerung für den Marder durchaus zu vertreten oder sogar notwendig werden konnte. Die Entwicklung des Puma zog sich – wie bekannt – dann über eine Reihe von Jahren hin und beanspruchte sowohl viel Zeit, verbunden mit erheblichen Kostensteigerungen. Viele neue Vorstellungen und Wünsche aus den Reihen des Bedarfsträgers wurden von der Industrie zwar realisiert, führten aber zu nachvollziehbaren Lieferverzögerungen. Die in regelmäßigen Sachstandberichten benannten Mängel (wie z.B. im 6. Sachstandbericht konkret benannten Mängel an Antriebsstrang und Laufwerk) brachten ständige Verzögerungen mit sich. Es darf vermutet werden, dass zu dieser Zeit, oder auch schon früher, die Absicht zu einer weiteren umfangreichen Kampfwertsteigerung des Marder 1 A5 angedacht worden war.

Die angestrebten Änderungen waren wohl durchdacht und brachten gleichzeitig auch zusätzliche Sicherheit bis zur endgültigen Einführung des Pumas. Die weltweite Corona Krise führte zu weiteren erklärbaren Verzögerungen in der Lieferfähigkeit. Nachstehend eine Übersicht über durchgeführte Änderungen und Ergänzungen die zur Nutzungsdauerverlängerung des Marder 1A5 führten.

13.1 Laufwerk

Zu den Laufwerksänderungen gehört der Austausch der Laufrollen gegen die verbesserten des Modells mit aufgenietetem Verschleißring Modell 42t. Diese nun verwendeten Laufrollen sind zudem im Gewicht um 2kg reduziert. Auch das Leitrad, sowie das Triebrad, wurden durch verbesserte Ausführungen ersetzt. Bei beiden kamen neue Materialien zur Verwendung, welche über eine weitaus höhere Lebensdauer verfügen. Das Leitrad besteht aus Stahl mit aufvulkanisierten Vollgummireifen. Das Triebrad wird mit aufgeschraubten Zahnkränzen geliefert.

Komplettes Laufwerk des A5A1.

Leitrad.

Triebrad.

Laufrollen.

13.2 Gleiskette

Kettenmontage. (KNDS)

Technische Daten Gleiskette	
Gleiskettenbreite	501 mm
Gleisketteneinteilung	183,6 mm
Gleiskettenauflage	3930 mm
Anzahl der Gleiskettenglieder	72
Typ	464E
Gleiskettenlebensdauer	Bei Erreichung einer Laufleistung von 5000 km ist die Kette abzulegen

Bei der auf dem Marder 1A5A1 verwendeten Gleiskette handelt es sich um die baugleiche bereits für den SPzPuma entwickelte und gefertigte Leichtgewichtskette in Skelettbauweise. Die neue Gleiskette hat einige bemerkenswerte Vorteile gegenüber den bereits seit vielen Jahren unterschiedlich verwendeten Gleisketten bei vorherigen Marder Ausführungen. Die neue Kette ist ein Erzeugnis der Firma KNDS (vorher Diehl Defence Land System). KNDS ist weltweit führender Hersteller von Systemketten für gepanzerte Fahrzeuge.
Die sogenannte „Puma-Kette" 464E wird seit längerer Zeit unter allen klimatischen und geografischen Verhältnisse in Europa, wie auch in Wüstengebieten, erprobt und hat sich auf Grund ihrer Konstruktion bestens bewährt. Die Kette zeichnet sich demnach besonders durch das günstige Gewicht, Vibrationsarmut, Wartungsfreiheit und ein niedriges Geräuschniveau aus. Zudem wurde der geforderten Sicherheit im Straßenverkehr zusätzliche Beachtung geschenkt.
Der Puma ist das beste Beispiel, dass für ein absolut neues Laufwerk auch ein perfektes Zusammenspiel zwischen Gleiskette, Zahnkränzen und Lauf- und Stützrollen unbedingt erforderlich ist. Im Rahmen der Nutzungsdauerverlängerung ist der Marder1A5A1 ebenfalls Nutznießer der neu entwickelten Gleiskette 464E. Bei allen Neuentwicklungen steht für das gesamte Fahrzeug die Gewichtsoptimierung mit im Vordergrund. Das ist in diesem Falle sowohl für den Puma als auch für den nutzungsdauerverlängerten Marder 1A5A1 gelungen.

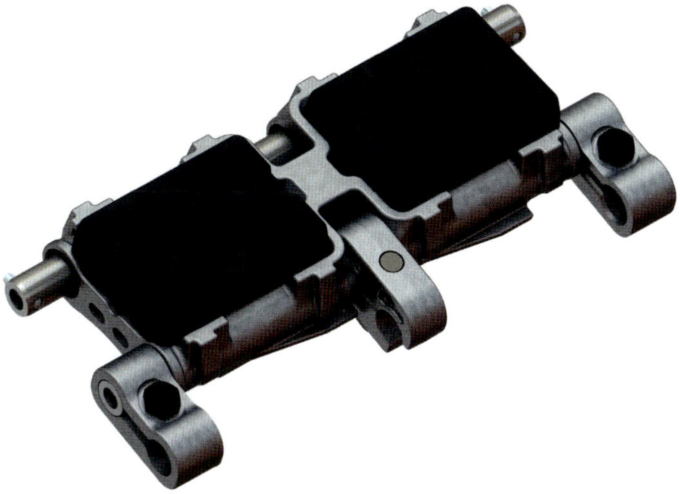

Kettenpolster. (KNDS)

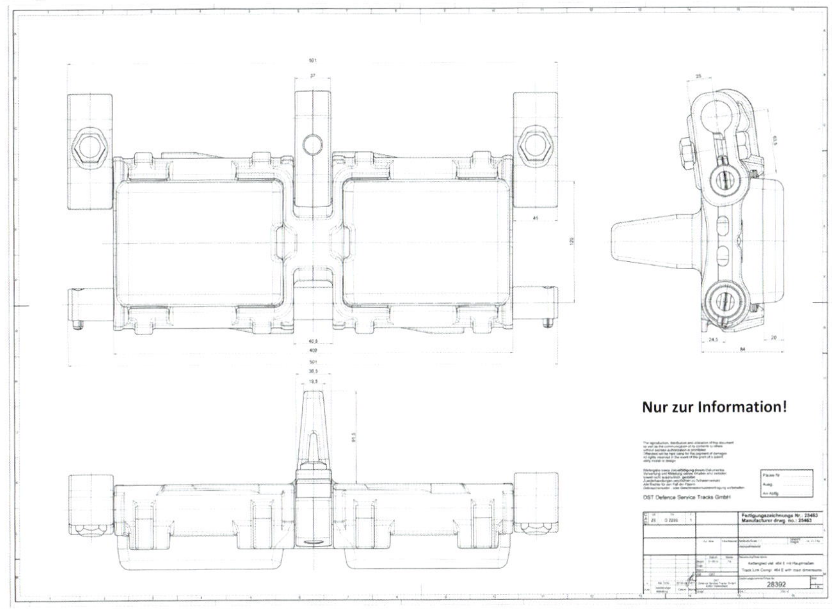

Zeichnung Gleiskette 464E. (KNDS)

13.3 Bremse und Seitenvorgelege

Die vorhandene Bremsanlage wurde verbessert und den gesetzlichen Vorgaben angepasst. Beim Seitenvorgelege (SVG) sind umfangreichere Änderungen erforderlich geworden. Aufgrund des neuen weitaus leistungsstärkeren Motors entsteht ein höheres Getriebeabtriebmoment von ursprünglich 10kNm auf 15-16kNm. Hier kommt eine geänderte Neufertigung des angepassten ROLAND Seitenvorgeleges zum Einbau.

Vorgelege + Bremse

13.4 Feuerwarn- und Löschanlage

Die bisherige Feuerwarn- und Löschanlage musste trotz hoher Wirksamkeit aus umwelttechnischen Gründen ausgetauscht werden. In der verbesserten Anlage wird keine Halonfüllung mehr verwendet. Die neue Anlage wird von der Firma Kidde-Deugra sowohl für den Marder 1A5A1 als auch für den Puma hergestellt und verbaut.

Die Feuerlöschanlage für den Triebwerkraum erhält zudem neue Wärmesensoren. Diese werden neu positioniert und an Montagepunkten eingebaut, an welchen sie die höchste Wirksamkeit entfalten. Das Steuergerät für die Anlage befindet sich im Kampfraum, links in Fahrtrichtung. Die Firma Kidde-Deugra ist internationaler Spezialist für Brandschutz bei Militär- und Luftfahrzeugen.

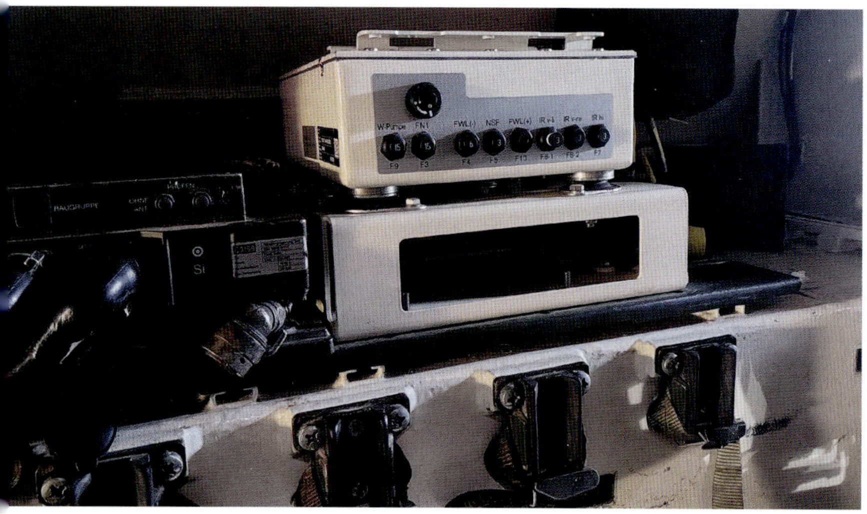

Feuerwarn-und Löschanlage, Bediengerät.

Neue Positionen der Leitungen Triebwerkklappe.

Steckverbindung, Feuerwarnlage

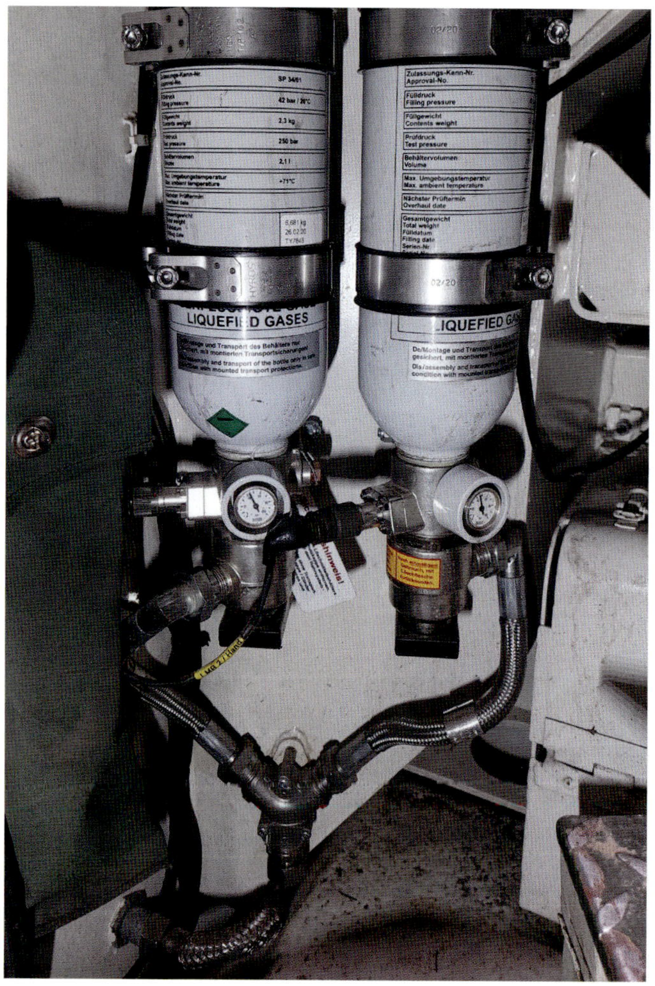

Löschanlage, Flaschenhalterung Kampfraum.

13.5 Kühlanlage

Für das wesentlich leistungsstärkere neue Triebwerk von Liebherr wurde eine komplett neue Kühlanlage konstruiert. Es handelt sich hierbei um eine Saug-Kühlanlage mit jeweils drei seitlichen Lüftern von 295 mm Durchmesser. Eine bedarfsabhängige, stufenlose Regelung ist bei der neuen Kühlanlage möglich. Spätere leistungssteigernde Modifikationen sind ohne großen Aufwand nachrüstbar.

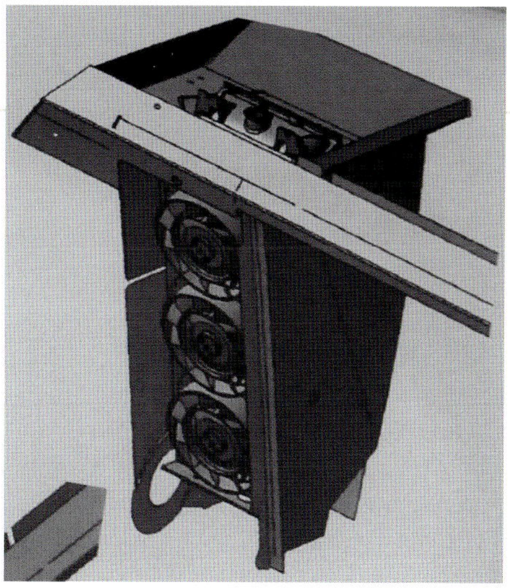

Neue Motorkühlanlage.

13.6 Motor

Der Wunsch nach einem stärkeren Motor für den Marder1 bestand schon über 25 Jahre. Ohne Frage ist dieser verständliche Wunsch nur im Zusammenhang mit den jeweiligen Kampfwertsteigerungen und den damit zwangsläufig zunehmenden Fahrzeuggewicht zu sehen.
Die Einführung des neuen SPz Puma verzögerte sich aus den unterschiedlichsten Gründen und es war eine kluge Entscheidung, sich vor einigen Jahren mit einer umfassenden Nutzungsdauerverlängerung des Marder 1 zu befassen. Ein neuer moderner Motor war unabdingbar. Allerdings gab es bekannte Probleme bei derartigen Änderungen: Wer hat den richtigen Motor? Paßt er zum vorgesehenem Getriebe?
Paßt die erforderliche Bemaßung? Hat er das gewünschte Gewicht? Ist der Bauraum ausreichend groß?
Viele wichtige Fragen, welche nicht in 3-4 Jahren zu lösen waren. Bekannte und bewährte Hersteller sind ausgelastet oder haben den passenden Motor „nicht in der Schublade". Und vielleicht spielte auch bei der Beschaffung der verständliche Wunsch nach einem deutschen oder europäischen Hersteller eine gewichtige Rolle.
Für viele Experten wenig überraschend, fiel die Wahl auf den bekannten Motoren-und Gerätehersteller Liebherr. Die Firma Liebherr ist weltweit für ihre Produkte in den Bereichen Kräne, Erdbewegungsmaschinen, Straßenbaumaschinen und Schiffsmotoren bekannt, moderne Motore für höchste Ansprüche auch abseits der Straße. Die Wahl fiel nach ausgiebigen Prüfungen und Tests auf einen für den Einbau in den Marder etwas abgeänderten Dieselmotor vom Typ D 956 DST.

Die vorgenommenen Anpassungen und Änderungen umfaßten neben einer speziellen Ölwanne auch geänderte Ölfilterpositionen. Neben der hohen spezifischen Leistung ist die geforderte Servicefreundlichkeit, sowie die von Liebherr entwickelte Motorsteuerung und das sehr zuverlässige Einspritzsystem besonders zu erwähnen.

Technische Daten Liebherr D 956 DST	
Hersteller	Liebherr International
Typ	D 956 DST
Bauart	Reihenmotor
Arbeitsweise	Viertakt-Diesel
Kühlung	Flüssigkeit, Umlauf
Zylinderzahl	6
Zylinderbohrung	130 mm
Kolbenhub	150 mm
Hubraum	11.946 ccm
Verdichtungsverhältnis	1:17,0
Leistung	600 kW/816 PS
Max. Drehmoment	2713 Nm bei 1300 U/min
Lehrlaufdrehzahl	800 U/min
Höchstzulässige Drehzahl	2300 U/min
Inhalt Motoröl	58 Ltr.

Liebherr Motor D956 DST. (Liebherr-Components AG)

13.7 Getriebe

Nachdem bei den Prototypserien die verschiedensten Getriebetypen und Hersteller erprobt wurden, fiel für die ersten Vorserienfahrzeuge 1967 die Entscheidung auf das von der Augsburger Firma Renk GmbH hergestellte Getriebemodell HSWL 194. Dieses hatte u.a. den großen Vorteil günstiger Einbaumaße und Gewichtsparameter. Während der Erprobung der zehn ersten Fahrzeuge zeigten lediglich die Reihengangwahlschalter anfängliche Schwächen. Für die Nutzungsdauerverlängerung waren Änderungen (verstärkte Motorleistung) und der Einbau von digitalen Komponenten erforderlich. Die Kombination vom neuen Liebherr Motor und dem Renk HSWL 194 stellte offenbar kein besonderes Problem dar.

Renk Getrieb eHSWL 194 Digi. (RENK Group)

13.8 Spectus II Fahrersichtgerät

Bereits 2020 beauftragte die Bundeswehr die Industrie mit der weiteren Modernisierung des SPz Marder. Dem Vertragsabschluß zufolge wurde die Lieferung von 170 Fahrer-Nachtsichtgeräten vereinbart. Die Auslieferung und die notwendigen Servicleistungen sollten bis zum Jahreswechsel 2022/23 abgeschlossen sein. Das Fahrersichtgerät trägt den Namen Spectus II. Das Vorgängermodell Spectus I wurde im Rahmen des einsatzbedingten Sofortbedarfs bereits erfolgreich in Afghanistan in einer begrenzten Anzahl von Marder1A5A1 eingesetzt.
Spectus II ist ein Hochleistungs-Fahrersichtgerät, welches mit einer ungekühlten Wärmebildkamera und einer Restlichtverstärkerkamera kombiniert ist. Die erreichte Bildfusionfähigkeit bietet auch unter schwierigen Bedingungen optimales Sehvermögen, eine weitgehend uneingeschränkte Sicht bei Tag und Nacht und hohe Bediensicherheit. Eine weitere Verbesserung stellt der Einbau einer Rückblickkamera dar.

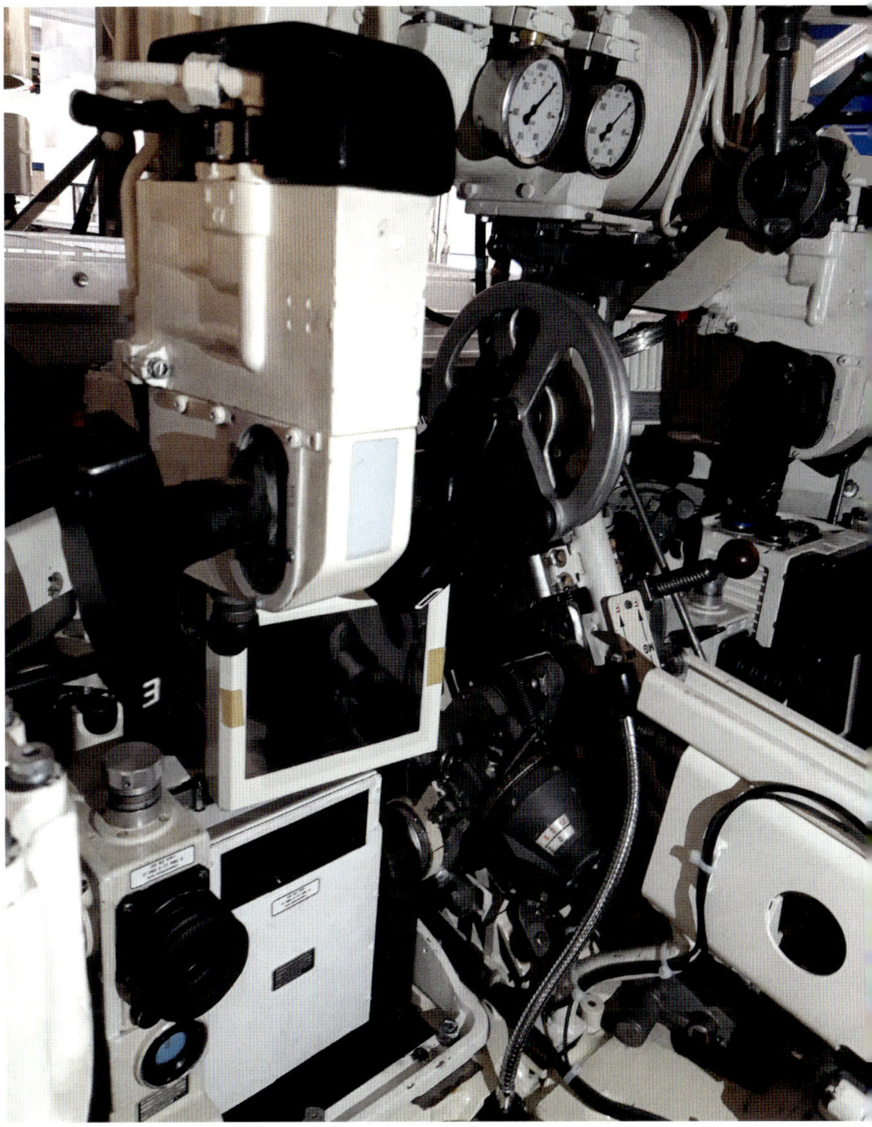

SPECTUS Frontmontage mit Panzerblech.

Die neue Rückfahrtkamera am Marder 1.

Teil des Fahrersichtgeräötes SPECTUS.

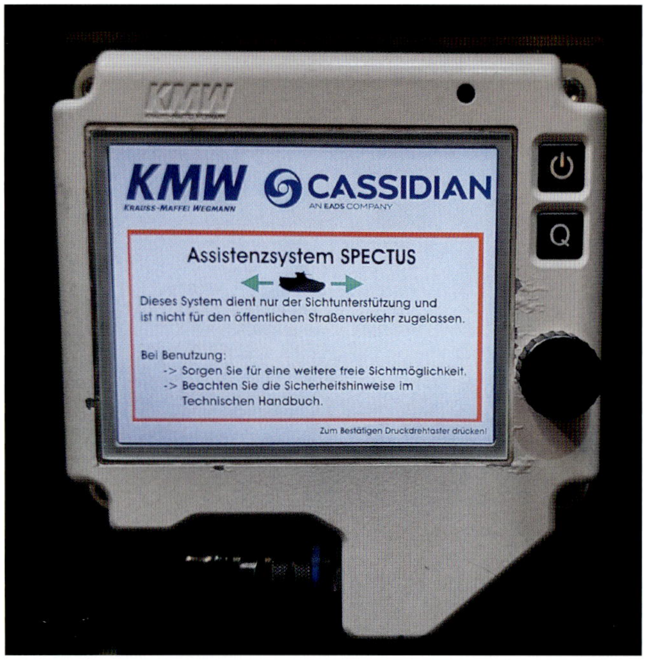

SPECTUS-Fahrergerät.

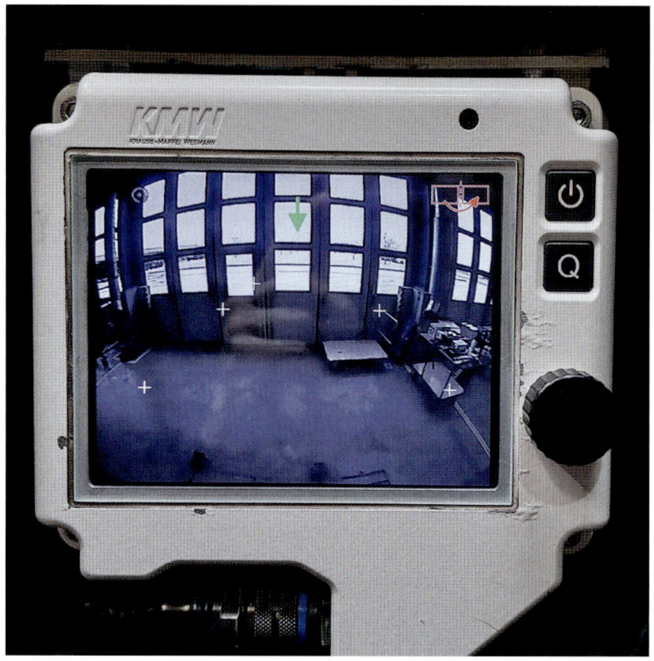

Bildschirm der eingeschalteten Rückfahrkamera.

SPECTUS Betriebsposition Fahrer.

Fahrersichtgerät rechts neben dem Fahrer montiert.

13.9 Wärmebildzielgerät Saphir 2.6

Das Wärmebildzielgerät Saphir 2.6 ist ein für den Marder1A5A1 von Rheinmetall Electronic entwickeltes Hochleistungsgerät, welches noch relativ einfach auszutauschen ist. Die modernen Einzelkomponenten werden von zahlreichen deutschen Firmen entwickelt und gefertigt. Saphir 2.6 ermöglicht praktisch eine bisher nicht erreichte Aufklärungsqualität und Beobachtungsreichweite. Die Entwicklung modernster Displaytechnologien, verbunden mit einer entsprechenden Bildverarbeitungssoftware machten dieses Leistungsspektrum möglich.

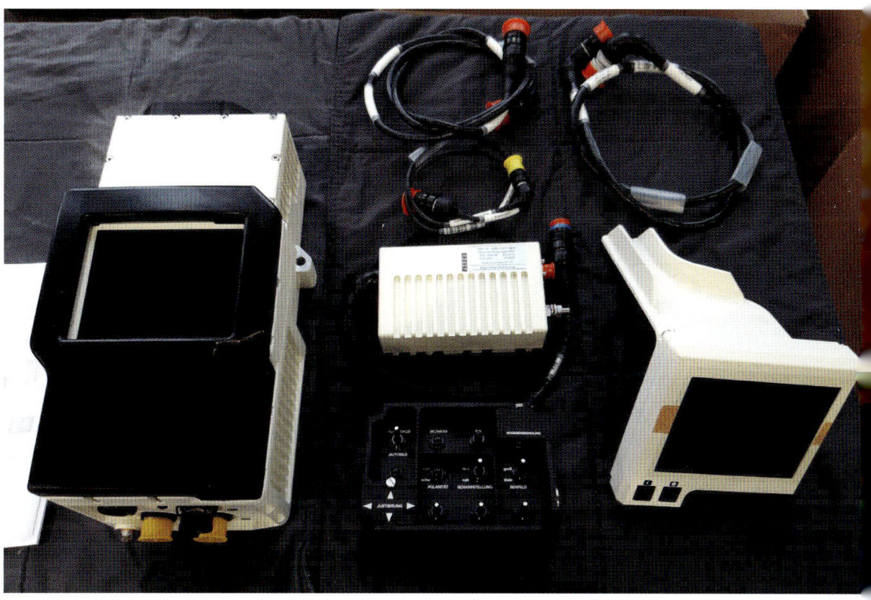

SPECTUS II Wärmebildzielgerät ausgebaut.

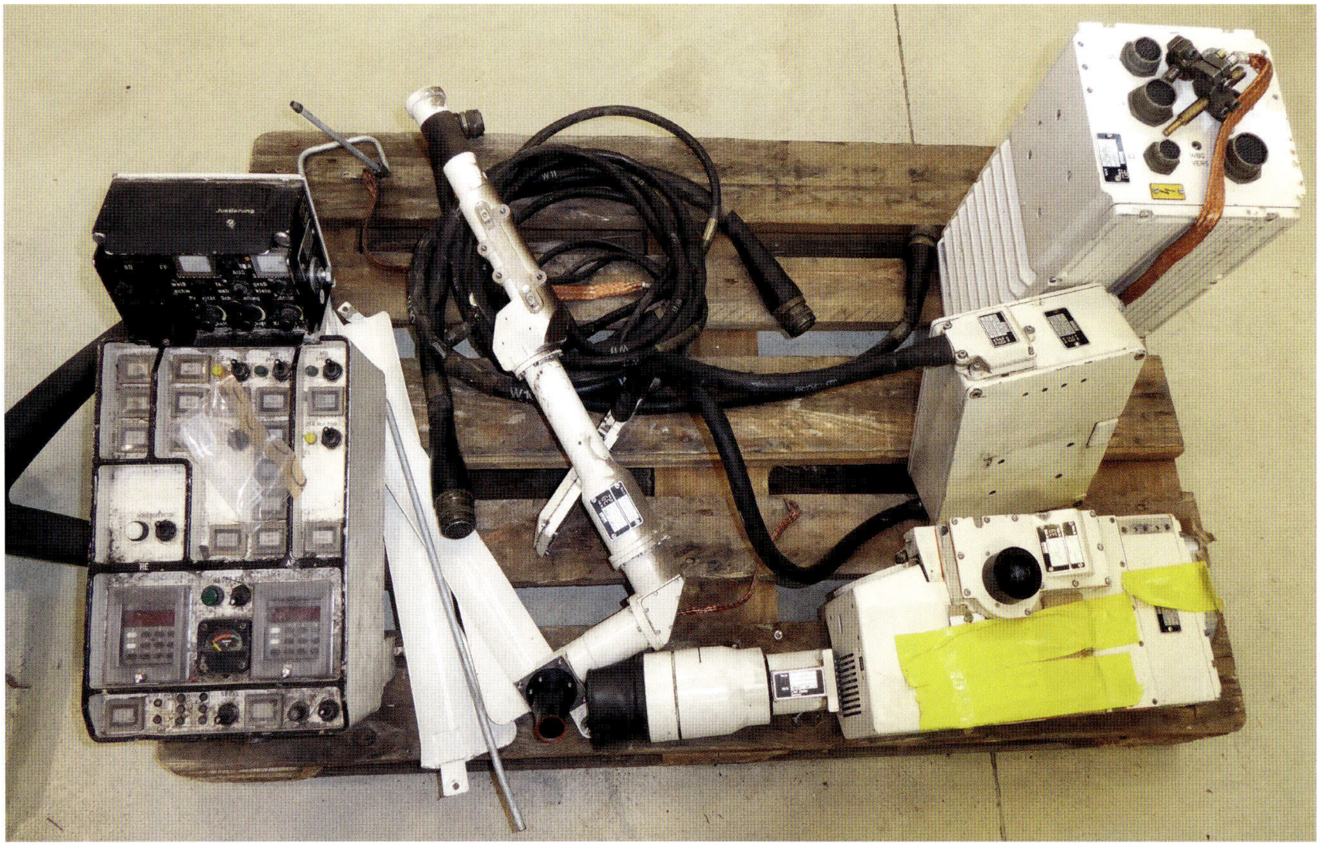

Im Vergleich das ausgebaute alte WBG.

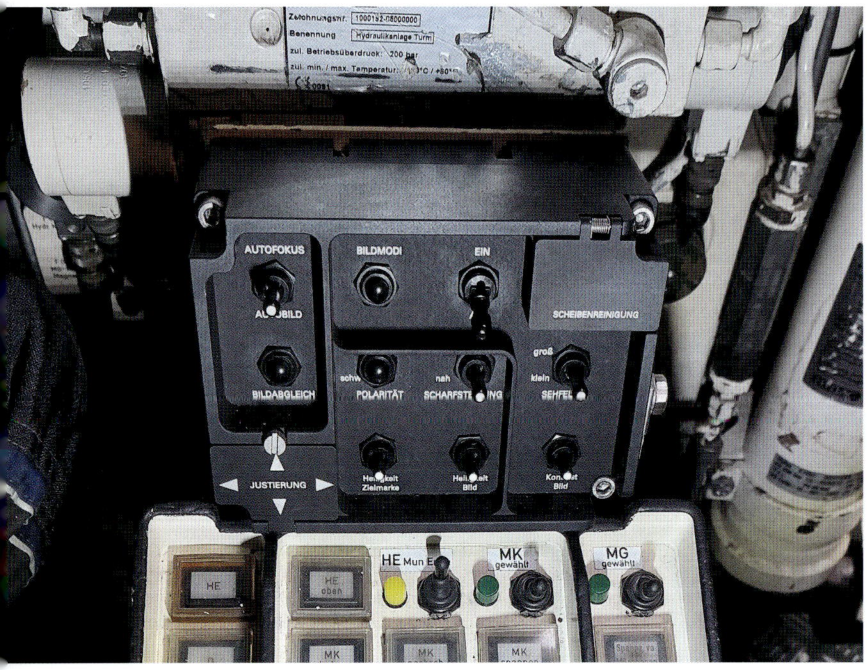

Bediengerät, Turm (2).

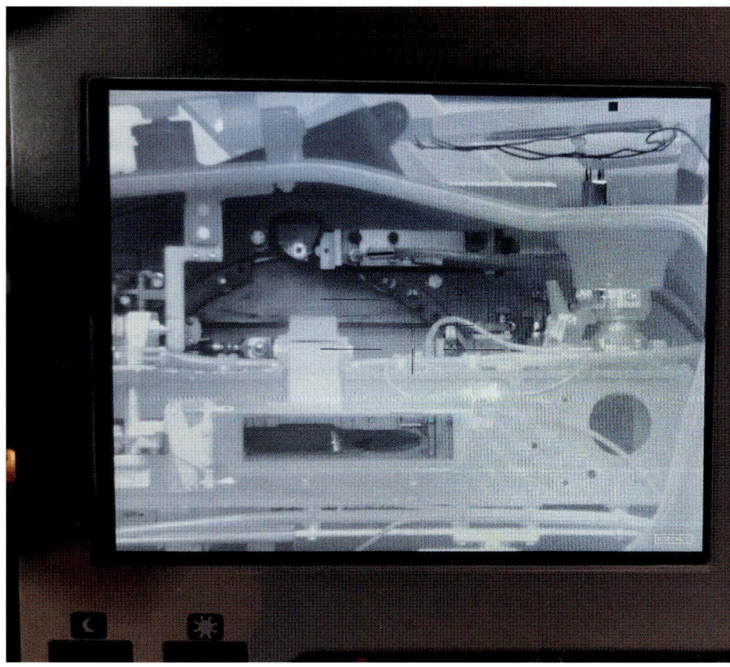

Bildschirm.

Ansicht von rechts.

Wärmebildzielgerät Saphir 2.6 im Einbauzustand.

13.10 MELLS – Mehrrollenfähiges Leichtes Lenkflugkörpersystem

Bereits im Oktober 2016 erteilte das Bundesamt für Ausrüstung, Informationstechnologie und Nutzung (BAAINBw) einen Untersuchungsauftrag zur Integration des MELLS genannten Lenkflugkörpersystem in den SPz Marder. Mit dieser Maßnahme wurde die Rheinmetall Landsysteme GmbH betraut. Ziel war es, in großer Zahl das bereits 1977 in die Bundeswehr eingeführte bewährte System MILAN zu ersetzen. Diese, zunächst etwas verwunderliche Maßnahme, war mittelfristig aber erforderlich, weil ein Nutzungsende für das MILAN System in Sicht und damit die Ersatzteilversorgung nicht mehr gesichert war. Diese Entwicklungen bei vor über 20 Jahren eingeführtem Gerät wird als Obsoleszenz (technisch überholt/altersbedingter Abnutzung) bezeichnet. Das MELLS Waffensystem, bestehend aus Werfer und dem Lenkflugkörper Spike LR kann nicht nur vom SPz Marder verschossen werden, sondern auch abgesetzt von einer Dreibeinlafette oder vom Hubschrauber. Der Einführung vorausgegangen war eine gründliche Erprobung mit zwei Testfahrzeugen, wobei der Schwerpunkt auf dem Einfluß von Vibrationen und Schwingungsverhalten unter spezifischen Bedingungen lag. Für die Adaption des MELLS Systems mußte ein angepaßtes Verstaukonzept für Waffenanlage und die mitgeführten Lenkflugkörper entwickelt werden.
Das MELLS System wurde von der israelischen Rüstungsfirma Rafael Defense System Ltd. entwickelt und wird in 31 Staaten verwendet, allein 18 davon NATO bzw, Europäische Armeen. Die wichtigsten Komponenten werden von der Firma Eurospike GmbH in Deutschland hergestellt und vertrieben.
Das System ist bediensicher und zur Zeit wohl konkurrenzlos in seinem Leistungsspektrum. Nach erfolgter Zielerfassung wird der Lenkflugkörper aktiviert und die Zielverfolgung erfolgt praktisch automatisch. Die notwendigen Daten werden per Lichtwellenleiter übermittelt. Der Lenkflugkörper fliegt in einer überhöhten Flugbahn auf das Ziel zu, Flugbahnkorrekturen sind nach Abschuß und Aufschaltung des Spike LR jederzeit, bis kurz vor dem Einschlag möglich. Es können auch Ziele hinter Deckungen bekämpft werden. Die wirksame Reichweite wird mit maximal 4000 m angegeben.
Eine Aufrüstung sind sowohl für den Marder1A3, wie auch für den Marder1A5A1 vorgesehen. Der Kauf von 530 Werfern und 11500 Lenkflugkörpern ist vertraglich vereinbart.

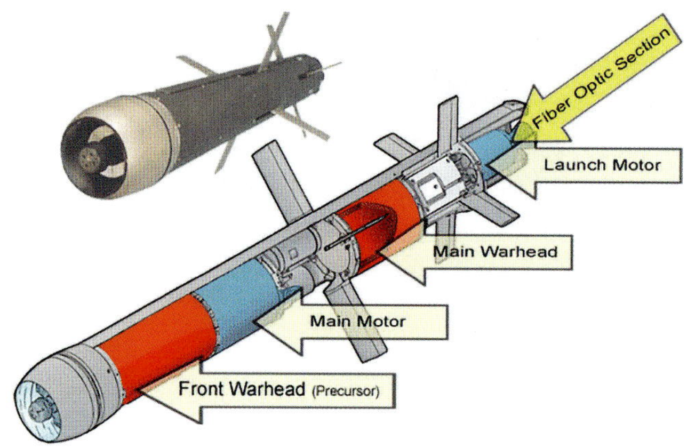

Schnittzeichnung MELLS.

MELLS montiert auf Marder 1.

MELLS nach dem Abschuß.

MELLS montiert auf Marder 1A5 und beim Schuss.

Staufächer für LFK MELLS im Marder.

14. Interview mit dem Kommandeur der Panzertruppenschule

Brigadegeneral Björn F. Schulz

Brigadegeneral Björn F Schulz ist seit 2022 Kommandeur der Panzertruppenschule im niedersächsischen Munster.

Autor: Herr General Schulz, seit Ihrem Eintritt 1988 in die Bundeswehr sind Sie Panzergrenadier gewesen. Sie waren in den verschiedensten Funktionen tätig, in den PzGrenBtl 22, 82, 401, 381, Kommandeur des Lehrbataillons in Munster und fast drei Jahre lang Kommandeur der PzBrig 12 in Cham. Als Kommandeur Panzertruppenschule erleben Sie neben dem SPz PUMA weiterhin den SPz MARDER. Sie haben damit über 30 Jahre persönliche Erfahrungen mit dem nunmehr ältesten gepanzerten Fahrzeug der Bundeswehr.

Autor: Die während der Dienstzeit vorgenommenen Kampfwertsteigerungen waren notwendig und sinnvoll?

Als junger Offizieranwärter habe ich gerade noch die Phase Marder 1A1+ erlebt, bevor ich dann im PzGrenBtl 82 auf den nagelneuen Marder 1A3 traf. Der wesentliche Schritt war für uns das Wärmebildgerät, was den Feuerkampf und die Führung bei eingeschränkter Sicht auf ein deutlich höheres Niveau mit erheblicher Einsatzwertsteigerung brachte. Als mit dem 1A5 der Minenschutz und die Raumkühlanlage im Kern für den Einsatz im erweiterten Einsatzspektrum im Ausland dazukam waren auch das zweckmäßige Neuerungen. Es gelangen verhältnismäßig rechtzeitig Anpassungen an die jeweiligen taktischen Erfordernisse: Nachtkampfüberlegenheit gegenüber dem Warschauer Pakt Ende der 1980er Jahre und verbesserter Schutz gegen Minen und Sprengfallen sowie Kühlung für heiße Regionen im internationalen Krisenmanagement Anfang der 2000er Jahre.
Damit hat der Marder Anpassungsfähigkeit bewiesen, auch wenn er zusehends an „gesamtsystemische" Grenzen stieß, immer vollgestopfter und schwerer, damit langsamer und schwächer in schwerem Gelände wurde. Aber er blieb das verlässliche Schlachtroß, auch ohne Heck-MG und Kugelblenden, dafür aber mit PzAbwLRak MILAN und neuem Verstaukonzept u.v.a.m.

Autor: Hatten Sie Vertrauen in die Technik, fühlten Sie sich im Marder gut geschützt und sicher?

Ganz klar hatten wir Vertrauen in die Technik, auch wenn ältere Baugruppen mal die Grätsche machten oder Neuerungen noch nicht durchgehend funktionierten. Zumeist waren es Bedienerfehler, Verschleiß oder mangelnde Pflege und Wartung, die zu Ausfällen führten. Daran hat sich bis heute nichts geändert. Schlüssel zum Erfolg ist die Erfahrung auf dem System und die regelmäßige Pflege, Wartung und Instandhaltung mit qualifiziertem Personal. Das bekommt um so mehr Bedeutung, je komplexer und technisch anspruchsvoller das Gerät wird. Das galt für die Kampfwertsteigerungen beim Marder wie auch bei dem Schritt zum Puma in besonderem Maße.
Und ja, ich habe mich im Marder stets gut geschützt und sicher gefühlt. Die Kameraden in der Ukraine bestätigen das explizit und lieben den Marder. Außerdem gilt die Binsenweisheit, dass es keinen vollständigen Schutz in keinem Panzer gibt und dass Beherrschen des Waffensystems, Funktionieren der kleinen Kampfgemeinschaft sowie zweckmäßiges taktisches Verhalten auf dem Gefechtsfeld das Überleben wahrscheinlicher machen. Krieg ist gefährlich.

Autor: Waren damals Wartung und Fristenarbeiten für Sie und Ihre Kameraden machbar oder ein großes Problem, z.B. bei schlechtem Wetter?

Nein, außer dass es wenig Spaß gemacht hat und bei schlechtem Wetter noch viel weniger Freude bereitete, gab es kaum Einschränkungen.

Autor: Der Marder sollte mit dem LEO 1 und später mit dem LEO 2 zusammen einen kampfkräftigen Verband bilden. Hat er diese ihm zugedachte Aufgabe, trotz so unterschiedlicher Leistungsparameter über die Jahre erfüllen können?

Tiefwaten in der Weser. (Foto: Nüdling)

Für den MARDER kein Hindernis. (Foto: Nüßling)

Ja, das konnte der Marder. Sicherlich hat er die Geschwindigkeitswettrennen verloren und es gab immer wieder Gefechtslagen, bei denen der schnelle aufgesessenen Stoß in schwerem Gelände zum Nachteil des Marder war. Wenn aber die Kampfpanzer und die Schützenpanzer taktisch zweckmäßig ihren Fähigkeiten entsprechend eingesetzt wurden, so haben beide im Zusammenwirken ihre Aufträge stets erfüllen können. Als Kompaniechef war meine Couleurkompanie ein Leopard 1A5-Panzerkompanie und das komplementäre gepanzerte Gefecht führten mein guter Panzerchefkamerad und ich ohne Einschränkungen mit den jeweils verstärkten Kompanien. Die gleiche Erfahrung hatte ich später als Bataillonskommandeur im Zusammenwirken von Marder und Leopard 2. Natürlich war es von Nachteil, nicht aus der Fahrt den Feuerkampf führen zu können und gerne wären wir im Gelände dynamischer unterwegs gewesen. Diese Parameter galt es schlicht in der Planung und Führung des Gefechts zu berücksichtigen.

Autor: Es gab in den Jahren zunächst den LEO 1 und dann den LEO 2. Hätten Sie sich damals schon einen Marder 2 gewünscht?

Eindeutig ja. Ein Gleichschritt wäre sinnvoll gewesen, jetzt überholen wir mit dem Puma.

Autor: Bei Übungen oder Manövern mit anderen NATO-Partnern oder Truppen- befreundeten Staaten, hatten Sie das Gefühl mit dem Marder unterlegen zu sein?

Überhaupt nicht. Der Marder war mindestens auf Augenhöhe, wenn auch teilweise unterkalibrig. Dazu kommt, dass Panzergrenadiertruppe und Führen mit Auftrag untrennbar zusammengehören. Wenn Führen mit Auftrag angewendet wird und mit fachlichem Können und kleiner Kampfgemeinschaft zusammenkommt, dann ist das ein fast unschlagbares System.

Autor: War der Marder1 A5A1 (mit Raumkühlanlage) das richtige gepanzerte Fahrzeug für den in jeder Beziehung anspruchsvollen Einsatz in Afghanistan?

Es war zu dem Zeitpunkt und unter den Umständen das Bestmögliche. Der Marder, mehr noch die Panzergrenadiere mit ihrem Marder haben auch dort ihren Auftrag vorbildlich erfüllt. Selbst wenn die Raumkühlanlage unter den schwierigen Rahmenbedingungen nicht immer friktionsfrei funktionierte, so hat der Marder einerseits guten Schutz geboten und andererseits mit Beobachtungs- und Wirkungsmöglichkeiten abschreckend gewirkt und sich in Gefechtshandlungen bewährt. In vergleichbarer Weise ist auch der Einsatz im Kosovo zu bewerten, wo der Marder erst 2008 abgezogen wurde.

Autor: Hat der Marder 1 sich das Prädikat **zuverlässig** verdient?

Ja. Zur Ehrlichkeit gehört, dass er bei Einführung und Kampfwertsteigerungen wie jedes System seine Anfangsschwierigkeiten hatte. Aber auch heute noch ist er ein verlässlicher Panzer. Jedoch sind Material und Technik ausgereizt, der Ruhestand ist überfällig.

Autor: Herr General Schulz, nun haben Sie in Ihrer langen Laufbahn bereits den Marder 1 im Einsatz und nun den sehr modernen und technisch viel anspruchsvolleren Puma bis zur Einführung in die Truppe begleiten können.
Rückblickend ein schönes Gefühl?

Ja, es ist großartig dabei zu sein und beizutragen. Der Puma kennzeichnet den Aufbruch in eine neue Zeit – mit allen Herausforderungen. Das System Panzergrenadier mit Schützenpanzer und Schützentrupp hat sich in allen Gefechtsarten und in allen Intensitätsstufen, im gesamten Aufgabenspektrum von Streitkräften bewährt. Daran wird sich auch auf dem modernen Gefechtsfeld nichts ändern. Der Puma, das System Infanterist der Zukunft, der Schützenpanzer Rad der Mittleren Kräfte, die Fähigkeit zum Kampf mit und gegen Drohnen, die Einführung von Loitering Munition u.v.m. zeugen von der Einmaligkeit und der Vielseitigkeit der Panzergrenadiere. Der Schützenpanzer Marder hat die Truppengattung wie keine andere Plattform über fünf Jahrzehnte geprägt, mit Stolz tragen wir ihn im Barettabzeichen.

Das Interview führte Hans-Peter-Lohmann am 13.04.2024 in der Panzertruppenschule in Munster4

Vorbereitungen zum Tiefwaten an der Weser bei Hannoversch-Münden. Einfahrt nur im 1. Gang erlaubt. (Fotos: Nüdling)

Tiefwaten bis maximal 2 Meter. Im Hintergrund ein Sicherungsboot. (Foto: Nüdling)

Abkürzungen

A

a.D.	außer Dienst
AAF	Army Air Field
ABC	Atomar, Biologisch, Chemisch
AFB	Air Force Base
AGDUS	Ausbildungsgerät, Duellsimulator
AGPO	Ausbildungsgerät, Panzergrenadiere
ANA	Afghan National Army
AP	Armor Piercing
ArtBeob	Artillerie Beobachter

B

BAAIN Bw	Bundesamt für Ausrüstung, Information, Technik und Nutzung
BG	Brigadegeneral
BIP	Bruttoinlandsprodukt
BiV	Bildverstärker
BMK	Bordmaschinenkanone
BMVg	Bundesministerium der Verteidigung
BTD	Battle Tank Dismantling
BV	Bordverständigung
BWB	Bundesamt für Wehrtechnik und Beschaffung

D

DEA	dieselelektrischer Antrieb
DGZ	Doppelgurtzuführer
DM	Deutsches Modell
DWGZ	Dreiwegezuführung

E

E 41	Erprobungsstelle Trier
E 91	Erprobungsstelle Meppen
EADS	European Aeronautic Defence and Space Comp.
EBS	Einbausatz
EFG	Einführungsgenehmigung
EUMAM EU	EU-Ausbildungsmission Ukraine

F

FFG	Flensburger Fahrzeugbau Gesellschaft mbH
FIN	Fahrzeug-Identifikationsnummer
FlaRak	Flugabwehrraketen
FOC	Full Operational Capability
FÜUG	Führungsunterstützung

G

GADTE	German Army Desert Training Exercise
GPS	Global Positioning System
GPS	Güteprüfstelle der Bundeswehr

H

HAufklS	Heeresaufklärungsschule
HFw	Hauptfeldwebel
HIL	Heeresinstandsetzungslogistik GmbH
HP	High Explosive
HSWL	Hydromechanisches Schalt, Wende und Lenkgetriebe

I

IFIS	Integriertes Führungs- und Informationssystem
IR	Infrarot
ISO	Intern. Organisation für Normung

K

KMW	Krauss-Maffei Wegmann
KNDS	KNDS Deutschland Tracks Gmb
KPz	Kampfpanzer
KUKA	Keller & Knappich
KWS	Kampfwertsteigerung

L

LFK	Lenkflugkörper
LOC	Location
Lt	Leutnant
LWT	Leichter Waffenturm
LZL	Langzeitlagerung

M

MB	Mercedes Benz
MELLS	Mehrrollenfähiges Leichtes Lenkflugkörper System
MG	Maschinengewehr
MK	Maschinenkanone
MKF	Militärkraftfahrer
MLC	Militärische Lasten-Klasse
MMT	Mobile multispektrale Tarnausstattung
MP	Maschinenpistole
MRT	Militärischer Rechner, tragbar
MTFW	Militärisch-Technisch-Wirtschaftliche Forderung

N

NATO	North Atlantic Treaty Organisation
NDV	Nutzungsdauerverlängerung
NMWA	Nebelmittelwurfanlage

O

OFw	Oberfeldwebel
OQAB	Deutsch-Afghanische Operation
OStFw	Oberstabsfeldwebel
OTL	Oberstleutnant

P

PERI	Periskop
PLGR	Precision Lightweight GPS Receiver
PzAbwWa	Panzerabwehrwaffe
PzTrS	Panzertruppenschule

Q

QRF	Quick Reaction Force

R

RAL	Reichs-Ausschuss für Lieferbedingungen
Rh	Rheinmetall
RPG	Reaktive Panzerbüchse (rutschnoi protiwotankowij granatomjot)

S

SdKfz	Sonderkraftfahrzeug
SEM	Sender/Empfänger, mobil
SgepKpfTr	Schule der gepanzerten Kampftruppen
SLT	Schwerlasttransporter
SPz	Schützenpanzer
STANAG	Standardization Argreement
StFw	Stabsfeldwebel
StVZO	Straßenverkehrszulassungsordnung

T

TA	Technische Anweisung
TaFSchtzKw	Taktische Forderung Schützenkampfwagen
TaK	Taktisches Konzept
TAM	Tanque Argentino Mediano
TDv	Technische Dienstvorschrift
THK	Thyssen Henschel, Kassel
TMP	Technische Materialprüfung
TOW	Tube launched, optically tracked, wire guided missile
TstpT/T	Technologiestützpunkt Tarnen und Täuschen
TrÜbPl	Truppenübungsplatz
TTF	Taktisch-Technische Forderung
TÜR	Tieffliegerüberwachungsradar
TZG	Turmzielgerät

U

UHF	Ultra-High-Frequency

V

VA	Versorgungsartikel
VBTrpMrs	Vorgeschobener Beobachtertrupp Panzermörser
VCTP	Vehiculo de Combat Transporte de Personal
VTS	Versuchsträger Scheitellafette

W

WBG	Wärmebildgerät
WOE	Wärmeortungsgerät
WTS	Wehrtechnische Studiensammlung

Z

ZP	Zusatzpanzerung

Marder 1 A3 des 4./Panzergrenadierbataillon 391 bei einer dynamischen Waffenshow. (Foto: Sonaz, © CC)

Dank

Mein besonderer Dank für die wertvolle Unterstützung dieses Buchprojektes gilt Herrn Brigadegeneral Jörg Vollmer, Herrn Brigadegeneral Björn F. Schulz, Herrn Brigadegeneral a.D. Harald Fugger, Herrn Oberst Ralph Malzahn, Herrn Oberst Michael Sack. Danken für die vielfältige Hilfe möchte ich den Herren Oberst Jörg Lohmann, OTL Johannes Kappl, OTL Klaus-Peter Lohmann, OTL dR Dr. Jan-Philipp Weisswange, Jürgen Kensy, Major Holger Pfitzner, Major Tom Kutter, Major Martin Harnau, Dr. Christian Leitzbach, Urs Engeli, Jan Lindemann, TROI Benjamin Meyer, Ronald Macum, OstFw Daniel Vetter, StFw Oliver Eilmus, OstFw Gerald Grimm, OstFw a.D. Udo Strauch, OSFw Frank Kujat, StFw Sascha Bünte, OLt Alex Vlassov, StFw a.D. Hans-Jürgen Korbella, Bernd Bauer, OSFw a.D. Wilfried Rorig,, Sascha Baumbach, Torsten Brusch, Alwin Zülch, Ronald Kirchner, Peter Koch, OStFw a. Walter Grube, W. Seltzam, Lutz Nüdling, OSFw a.D. Walter Litschinski, Lt Stephan Kords, OStFw Dirk Hanke-Matern, Wehrtechnische Studiensammlung (WTS), Carl Zeiss Optronic, Imperial War Museum, London, Flensburger Fahrzeugwerke Gesellschaft, HIL Heeresinstandsetzunglogistik GmbH.

Ganz besonders herzlich habe ich meiner Partnerin Gundula für ihre Geduld und unermüdliche Hilfe bei der Entstehung dieses Buches zu danken!

Herzlichen Dank auch an Fred Koch und Anett Rauer vom Militärhistorischen Museum der Bundeswehr Dresden.
Den Firmen Rheinmetall AG, der Renk Group, KNDS/DST Defence Service Tracks und Liebherr-Components AG danke ich im besonderen Maße.

Abendsonne auf dem Truppenübungsplatz Shilo in Kanada, 7100 km von der Heimat entfernt. (Foto: U. Straub)